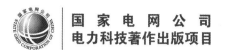

国家电网公司
电力科技著作出版项目

智能电网关键技术丛书

智能电网
用电技术

中国电力科学研究院　组编

田世明　主编

中国电力出版社
CHINA ELECTRIC POWER PRESS

内 容 提 要

　　加强智能电网关键技术的研发，共同推进智能电网建设与技术发展，对推动我国产业结构调整，加快经济发展方式转变和培养战略新兴产业具有重要意义。在当前各企业日益关注智能电网的时期，《智能电网关键技术丛书》的出版恰逢其时，可给各方研究提供有益的借鉴，避免设备创新风险，促进社会进步。

　　本分册为《智能电网用电技术》，包括高级量测技术、需求响应技术、能效管理技术、分布式电源技术、双向互动服务技术及信息通信技术。

　　本丛书可供从事智能电网研究、运行、开发、管理人员与设备制造、研制技术人员，以及相关专业人员使用和参考。

图书在版编目（CIP）数据

智能电网用电技术/田世明主编；中国电力科学研究院组
编. —北京：中国电力出版社，2014.12
　（智能电网关键技术丛书）
　ISBN 978-7-5123-7155-2

　Ⅰ. ①智…　Ⅱ. ①田…　②中…　Ⅲ. ①智能控
制-电网　Ⅳ. ①TM76

中国版本图书馆 CIP 数据核字（2015）第 017510 号

中国电力出版社出版、发行
（北京市东城区北京站西街 19 号　100005　http://www.cepp.sgcc.com.cn）
航远印刷有限公司印刷
各地新华书店经售
*
2014 年 12 月第一版　　2014 年 12 月北京第一次印刷
710 毫米×980 毫米　16 开本　19.25 印张　337 千字
印数 0001—3000 册　　定价 **70.00** 元

编 委 会

主　　编　　田世明

副 主 编　　林弘宇　　栾文鹏

编写人员　　王蓓蓓　　孙耀杰　　苗　新　　钟　鸣

　　　　　　王相伟　　孟珺遐　　余向前　　卜凡鹏

　　　　　　朱伟义　　于建成　　张　惟　　袁伟玉

　　　　　　潘明明　　梁　波　　曹鑫晖　　宋　扬

序

　　进入 21 世纪后，大规模开发利用化石能源带来的能源危机、环境危机凸显，建立在化石能源基础上的电力工业面临重大挑战，新一轮能源变革正在世界范围内蓬勃兴起。世界范围内电力系统面临如下问题：一是应对大型风能、太阳能等可再生能源发电快速增长对电网的挑战；二是适应小容量分布式电源、电动汽车等对用电结构产生变化的影响；三是适应政府节能减排管制和低碳经济发展的需要；四是网络技术向以能源体系为代表的实体经济渗透和新产业革命的推动。欧美发达国家从应对气候变化、保障能源供应安全、促进经济增长的需要出发，相继提出和建设智能电网。实际上，智能电网正是应对这些重大需求而产生的，是世界电力工业发展的新趋势。

　　我国高度重视智能电网研究和建设，国务院总理李克强 2014 年主持召开节能减排及应对气候变化工作会议时指出 "控制能源消费总量，提高使用效率，调整优化能源结构，积极发展风电、核电、水电、光伏发电等清洁能源和节能环保产业，开工一批新项目，大力推广分布式能源，发展智能电网"。国家科学技术部 2012 年适时启动智能电网重大专题研究，大力推动智能电网关键技术研究和应用示范。国家电网公司 2009 年根据电网建设的整体需要和智能电网顶层设计，率先启动了智能电网的研究、应用示范与工程建设；开展了智能变电站的持续实践，研制完成了智能电网调度控制系统、输电线路状态监测系统并得到广泛应用；构建了规模大、数据处理能力强的用电信息采集系统及电动汽车充换电服务网络；建成了中新天津生态城、张北风光储输等一批智能电网综合示范工程。

　　实施智能电网发展战略不仅能使用户获得高安全性、高可靠性、高质量、高效率和价格合理的电力供应，还能提高国家的能源安全、改善环境、推动可持

续发展，同时能够激励市场不断创新，从而提高国家的经济竞争力。智能电网是新一轮能源革命的基础平台，对能源革命具有全局性和根本性的推动作用。未来的智能电网，适应大型风电、光伏发电及分布式电源大规模接入，形成广泛覆盖、清洁高效的电力资源配置体系，具有强大的电力资源配置能力；电力网、互联网、物联网等相互融合，构成功能灵活互动的社会公共服务平台，广泛支持配置社会公共服务资源；汇集和分析电力系统广域数据和知识，自动预判、识别电网典型故障和风险，保障电网安全可靠运行；促进用户与各类用电设备广泛交互、与电网双向互动，支撑智能家庭、智能楼宇、智能小区、智慧城市建设，推动生产、生活智慧化。

中国电力科学研究院在智能电网关键技术研究、国际国内标准制定、试验检测能力建设等方面开展了卓有成效的科研工作，为了总结相关技术成果和实践经验，推动我国智能电网技术进步，为我国智能电网建设提供有益参考，特组织专家编写了本套丛书。

本套丛书的编撰出版，凝聚了电网一线科研工作者的汗水和心血。通过本套丛书的出版，希望更多的人士关注、关心智能电网并投身于智能电网的研究和建设中来，共同打造一个安全高效、清洁环保、友好互动的智能电网，并推动构建智能便捷的生产生活新模式。

2014 年 11 月

前　言

我国自 2009 年正式启动智能电网技术研究和试点示范工作以来，在智能电网关键技术研究、国际国内标准制定、应用示范工程及试验检测能力建设等方面取得了一系列重大成果。为总结智能电网技术研究与应用成果，分析我国智能电网技术发展趋势，与电力科技教育、电力企业及产业公司分享研究成果，中国电力科学研究院组织专家编写了本套丛书。

本套丛书在编写原则上，突出以智能电网诸环节关键技术为核心，优选丛书选题；在内容定位上，突出技术先进性、前瞻性和实用性，并涵盖了智能电网相关技术领域的新知识、新方法、新技术、新设备（系统）；在写作方式上，做到深入浅出，既有深入的理论分析和技术解剖，也有典型案例介绍和效果分析。

本套丛书涵盖输变电、配用电及储能等智能电网技术，按照专业技术领域分成 7 个分册，即《输电线路建设技术》《智能高压设备》《智能配电与用电技术基础》《智能电网用电技术》《智能电网与电动汽车》《智能电网广域监测分析与控制技术》《大规模储能技术及其在电力系统中的应用》。本套丛书既可作为电力企业运行管理专业员工系统学习智能电网技术的专业书籍，也可作为高等院校电气自动化专业师生的教学、学习用书，同时还可供智能电网产品研发工程师参考，实现一书多用。

本分册是《智能电网用电技术》，主要内容如下：第一章对智能电网发展背景、驱动力及用电技术现状和技术体系进行了介绍。第二章首先对高级量测系统等基础概念进行了诠释，在此基础上对高级量测系统架构、智能电能表、高级量测终端及主站软件技术、安全防护技术等进行了详细阐述；也对用电大数据处理及分析技术、基于 IPv6 的高级量测技术进行了扼要介绍。最

后对国内外典型案例进行了剖析。第三章首先对能效与节能等基础概念进行了分析，简要介绍了蓄冰蓄冷、变频调节等用户侧能效提升技术，详细分析了省级大型电能服务平台设计及应用，最后介绍了典型应用案例。第四章首先介绍了需求响应的概念和分类，在此基础上对开放式需求响应技术、电力用户需求响应特性等进行了阐述，最后对欧美发达国家工商用户、居民用户需求响应案例进行了剖析。第五章首先分析了国内外分布式电源的定义和发展，详细介绍了分布式电源系统结构、拓扑、分布式电源同步与锁相技术、低电压穿越技术、孤岛检测技术及微电网技术等。第六章首先介绍了电网与用户的双向互动概念和实现方式，然后对电网与居民用户互动技术、电网与工商业用户互动技术、用户能源管理技术等进行了介绍。第七章首先对用电服务领域的信息通信技术进行了简明扼要的回顾，同时介绍了 LTE 230MHz、TD–LTE 等先进通信技术及其应用，也对大数据、移动互联网技术等前沿技术及其在用电服务领域的应用做了阐述。

由于编写时间仓促，书中难免存在疏漏之处，恳请各位专家和读者提出宝贵意见，使之不断完善。

编　者

2014 年 11 月

目 录

序

前言

第一章 智能电网用电技术概述 ………………………………………………… 1

第一节 智能电网技术发展 ……………………………………………………… 1

第二节 用电技术发展与实践 …………………………………………………… 4

第三节 智能电网用电技术体系 ………………………………………………… 7

第二章 高级量测技术 …………………………………………………………… 10

第一节 高级量测技术概述 ……………………………………………………… 10

第二节 系统架构 ………………………………………………………………… 11

第三节 终端技术 ………………………………………………………………… 24

第四节 主站软件技术 …………………………………………………………… 29

第五节 典型案例分析 …………………………………………………………… 37

参考文献 ………………………………………………………………………… 52

第三章 能效管理技术 …………………………………………………………… 54

第一节 能效基本概念 …………………………………………………………… 54

第二节 企业用能管理 …………………………………………………………… 57

第三节 市场化节能新机制与典型节能技术 …………………………………… 62

第四节 电能服务管理平台 ……………………………………………………… 69

第五节 典型案例 ………………………………………………………………… 87

参考文献 ………………………………………………………………………… 97

第四章 需求响应技术 …………………………………………………………… 98

第一节 电力需求响应基本概念 ………………………………………………… 98

第二节 电力用户需求响应特性分析 …………………………………………… 103

第三节 开放式自动需求响应 …………………………………………………… 114

第四节 国外典型案例和启示 …………………………………………………… 122

参考文献 ………………………………………………………… 136

第五章　分布式电源技术 ……………………………………… 139
　第一节　分布式电源概述 ………………………………… 139
　第二节　分布式电源能量变换技术 ……………………… 150
　第三节　分布式电源并网技术 …………………………… 166
　第四节　微电网技术 ……………………………………… 184
　第五节　典型案例分析 …………………………………… 193
　参考文献 …………………………………………………… 196

第六章　电网与用户互动服务技术 …………………………… 199
　第一节　高级量测系统支持下的互动用电服务技术 …… 199
　第二节　柔性负荷控制技术 ……………………………… 204
　第三节　用户能源管理技术 ……………………………… 219
　参考文献 …………………………………………………… 228

第七章　智能电网用电信息通信技术 ………………………… 231
　第一节　通信技术 ………………………………………… 231
　第二节　信息技术 ………………………………………… 245
　第三节　典型应用 ………………………………………… 267
　参考文献 …………………………………………………… 280

索引 ……………………………………………………………… 284

第一章

智能电网用电技术概述

以安全高效、清洁环保、友好互动为目标的智能电网技术在世界范围内得到各国政府、产业界、学术界的高度关注和认同，用电技术领域是其热点研究领域之一。本章简要阐述智能电网技术发展背景、特征、驱动力，介绍用电技术发展和实践，最后提出智能电网用电技术内涵和技术体系。

第一节 智能电网技术发展

一、智能电网技术发展背景

（一）欧美智能电网技术发展背景

美国电科院推动的 IntelliGrid 研究计划致力于开发智能电网架构，目标是为未来的电网建立一个全面、开放的技术体系，支持电网及其设备间的通信与信息交换。2004 年，完成了综合能源及通信系统体系结构研究；2005 年发布的成果中包含了美国电科院称为"分布式自治实时架构"的自动化系统架构。

欧洲于 2005 年成立了欧洲智能电网论坛，该论坛已发表 3 份报告，《欧洲未来电网的远景和策略》重点研究了未来欧洲电网的远景和需求；《战略性研究议程》主要关注优先研究的内容；2008 年 9 月发布的《欧洲未来电网发展策略》，提出了欧洲智能电网发展重点和路线图。其优先关注的重点领域包括：① 优化电网的运行和使用；② 优化电网基础设施；③ 大规模间歇性电源并网；④ 信息和通信技术；⑤ 主动配电网；⑥ 新电力市场的地区、用户和能效。

2009 年，在全球金融危机背景下，美国等许多国家都把建设智能电网作为扩大国内投资、拉动经济增长的重要手段。2009 年美国总统奥巴马在《美国的新能源》报告中将投资智能电网作为一项国策提出，之后美国能源部宣布政府

投资 34 亿美元用于资助智能电网技术开发；欧盟在 2009 年 10 月公布的《战略能源技术计划》草案中提出，挑选 30 座城市，率先建设智能电网，将其建设成为新型"智慧城市"。智能电网迅速成为全世界广泛关注的热点话题，并被各国视为推动经济发展和产业革命、建立可持续发展的生态文明社会的新基础和新动力。

然而，目前世界各国对于智能电网的发展思路、核心内容、发展趋势等问题尚未形成共识。基于各自的国情，欧洲、美国和日本等对于智能电网的理解和发展的侧重点也有较明显的区别。从技术发展和应用的角度看，世界各国、各领域的专家、学者普遍认同以下观点：智能电网是将先进的传感量测技术、信息通信技术、分析决策技术、自动控制技术和能源电力技术相结合，并与电网基础设施高度集成而形成的新型现代化电网。综合来看，国际上智能电网提出的背景和发展的驱动力主要来自四个方面：① 应对风能、太阳能等可再生能源发电规模快速增长对电网的挑战；② 适应电动汽车、小容量分布式电源等对用电结构产生的影响；③ 发达国家电网设备老化和更新换代的需要；④ 网络经济向以能源体系为代表的实体经济渗透和新产业革命的推动。

按照《欧洲未来电网愿景和策略》文件的定义，智能电网被定义为能够高效地应对未来欧洲电网出现的新挑战和机遇、给所有用户和利益相关者带来利益的电网。它应该能充分开发和利用欧洲范围内的大型集中式发电和小型分布式电源，为所有用户提供高效可靠、灵活、易接入和经济的电能；通过全网范围内的互操作保证电网运行的安全和经济；同时实现终端用户与电力市场和电网的互动。

（二）中国智能电网发展背景

近年来，中国在智能电网发展模式、理念和基础理论、技术体系以及智能设备等方面开展了大量卓有成效的研究和探索。2009 年 5 月，在北京召开的"2009 特高压输电技术国际会议"上，国家电网公司正式发布了"坚强智能电网"发展战略。2009 年 8 月，国家电网公司启动了智能化规划编制、标准体系研究与制定、研究检测中心建设、重大专项研究和试点示范等一系列工作。在 2010 年 3 月召开的全国"两会"上，温家宝总理在《政府工作报告》中强调："大力发展低碳经济，推广高效节能技术，积极发展新能源和可再生能源，加强智能电网建设"。这标志着智能电网建设已成为国家的基本发展战略。

结合中国的国情和需求，智能电网这一概念的内涵主要包含着对未来电网发展的四个核心要求：① 对大规模可再生电源和分布式电源（包括储能设备）的开放接入；② 电网与用户的双向互动，并以市场化的电价引导用户的用电需

求，减小电力消耗的日峰谷差，提高电源和电网设施的利用效率；③ 利用信息化和自动化手段，提高供电可靠性，使电能质量能满足数字经济的要求，并实现电网资产的高效利用；④ 基于广域范围内开放和透明的量测数据，应用智能决策支持技术，实现有效的能量管理、智能化的故障预测、电网运行对扰动的自适应响应和调整，提高电网的自愈能力和对灾害、攻击的适应能力。

综上所述，智能电网的概念是源自于信息技术对电网工业的渗透，而在新能源革命背景下增加了一层新内涵：对新能源与可再生能源开发所引起的能源系统变革和相关电网技术发展的支持。智能电网首先突出了智能化的特征，同时包含了支持可再生能源大规模开发的特征，强调了基于信息技术的能源技术智能化对提升电网性能、电网技术水平的关键支撑作用。

二、智能电网主要特征及发展驱动力

（一）智能电网的主要特征

智能电网的主要特征如下：

（1）消费者能够积极参与。消费者是电力系统不可分割的一部分，智能电网应考虑如何激励消费者积极参与。

（2）支持各种发电和存储类型。智能电网支持各种发电和存储类型。它既支持大的、集中发电厂，又支持分布式能源发电。

（3）支持新的产品、服务和市场。智能电网将实现电力系统的市场化，智能电网通过给消费者提供创新的竞争服务实现消费者的成本效益权衡。

（4）提供用户所需的电能质量。智能电网能够提供可靠的电能。

（5）优化资产利用率和运行效率。智能电网将优化资产和运行效率。它应用目前的技术，以确保有效地利用资产。

（6）预测与响应系统的干扰（自愈性）。智能电网能够自动识别和反应系统的扰动并执行校正措施努力缓解危机。智能电网结合工程设计使得系统在故障发生时，对故障进行隔离、分析，并在少人或无人参与的情况下恢复系统的正常运行状态。

（7）智能电网既能抵御对有形的基础设施（变电站、杆塔、变压器等）的攻击，又能抵御对无形的网络结构（市场、系统、软件、通信）的攻击。智能电网系统架构灵活，它结合自愈技术抵制并对自然灾害做出响应；同时可以对系统进行不断的监测和自我测试以减轻恶意软件和黑客的攻击。

（二）智能电网发展的驱动力

综合来说，我国智能电网的主要驱动力有三个，他们相互之间有区别也有联系，共同推动智能电网的发展。

化石能源危机引发的新能源革命无疑是智能电网发展的外部驱动力。充分开发利用新能源与可再生能源发电（包括分布式可再生能源），克服传统电网严重依赖化石能源的缺点，实现电源结构清洁化以保证电网发展可持续化。

降低互联大电网的安全风险是智能电网发展的内在动力。当前电网中传统的大电源、大电网模式无法克服本身的大电网复杂特性，连锁故障、低频振荡等问题严重威胁电网安全运行，小概率大损失的大停电风险难以消除。风能、太阳能等可再生能源、分布式电源和用户侧储能为电力用户提供了大电网以外的电源备用，这对提高供电可靠性具有重要意义，可以降低大电网安全事故的风险。

信息和通信技术在电网中的广泛应用和深入融合，是智能电网发展的重要推力。信息通信技术的支持通过对电网运行状态的全面掌握，提高电网的智能化水平，从而对大规模可再生能源电力的接纳能力、电网与用户之间双向互动的服务能力、电网安全稳定运行的控制能力、电网设备的优化利用能力等都起到积极的作用。

第二节　用电技术发展与实践

一、国外用电技术发展与实践

目前，世界发达国家基于发展新能源、节能减排、提高电网运营效率、改善供电服务质量等需要，陆续开展了互动用电服务的研究和实践，并取得了阶段性成效。

（一）明确了互动用电服务发展目标

2006 年，欧盟理事会发布了能源绿皮书《欧洲可持续的、竞争的和安全的电能策略》，提出了智能用电服务目标：① 以用户为中心，提供高附加值的电力服务，满足灵活的能源需求；② 将分布式发电和可再生能源集成到电网中，进行本地能源管理，减少浪费和排放；③ 通过电能表自动管理系统，实现当地用电需求调整和负荷控制；④ 通过开发和使用新产品、新服务，实现需求响应。

2009 年，美国发布了智能电网建设发展评价指标体系，提出智能电网的 6 个特性：① 基于充分信息的用户参与；② 能够接纳所有的发电和储能；③ 允许新产品、新服务等的引入；④ 根据用户需求提供不同的电能质量；⑤ 优化资产利用效率和电网运行效率；⑥ 电网运行更具柔性，能够应对各类扰动袭击和自然灾害。

（二）广泛开展了高级量测系统研发和工程实践

近年来，欧美发达国家广泛开展了高级量测系统的研发和工程实践，大力推广智能电能表，并取得了良好的效果。2011年2月，欧洲能源管理委员会发布《电和天然气的智能表管理经验指导》，提出实施智能计量系统和推广智能电能表的建议，其总体目标是强调或协调欧洲标准，实现智能仪表互操作性，从而提高客户的节能意识。欧盟多数国家广泛采纳了其建议，截至2013年9月，瑞典和意大利率先完成了智能电能表的推广，芬兰在年底智能电能表普及率达到80%，英国、西班牙、德国等18个欧盟国家也已经处于智能电能表的推广或者计划推广阶段。美国通过政府补贴快速普及智能电能表，实现减少停电次数和提升服务效率等目标，截至2013年上半年，美国安装智能电能表约4000万只。截至2013年初，日本和韩国智能电能表总体规模分别约为300万只和100万只，计划于2018年之前推动80%的家庭用户安装智能电能表，并完成全部企业用户的安装。伴随着各国智能电能表的大力推广和无线通信、互联网、电力载波等多种通信技术的迅速发展，欧美国家的高级量测系统实现了用电信息自动采集、计量异常监测、电能质量监测、用电分析和管理等基本功能。美国的高级量测系统还支持家庭用能可视化、家庭负荷控制等功能，以使充分挖掘高级量测系统价值。

（三）开展了系列智能用电实践

截至2008年，法国超过1000万用户可以通过网站、邮件、电话、专门的电子接收装置，获得最大峰荷电价信息，实时调整用电方式。丹麦正在博恩霍尔姆岛试验用汽车电池解决间歇风电问题，通过汽车与电网（Vehicle-to-Grid，V2G）技术，允许建设更多的风力发电系统，而且不影响电网安全运行。法国电力公司（EDF）高度重视并承担了电动汽车充电技术研究、标准制定及基础设施建设工作，为电动汽车提供便利的能源供应服务。美国、澳大利亚、加拿大、日本、英国、德国等近20个发达国家已经开展绿色电力机制项目。

综上所述，欧美等发达国家近几年开展的互动用电服务的研究和实践，主要是以自动抄表和用电信息采集、用电设备自动控制（需求响应）和电动汽车充放电为主，并开始分布式能源接入研究实践，通过建立节能服务子公司开展节能服务。而根据各国对智能电网的功能描述，已经得到国际认同的涉及智能用电服务主要有：① 广泛的用户参与；② 提高能源利用效率、减少浪费；③ 分布式能源接入；④ 资产优化配置，提高资产利用效率；⑤ 提高电力供应质量，提供高附加值的服务；⑥电动汽车充放电。

二、国内用电技术发展与实践

国内在用电服务相关技术领域已开展了大量的研究和实践，一些研究应用

已达到国际先进水平。

（一）建成了系列营销自动化、信息化系统

自 2009 年国家电网公司全面启动用电信息采集系统建设与智能电能表推广应用工作以来，国家电网公司明确了用电信息采集系统和智能电能表的功能定位，发布了 24 项用电信息采集系统技术标准和 12 项智能电能表技术标准，全力推进用电信息采集系统建设和智能电能表应用，已在公司经营管理中取得了显著成效。截至 2013 年底，国家电网公司系统内 27 个省级电力公司已经完成了省级用电信息采集系统主站的构建。国家电网用电信息采集系统实现了计量装置在线监测和用户负荷、电量、电压等重要信息的实时采集，及时、完整、准确地为营销业务应用提供电力用户实时用电信息数据，从技术上支持了提升企业集约化、精益化和标准化管理水平的管理要求。南方电网公司开展了高可靠性智能电能表、计量自动化及高级应用、高级量测体系关键技术等研究与用电信息采集系统的规模应用工作。

（二）电能服务平台推广应用

2004 年起，依托电力负荷管理系统，开展各级有序用电预案科学编制和可靠实施。部分省市出台尖峰电价、可中断负荷电费补偿等激励措施，通过经济手段引导用户避峰。有的省市试行了绿色电力认购机制，支持新能源产业的发展。积极推广电动汽车、热泵和蓄能技术等电能替代技术，提高了电能在终端能源消费的比重。2013 年起国家电网公司在 25 个省市电力公司推广电能服务管理平台，在天津等地开展自动需求响应试点研究工作。南方电网公司开展第三方节能量审核技术、工业大用户能效监测、用电数据实时远程监测等技术研究，开发用电能效监测评估平台。

（三）推出了若干互动式服务新举措

近年来，在客户互动服务方面开展了大量研究和实践工作，2009 年开始，开展 95598 智能互动网站、互动化营业厅、智能小区、智能楼宇、智能园区等试点建设，客户互动服务水平显著提升，互动服务技术支撑手段日趋多样；通过智能用电服务体系架构研究和营销各专业的标准制度体系梳理，客户服务管理体制机制不断创新。

（四）积极支持分布式电源并网

2013 年初，国家电网公司发布了《国家电网公司分布式电源项目并网服务管理规范》，初步确定了分布式电源的并网管理流程，厘清了分布式电源并网及管理环节中所涉及的各种问题。南方电网公司也开展了分布式能源及微网接入关键技术、大容量与分布式先进储能关键技术研究与示范应用工作。

综上所述，国内用电服务研究与实践以高级量测系统、分布式电源并网、电动汽车充放电等为主线，成立节能服务公司专业开展节能服务。根据目前技术现状还将继续深化的主题有：① 用户广泛自主参与的电网调峰及需求响应，实现电力负荷的柔性可控；② 分布式电源、电动汽车的广泛接入及双向互动，减少其随机波动性；③ 高效节能型用电设备大量使用，提高能源利用效率；④ 高可用性电能质量控制设备规模应用，提高供电质量并降低供电损耗。

三、用电技术推动用电方式的变革

传统电网的电力流从供应侧向需求侧单向传输，难以适应这些新的需求。只有基于信息网络技术和智能控制技术的智能电网，才能适应能源消费的新变化，推动能源消费从单向接收、模式单一的用电方式，向互动灵活、高效便捷的智能化用电方式转变。基于智能电网的清洁能源大规模开发利用，将推动生产生活的低碳化；智能电网与物联网、互联网等深度融合后，将构成价值无法估量的社会公共服务平台，能源供应、信息通信、家政医疗、物流交通、远程教育、电子商务等各方面的服务都可以基于这个平台，实现公共服务集成化；智能电网将支撑智能家庭、智能楼宇、智能小区、智慧城市建设，推动生产生活智慧化。智能家电广泛普及后，用户的智能用电和互动服务需求越来越高。智能电网让普通家庭能够通过智能电网实现用户能源管理、移动终端购电、水电气多表集抄、综合信息服务、远程家电控制等，大大提高百姓生活的智能化水平。

随着分布式电源加快发展，越来越多的用户拥有能源供应商与消费者的双重身份，发用电关系灵活转换。在智能电网中，千家万户都可以开发利用风能、太阳能，能源生产模式从以集中生产为主，向集中生产与分布式生产并重转变。

第三节 智能电网用电技术体系

一、智能电网用电技术的含义

智能电网用电技术涵盖高级量测技术、需求响应技术、分布式电源技术、能效管理技术、双向互动服务技术，是现代信息通信、控制理论等学科的技术应用集群。

基于智能电网用电技术的供电服务，是兼顾电网运营、用户需求和社会效益，实现市场参与者实时互动和能源供需平衡，最优分配的安全、经济、环保的电力营销模式。它能够实时满足电量需求，通过供需双方信息的双向透明和互动，鼓励消费者参与优化电量资源的分配，逐步实现需求参与，体现供需一体化的联动，形成更为紧密与高效的市场行为，提升二次能源使用效率，达到

电能资源的多层优化配置和用电服务品质全面提升。

二、智能电网用电技术体系

智能电网用电技术在发展过程中，技术体系也将不断发展更新。智能电网用电技术体系主要包含高级量测技术、需求响应技术、分布式电源技术、能效管理技术、双向互动用电服务技术、信息通信技术。

（一）高级量测技术

高级量测系统是指利用智能传感、先进通信技术，实现用电信息的准确计量、远程抄表、停电检测、远程断电/送电、防窃电、电压监测等功能，支持基于电价和激励信号实现自动响应与控制。高级量测技术主要包括智能电能表、本地及远程通信、数据管理和分析技术，也包括电网与用户户内双向信息交互技术。

（二）需求响应技术

需求响应是指用户对电价或其他激励做出响应。通过实施需求响应，既可减少短时间内的负荷需求，也能调整未来一定时间内的负荷，实现移峰填谷。需求响应技术被纳入智能电网框架，除需要相应的技术支撑外，还需要制定相应的电价政策和市场机制。电力需求侧管理更多的是通过政府部门的政策、法规等推行用户节能、节电的管理工作；在智能电网条件下，一般需要建立需求响应主站系统、通信网络、智能终端，依照一定的通信协议，实现电价激励信号、用户选择及执行信息等双向交互，达到用户负荷自主可控的目的。

（三）分布式电源技术

分布式电源技术是指与分布式电源相关的电气安全、电能质量、运营等技术，涵盖分布式电源并网、运行管理全过程，包括分布式电源并网逆变技术、同步技术、低电压穿越等关键技术。分布式电源对提高供电可靠性和电能利用效率具有重要作用。

（四）能效管理技术

用户能效管理包括用能设备管理、节能监测、企业能量平衡、能源审计、能效对标等部分。用户能效管理技术是指变频控制、热泵技术、节电设备替换、蓄冷蓄热、企业和居民住宅节能技术，也包括利用信息通信、自动控制技术，以及出于节能目的对企业用户重要用电设备的节能监测。

（五）双向互动用电服务技术

双向互动用电服务是指在先进量测技术、信息通信技术支持下，实现用户用电双向信息交互、分布式电源功率双向流动和电能的灵活交易、电动汽车充放电，实现柔性可控负荷灵活可控，基于手机、智能交互终端、互联网等多种互动手段，提供缴费、用电策略、历史用电记录等信息查询和新型用电业务互

动，指导用户科学用电。

（六）信息通信技术

信息通信技术是用电智能化的重要技术支撑手段。通信技术包括 NFC、ZigBee、Wi-Fi、低压电力线载波等近程通信技术，也包括光纤通信、3G/4G 无线通信技术等远程通信技术；信息技术包括信息建模、信息安全、大数据等技术。

第二章

高级量测技术

高级量测系统（Advanced Metering Infrastructure，AMI）利用双向通信网络，定时或即时取得用户的多种用电量测值，并加以处理、分析、利用。目前，高级量测技术还在不断地发展与完善，本章主要介绍其基本概念、智能电能表及智能关键技术、主站软件技术以及用电海量数据处理、大数据分析技术，国内外典型案例。

第一节 高级量测技术概述

本节介绍高级量测系统、用电信息采集系统、负荷管理系统等基本概念，并对其相互关系进行了简要分析。

一、基本概念

（1）高级量测系统。高级量测系统是用来测量、收集、储存、分析和应用用户用电信息的完整的网络和系统，主要包括智能电能表、通信网络、量测数据管理系统等。高级量测系统在双向计量、双向实时通信技术支持下，实现电力用户远程抄表、停电检测、远程断电/送电、防窃电、电压监测等功能，支持智能电网与电力用户的双向互动。高级量测系统是智能电网基础设施之一。

（2）用电信息采集系统。用电信息采集系统是国家电网公司开发部署的新一代电能信息采集、处理、分析、应用的计算机信息系统，对电力用户的用电信息进行采集、处理和分析的系统，实现用电信息的自动采集、计量异常监测、电能质量监测、用电分析和管理等功能。用电信息采集系统是智能用电管理、服务的技术支持系统，具有集中部署及数据集中管理特点，为用电营销系统提供及时、完整、准确的基础用电数据。

用电信息采集系统面向电力用户、电网关口等，实现购电、供电、售电 3 个环节信息的实时采集、统计和分析，达到购、供、售电环节在线监测的目的。

用电信息采集系统为电网企业层面的信息共享，逐步建立适应市场变化、快速反应用户需求的营销机制和体制，提供必要的基础装备和技术手段。

（3）负荷管理系统。负荷管理系统一般指实现大中用户电力负荷信息采集、信息管理、有序用电等功能的计算机实时信息系统。平常用于电力负荷的运行管理，负荷紧张时用于执行分时段功率控制、电量控制等政府有序用电功能。用电信息采集系统已包含其相应软件功能。

二、比较分析

用电信息采集系统与高级量测系统在电能计量、信息采集等基本功能方面具有相似性，但是在支持高级应用、实时通信等方面差异较大，主要是：

（1）智能电能表基本功能相同。两者都支持双向有功计量、双向通信、多费率等，与欧美国家相比，我国智能电能表具有费控、内置安全加密芯片的信息安全防护功能，但是支持用户的家庭用能管理的双向接口及网关正在进一步发展过程中。

（2）信息采集方面两者有相似性。两者都具有双向计量、双向通信、存储定时间隔量功能，还具有计量点电能、电流、电压、功率因数等电气参量信息的采集和处理功能。用电信息采集系统采集对象涵盖电力生产的发、供、用环节，信息更为完整。

（3）数据高级应用集成方面有差异。高级量测系统除了具有用电信息自动采集、计量异常监测、电能质量监测、用电分析和管理等基本功能外，还支持停电管理、配电网规划、资产管理等高级应用集成。

（4）实现负荷控制的方式有较大差异。用电信息采集系统具有预付费控制和直接负荷控制，直接负荷控制方式有较强的有序用电色彩，具有一定的强制性；高级量测系统支持下能实现用户需求响应，为用户主动参与电网调峰提供技术手段。

（5）通信系统性能有较大差异。高级量测系统支持双向实时通信，可实现停电检测、远程断电及送电等服务功能；用电信息采集系统以日电能采集为主要目的，兼顾其他用电信息采集，目前还不能全面实时支持停电检测数据上送功能的实现。

第二节 系 统 架 构

本节介绍用电信息采集系统、高级量测系统架构及构成。

一、用电信息采集系统架构

用电信息采集系统的采集对象包括专线用户、各类大中小型专用变压器用户、各类 380/220V 供电的工商业用户和居民用户、公用配电变压器考核计量点。用电信息采集系统的统一采集平台功能设计，支持多种通信信道和终端类型，可用来采集其他的计量点，如小水电、小火电上网关口、统调关口、变电站的各类计量点。

用电信息采集系统采集大型专用变压器用户、中小型专用变压器用户、三相一般工商业用户、单相一般工商业用户、居民用户和公用配电变压器考核计量点六类用户，以及分布式能源接入、充放电与储能装置接入计量点的电能信息等数据，构建完善的用电数据平台，是智能电网用电环节的重要基础设施和用户用电信息的重要来源。

系统主要功能包括数据采集、数据管理、自动抄表管理、费控管理、有序用电管理、异常用电分析、线损/变损分析、安全防护等，为智能用电双向互动服务提供数据支持。

1. 用电信息采集系统逻辑架构

系统逻辑架构主要从主站、信道、终端、采集点等几个层面进行逻辑分类，为各层次的设计提供理论基础。用电信息采集系统逻辑架构如图 2-1 所示。

用电信息采集系统在逻辑上分为主站层、通信信道层、采集设备层三个层次。用电信息采集系统集成在营销应用系统中，数据交换由营销应用系统统一与其他应用系统进行接口。营销应用系统指营销管理业务应用系统，除此之外的系统称之为其他应用系统。

（1）主站层分为营销采集业务应用、前置采集平台、数据库系统 3 个部分。业务应用实现系统的各种应用业务逻辑。前置采集平台负责采集终端的用电信息、协议解析，并负责对终端单元发操作指令。数据库系统负责信息存储和处理。

（2）通信信道层是连接主站和采集设备的纽带，提供可用的有线和无线的通信信道。主要采用的通信信道有光纤专网、GPRS/CDMA 无线公网、230MHz 无线专网。

（3）采集设备层是用电信息采集系统的信息底层，负责收集和提供整个系统的原始用电信息。该层可分为终端子层和计量设备子层。低压集抄有多种方式，如集中器、电能表方式，集中器、采集器和电能表方式等。终端子层收集用户计量设备的信息，处理和冻结有关数据，并实现与上层主站的交互；计量

设备子层实现电能计量和数据输出等功能。

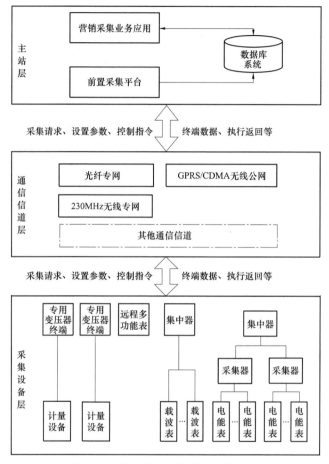

图 2-1 用电信息采集系统逻辑架构

2. 用电信息采集系统物理架构

用电信息采集系统物理架构由用电信息采集系统实际的网络拓扑构成，如图 2-2 所示。用电信息采集系统从物理上可根据部署位置分为主站、通信信道、现场终端 3 个部分，其中主站部分单独组网，与其他应用系统以及公网信道采用安全防护设备进行安全隔离，保证系统的信息安全。

（1）主站网络的物理结构主要由营销系统服务器（包括数据库服务器、磁盘阵列、应用服务器）、前置采集服务器（包括前置服务器、工作站、GPS 时钟、安全防护设备）以及相关的网络设备组成。

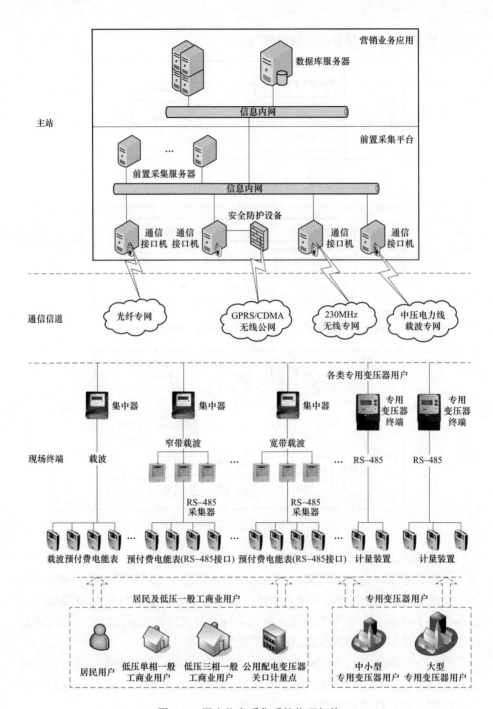

图2-2　用电信息采集系统物理架构

（2）通信信道是指系统主站与终端之间的远程通信信道，主要包括光纤信道、GPRS/CDMA 无线公网信道、230MHz 无线专网信道等。

（3）现场终端是指安装在采集现场的终端设备，主要包括专用变压器终端、集中器、采集器等。

二、高级量测系统架构

高级量测系统在逻辑上分为主站层、通信信道层、采集设备层 3 个层次。高级量测系统在主站端应用主要是为营销业务应用提供数据，并与用能管理、分布式电源管理、电动汽车充放电管理等软件实现双向信息交换，支持需求响应及与用户互动功能。高级量测系统是营销应用系统的技术支持系统，数据交换由营销应用系统统一与其他应用系统进行接口。营销应用系统指营销管理业务应用系统，除此之外的系统称之为其他应用系统。

1. 高级量测系统逻辑架构

高级量测系统逻辑架构如图 2–3 所示。

（1）主站层分为数据采集、数据存储、数据管理及营销业务应用等部分。业务应用实现系统的各种应用业务逻辑。前置采集平台负责采集终端的用电信息、协议解析，并负责对终端单元发操作指令。数据库系统负责信息存储和处理。

（2）通信信道层是连接主站和采集设备的纽带，提供可用的有线和无线的通信信道。主要采用的通信信道有光纤专网、3G/4G 无线公网、LTE–230MHz 无线宽带专网等。

（3）采集设备层是高级量测系统的信息底层，负责收集和提供整个系统的原始用电信息。该层可分为终端子层和量测设备子层。终端子层收集用户计量、测量设备的信息，处理和冻结有关数据，并实现与上层主站的信息交互；量测设备子层可组成局域网，实现电能计量及数据采集、智能控制、需求响应、双向交互等功能。

2. 高级量测系统物理架构

高级量测系统物理架构如图 2–4 所示。高级量测系统从物理上可根据部署位置分为主站、通信通道、现场终端 3 个部分，其中系统主站部分可单独组网，与其他应用系统以及公网信道采用防火墙进行安全隔离，保证系统的信息安全。主站网络的物理结构主要由数据库服务器、应用服务器、前置采集服务器以及相关的网络设备组成。

高级量测的通信体系应包含 3 个层次（有关信道的组网情况和信道特点等参照后面的信息通信部分）：

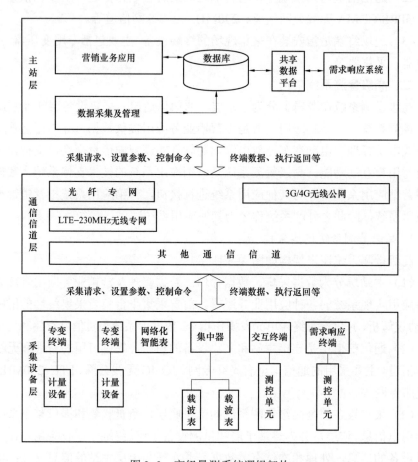

图 2-3　高级量测系统逻辑架构

（1）应用于主站系统与智能交互终端或智能台区管理终端等设备通信的通信链路和协议体系，即广域网 WAN。

（2）应用于智能交互终端或智能台区管理终端与智能电能表间通信的通信链路和协议体系，即 LAN。该层次的通信集中于电网末端的 20～500m 距离内，现场情况复杂，需要交互的节点众多，当前主要通信方式包括 RS-485、窄带载波、宽带载波、微功率无线、ZigBee 等，各种通信方式均有其局限性，它们之间既有替换性，又有互补性，无法覆盖所有的应用需求，一段时期内必然是多种通信方式并存。故该层次通信体系主要考虑各种通信方式的兼容性和互联互通。

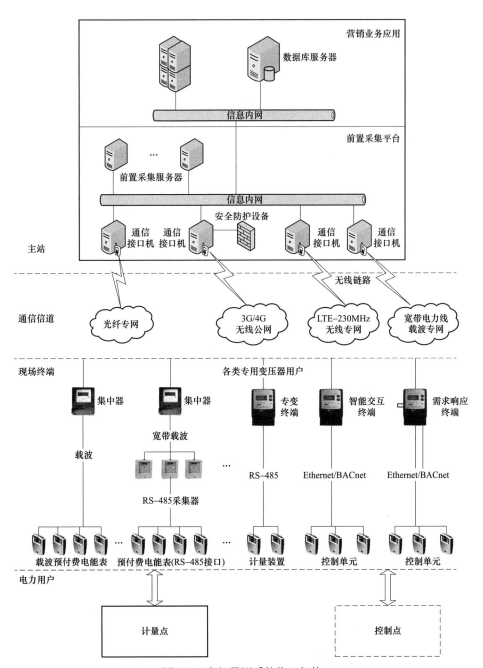

图 2-4　高级量测系统物理架构

（3）家庭局域网。家庭局域网（Home Area Network，HAN）主要解决户内用电设备的互联，并实现与智能设备通信。HAN 通信技术尚处于发展当中，其主要完成智能插座及智能家电的数据交互。

智能设备是指安装在现场的终端及计量设备，主要包括专用变压器终端、可远传的多功能电能表、集中器、采集器以及电能表计等。有关设备的结构设计、功能、性能等描述参见后面的终端设备部分。

三、高级量测系统主站架构

主站软件基于分布式多层结构，主要包括交互层、业务逻辑层和数据层。通过采用组件化、动态化的软件技术，利用一致的可共享的数据模型，按照界面交互层、业务逻辑层、数据层实现多层技术体系设计（见图 2-5），利用组件和服务技术实现系统内部的松耦合，以增强系统对业务变化灵活、快速的响应能力，并通过应用集成，实现各层次上的集成，实现重用，以满足不同的业务需求以及各系统之间信息交互的需求。

1. 主站系统技术架构（见图 2-5）

（1）页面交互层。系统的搭建基于 J2EE 架构，则页面交互层可采用 MVC 应用框架，由界面控制器单元、界面操作单元、页面单元以及代理单元组成。系统分别满足 B/S 或 C/S 结构的要求，以满足多样化的工作站硬件平台，如在 PC 工作站上的浏览器式操作界面，以及在 PDA 工作站上的应用程序式操作界面。针对目前大多数应用所面向的 B/S 结构，界面显示由 JSP 网页组件完成，具体的功能实现则由界面操作组件通过代理单元调用业务逻辑层的具体服务来完成，而界面控制器组件则负责统一调度各个界面操作组件和 JSP 网页组件。另外，可以建立专用的应用程序模块，如 Applet，来应对具有较大数据量的展示和处理需求的特殊业务。

（2）业务逻辑层。系统的业务实现和业务处理，依赖于部署于该层的各个业务逻辑组件，按照职能的不同，可将所有业务逻辑组件分为业务应用逻辑和系统支持逻辑两部分，最后通过集成服务，对系统内的各业务组件进行全面集成、封装和梳理，使业务组件有效地分工、协作，使整个系统形成一个有机的整体。

1）业务应用逻辑。具体完成与业务相关的功能实现。主要包括现场管理、设备运行管理、负荷管理、预付费管理、需求响应、智能用电服务、电能质量监测、客户用电监测、分布式能源监测、配变运行监测、负荷分析、电量分析、线损分析、异常分析等。

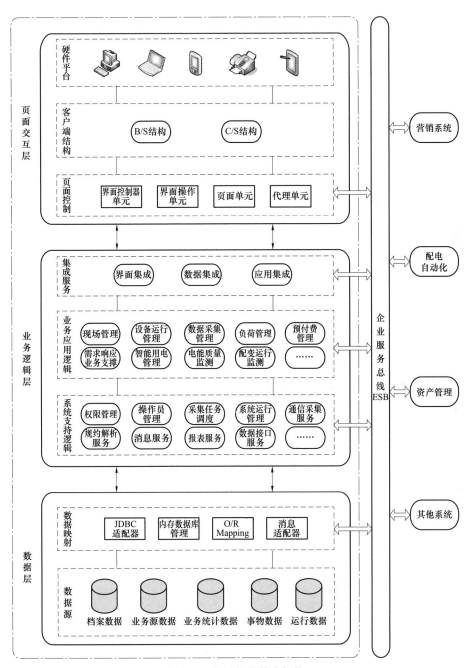

图2-5 主站软件技术架构

2）系统支持逻辑。为系统正常、稳定运行提供功能支持，以及为各个业务应用逻辑组件提供共用功能支持。主要包括系统运行管理、权限管理、操作员管理、采集任务调度、通信采集服务、规约解析服务、消息服务、报表服务、数据接口服务等。

（3）数据层。数据层由数据源和数据映射组成。数据映射通过 JDBC 适配器、内存数据库等手段，实现对数据源的封装，极大程度地降低了业务逻辑层对底层数据存储形式和物理结构的依赖性，使应用系统能够适应多种类型的数据库，同时有助于业务逻辑层内的功能组件能够更加专注于系统的功能实现。

2. 主站系统逻辑架构

高级量测系统主站软件是高级量测系统的重要组成部分，它通过高级量测系统通信网络采集高级量测智能设备采集的数据，存储、处理、计算数据，并向电力系统运行人员、电力客户和其他电力应用系统提供应用服务。高级量测系统主站软件逻辑结构如图 2-6 所示。

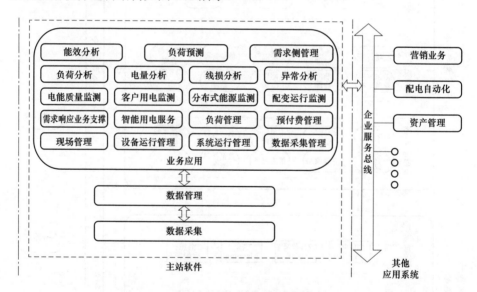

图 2-6　主站软件逻辑架构

从逻辑架构图中可以看到，主站软件主要分为数据采集、数据管理、业务应用 3 个组成部分。

（1）数据采集。实现了现场监测设备获得的数据由现场到主站的传输以及主站命令的下达，保证了系统运行管理人员对现场运行情况的实时监控。数据

采集部分由信道管理和采集任务管理两部分构成。信道管理实现通信信道的运行管理，实现智能设备与主站的正常通信，系统中可兼容目前如 3G/4G 无线公网、230MHz 无线专网、光纤专网、有线宽带等主流的各种通信信道。采集任务管理，则可以根据实际的应用需求设置数据的定时定量采集，以供数据处理和数据展示模块使用。

（2）数据管理。完成高级量测系统的数据管理功能，主要包括数据存储、数据验证、估计和编辑、数据计算和数据共享。

（3）业务应用。系统提供业务应用操作界面和信息展示窗口，系统运行人员通过该部分软件实现具体的应用功能，根据系统的业务特点，可以分为运行管理、业务应用、远程监测以及综合分析几个层次。

3. 主站系统物理架构

主站系统的应用，将可能涉及多个管理层次，包括省级电网运营管理部门，市级电网运营管理部门，甚至也可以为县级电网管理部门提供应用服务。对于不同层次的系统规模、管理方式、应用需求，主站系统应能够提供不同物理结构的系统建设方案，来匹配和满足各种应用规模和管理方式的系统建设需求。总体来讲，可将系统建设的物理架构归为集中式部署模式和分布式部署模块两大类，而对于物理部署模式的选择，要充分考虑系统容量、地域条件、通信条件等因素，详见表 2-1。

表 2-1　　　　　　　　主站系统物理架构部署策略

条件 户数	地域较广，通信良好	地域较广，通信复杂	地域广阔，通信复杂
用户数<500 万	集中式	集中式	分布式
500 万<用户数<1000 万	集中式	分布式	分布式
用户数>1000 万	分布式	分布式	分布式

物理架构的选择是为了系统建设能够更好地适应实际应用环境和应用需求，以一种最高效的模式对系统的各种功能、服务进行展示。但需要明确的是，集中式和分布式仅仅是系统的部署策略，在系统运行过程中，上下级电网运营管理部门之间的工作关系，并不会跟随系统物理架构的变化而产生变化。

集中式系统主站架构如图 2-7 所示，分布式系统主站架构如图 2-8 所示。

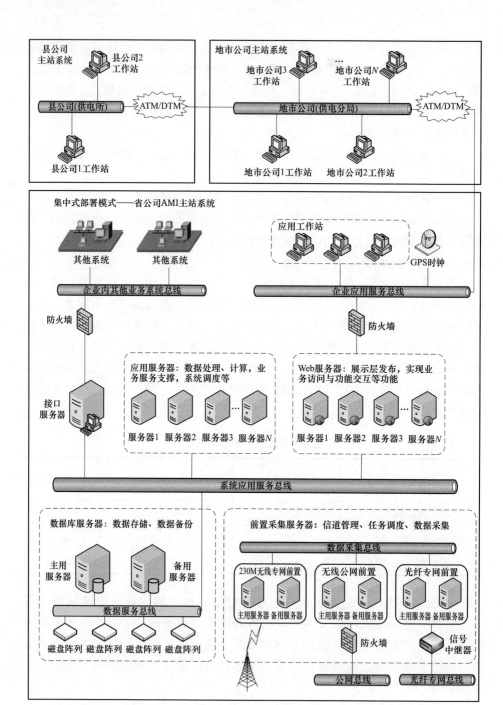

图 2-7　集中式系统主站架构

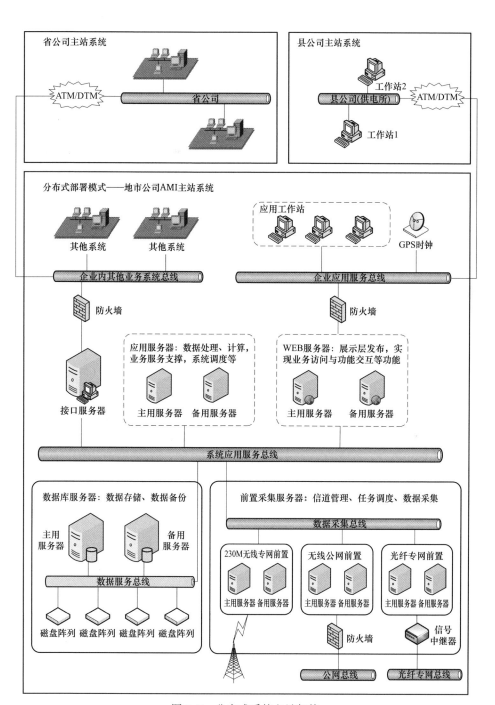

图 2-8 分布式系统主站架构

第三节 终 端 技 术

高级量测系统终端技术包括智能电能表技术、采集终端设备技术和安全加密技术。

一、智能电能表技术

智能电能表目前国际上尚没有一个被广泛接受的定义，从功能上大体可以描述为具有计量功能及在双向通信基础上的附加更多功能的智能仪表。

1. 智能电能表基本构成

智能电能表由计量与数据处理、存储单元、通信单元及接口单元组成，具有方便的操作、显示与交互界面。

传统电网只是单向为用户提供电能，而智能电网与电力用户可能会有双向功率流动。智能电能表更主要的目的是为用户提供用电信息，从而使用户调整自己的用电行为，减少能源消耗。

智能电能表能实现连续的带有时标的多种间隔用电计量，它实际上是分布于智能电网上的测量点和智能传感器。

2. 国外智能电能表

（1）英国智能电能表。英国智能电能表含有通信系统，是能够在表计、家庭内部显示的系统或者在互联网上存储、检索数据的智能仪表。其功能要求如下：

1）在定义时段的远程抄读功能；

2）系统的双向通信能力；

3）基于开放标准和协议的家庭局域网（HAN）；

4）支持多种费率；

5）支持远程接通/断开供电电源；

6）支持负荷管理能力；

7）支持与微型发电机的测量设备进行通信。

（2）法国智能电能表。法国智能电能表具有组网能力，支持双向实时通信，支持分时电价并可与家电及家庭用电信息显示器双向通信，主要功能要求如下：

1）4象限计量，有功1级，无功2级；

2）双向载波通信，2400bit/s，遵循 IEC 61334 标准，可组网；

3）双通信口，一个与电力公司通信，一个与家庭用电信息显示器通信；

4）支持分时电价；

5）单相90A，三相60A 直接开断；

6）内置继电器支持负荷管理；

7）支持 10、30、60min 负荷曲线；

8）电能质量记录；

9）远程程序升级；

10）长生命周期，生命周期内最大 0.5%失效率。

（3）加拿大智能电能表。在加拿大，智能仪表的定义为允许计量器具以小时为单位存储数据，每天将读取数据传输到主站系统，以达到优化用户能源使用的目的。其功能要求包括：

1）电能质量、电压、频率检测；

2）远程通断电；

3）防窃电；

4）软件升级。

（4）美国智能电能表。美国 GE 公司智能电能表中增加了两大技术特征：

一是双向通信功能，即电网不仅能从电能表收集用电信息，更能将电网信息（如实时电价）及控制命令下达给电能表，电能表接收并做出"智能"响应。双向通信还包括与智能家电、其他表计的信息传递与控制命令。

二是拥有基于标准的、开放的内置高级智能程序。只要接收到的信息符合预先设置的逻辑，就能自主做出判断和响应，无需等待主站再次发出指令。该程序可以实行远程修改策略，实行软件升级、维护。高级应用程序提供多种格式的交换数据信息，方便与上级软件平台集成，拥有更多智能功能。

GE 公司某型号智能电能表的主要特征：

1）典型准确度：±0.2%。

2）计量功能：有功电能计量具备正向/反向，正向+反向，正向−反向；无功电能计量具备滞后/超前，滞后+超前，滞后−超前；矢量视在电能计量；TOU 记录；需量计算；负荷曲线/间隔记录。

3）电压测量：最小、最大、平均电压记录，电压下跌/上升计数和量值记录。

4）电价方案：多费率电价。

5）通信接口：多通信方式。

6）远程断路开关：两个内置开关，其中有 1 个 200A 负荷开关。

3. 国家电网公司典型电能表

国家电网公司将智能电能表定义为：由测量单元、数据处理单元、通信单元等组成，具有电能量计量、数据处理、实时监测、自动控制、信息交互等功

能的电能表。

单向智能电能表主要具备以下几个特征：

（1）准确度等级：有功 2 级。

（2）计量功能：具有正向、反向有功电能计量功能和分时计量功能。

（3）费控功能：本地通信方式通过 CPU 卡、射频卡等固态介质实现；远程方式通过公网、载波等虚拟介质和远程售电系统实现。

（4）测量功能：当前电能表的电压、电流（包括零线电流）、功率、功率因数等运行参数。测量误差不超过±1%。

（5）电价方案：固定电价、阶梯电价，具有执行多费率电价功能。

（6）通信接口：接触或调制型红外接口、RS—485 接口、采用窄带或宽带载波模块通信接口。

（7）负荷开关：内置负荷开关的最大电流不超过 60A。

二、采集终端设备技术

（1）用电信息采集终端，用于非居民用户和居民用户用电信息采集，并对用电异常信息进行管理和监控。用电信息采集终端一般包括专用变压器采集终端、集中器、采集器和用于通信的专用通信模块等。

专用变压器采集终端是对专用变压器用户用电信息进行采集的设备，可以实现电能表数据的采集、电能计量设备工况和供电电能质量监测，以及用户用电负荷和电能量的监控，并对采集数据进行管理和双向传输。专用变压器采集终端不仅用于采集、监测、计算与传输电能表的各种数据，还可以根据设定的参数进行负荷控制，以及进行遥控和告警提示。此类终端主要应用于大中小型专用变压器用户。

抄表终端通常包含集中器和采集器两部分，用于低压非居民用户、居民用户用电信息采集，并对用电异常信息进行管理和监控。

专用通信模块按照功能划分，可以分为上行通信模块和下行通信模块。上行通信模块目前常用的通信技术为 230MHz 无线专网、GPRS/CDMA 无线公网、光纤、以太网等，下行通信模块常用 PLC、微功率短距离无线（RF）、RS—485 等。

（2）在用电信息采集系统建设完成后，将向高级量测系统发展。高级量测系统采用双向通信网络，读取智能电能表，并能把表计信息包括故障报警和装置干扰报警准实时地从电能表传到电力公司数据中心。

从高级量测系统的组成看，局域网连接电能表和数据集中器，而数据集中器则通过广域网和主站相连。数据集中器是局域网和广域网的交汇点。对于电

力光纤到户的用电信息采集,亦可直接从采集主站抄读数据,下发参数或指令。

三、安全加密技术

下面以国家电网公司的用电信息采集系统的安全加密技术进行介绍。根据对称密码算法和非对称密码算法的特点,在终端中采用了对称密码算法和非对称密码算法相结合的混合密码算法。

对称密码算法的加密和解密均采用同一密钥,并且通信双方都必须获得并保存该密钥,较典型的有 DES(Data Encryption Standard)、AES(Advanced Encryption Standard)、国密 SM1 算法等。其特点是数据加密速度较快,适用于加密大量数据的场合。

非对称密码算法采用的加密密钥(公钥)和解密密钥(私钥)不同,密钥(公钥和私钥)成对产生,使用时公开加密密钥,保密解密密钥,较典型的有 RSA、国密 ECC 算法等。其特点是算法比较复杂,安全性较高,抗攻击能力强,加解密速度慢等。

专用变压器采集终端和集中器中采用国家密码管理局认可的硬件安全模块实现数据的加解密,其硬件安全模块应同时集成有国家密码管理局认可的对称密码算法和非对称密码算法。

智能电能表中采用国家认可的硬件安全模块以实现数据的加解密,其硬件安全模块内部集成有国家密码管理局认可的对称密码算法。

安全模块是含有操作系统和加解密逻辑单元的集成电路,可以实现安全存储、数据加解密、双向身份认证、存取权限控制、线路加密传输等安全控制功能。

1. 密码技术

密码技术是远程安全系统的核心技术。信息加密过程是由各种加密算法来具体实施的。按收发双方密钥是否相同分类,可将加密算法分为对称密码算法和非对称密码算法。

(1)对称密码算法。对称密码技术通常由分组密码和序列密码来实现。分组密码算法是将定长的明文块转换成等长的密文,序列密码算法是将明文逐位转换成密文。代表算法有:

1)DES:使用一个 56 位的密钥以及附加的 8 位奇偶校验位,产生最大 64 位的分组。

2)IDEA:是在 DES 算法的基础上发展出来的,与 DES 的不同处在于采用软件实现和采用硬件实现同样快速,比 DES 提供了更多的安全性。

3)AES:5 个候选算法分别是 Mars、RC6、Rijndael、Serpent、Twofish,

其中 Rijndael 算法的原型是 Square 算法，其设计策略是宽轨迹策略，以针对差分分析和线性分析。

在对称密码算法中，DES 是应用最广泛的对称密码算法（由于计算能力的快速进展，DES 已不再被认为是安全的）；IDEA 在欧洲应用较多；RC 系列密码算法的使用也较广（已随着 SSL 传遍全球）；AES 将是未来最主要、最常用的对称密码算法。

（2）非对称密码算法（公开密钥算法）。公开密钥算法使用两个密钥，并通过用其中一个密钥加密的明文只能用另一个密钥进行解密的方法来使用它们。通常，其中一个密钥由个人秘密持有，第二个密钥即所谓的公钥，需要让尽可能多的人知道。代表算法有：

1）RSA：其数学基础是初等数论中的欧拉定理，并建立在大整数因子的困难性之上，使用很大的质数来构造密钥对。

2）Diffie-Hellman：允许两个用户通过某个不安全的交换机制来共享密钥，而不需要首先就某些秘密值达成协议。

3）MD5：用于数字签名应用程序的消息—摘要算法，在数字签名应用程序中将消息压缩成摘要，然后由私钥加密。

在公开密钥算法中，RSA 易实现，也较安全；Diffie-Hellman 是较容易的密钥交换算法。

2. 信息确认技术

（1）身份认证技术。远程系统中，被控对象需要通过某种形式的身份认证方法来验证主控方的身份；同样，在被控对象返回信息时，主控方也需要识别其身份。身份认证技术是其他安全机制的基础。主要有两类身份认证的识别方案：基于身份的认证方案和零知识证明方案。实体间的身份认证主要是基于某种形式的证据。常见的几种身份认证技术包括基于口令的认证、基于智能卡的认证、基于密码的认证鉴别技术等。其中基于密码的认证的基本原理是：密钥持有者通过密钥这个秘密向验证方证明自己身份的真实性，这种鉴别技术既可以通过对称密码体制实现，也可以通过非对称的密码体制（公开密钥体制 PKI）来实现。

（2）数字签名技术。信息发送者用其私钥对从所传报文中提取出的特征数据进行 RSA 等算法操作，以保证发信人无法抵赖曾发过该信息（即不可抵赖性），同时也确保信息报文在经签名后未被篡改（即完整性）。当信息接收者收到报文后，就可用发送者的公钥对数字签名进行验证。数字签名方案主要包括 Hash 签名、用公开密钥算法进行数字签名等。

3. 虚拟专用网 VPN 技术

VPN 是指在公共通信基础设施上构建的虚拟专用网，与真实网络的差别在于以隔离方式通过共享公共通信基础设施，提供了不与非 VPN 通信共享任何相互连接点的排他性通信环境。VPN 功能包括加密数据、信息认证和身份认证、访问控制等。主要有两种 VPN：

（1）SSL VPN。SSL 是保障在 Internet 上基于 Web 通信安全而提供的协议。SSL 用公钥加密通过 SSL 连接传输的数据来工作。SSL VPN 使用 SSL 协议和代理为终端用户提供 HTTP、客户机/服务器和共享的文件资源的访问认证和访问安全，适合移动办公人员对总部资源的访问以及合作伙伴、客户对本公司的相应的资源的访问等。SSL VPN 的安全性、应用程序的可扩展性不如 IPSec VPN，但是在方便程度和可控制性方面要优于后者。

（2）IPSec VPN。IPSec 协议是网络层协议，它是为保障 IP 通信而提供的一系列协议族，针对数据在通过公共网络时的数据完整性、安全性和合法性等问题设计了一整套隧道、加密和认证方案。IPSec VPN 的使用场合主要是：站点到站点通信、网络管理、C/S 结构的系统、VOIP 和视频等。

第四节　主 站 软 件 技 术

一、海量数据处理技术

高级量测系统海量数据处理可从采集前置服务器集群、处理优化、并行处理、基于时间序列的数据挖掘等方面展开叙述，较通用的负载均衡、应用服务器及数据库库服务均衡等不再论述。

1. 采集前置服务器集群

从前置机功能考虑采用分布式多层技术，分成通信前置机组、采集前置机组；根据采集功能分层，针对各层采用不同设计思路，通信前置机软件设计上改善通信前置机并发连接处理上的处理机制，并通过硬件负载均衡技术线性扩展通信前置机的通信处理能力；采集前置机程序在调度层、协议处理层、消息队列等多层处理结构配合软硬件技术提高数据采集处理能力。前置服务器集群可以按照通道类型机型分组，不同组间前置机面向的信道不同，如无线公网、光纤专网通道以及其他通道前置集群分组等。

为了提高数据的采集效率以及对各种通信方式进行统一管理，可以将数据采集功能拆分前置采集层和通信层，通信层主要承担通道的接入任务，前置采集层主要承担采集任务的调度、数据解析及数据入库任务，同时提供对外的 Web

访问接口，实现集群的任务查询等功能。

前置集群组分为通信前置机组和采集前置机组。采集前置机组内部采用任务调度分配的方法实现集群组内各节点的负荷均衡以及故障节点的快速切除，前置机集群调度算法是前置机集群运行效率、稳定性的关键。

从软件架构角度考虑，采集前置系统采用分布式多层技术，架构分为通信层和采集层。通信层支持与终端间不同的通信，目前通信方式主要有 GPRS 通信、光纤通信，该层将以上的几种通信方式抽象为 TCP/IP 服务。

2. 前置通信缓存技术

采集系统前置数据采集具备采集任务执行时段比较集中、高并发的特性，导致部分时间段的数据库采集入库压力较大、数据库出现 I/O 瓶颈。利用缓存数据库技术，在前置机入库应用与 Oracle 数据库之间构建一个数据缓冲层，在进行海量数据的处理时采用分布式文件存储实现，如图 2-9 所示，通过构建分片集群实现强大、灵活、可扩展的数据存储。当数据存储服务器无法满足大规模智能用电信息存储时，可直接添加新的数据存储节点。通过增加节点以缓解已有智能用电信息存储服务器的压力，实现动态扩展，从而保障了海量电能数据的可靠性。同时为其他智能用电应用系统提供良好的数据支撑。前置缓存技术使用并行处理方式避免因繁杂的数据而产生延迟与拥塞，能够确保数据处理的及时性、正确性，从而为用电信息采集业务应用系统正常运行提供数据支撑，使用前置缓存技术较关系数据库数据查询效率大幅提升，如使用关系数据库时对 2 千万条数据的查询需要 20ms，使用前置缓存技术时只需要 4ms 左右。

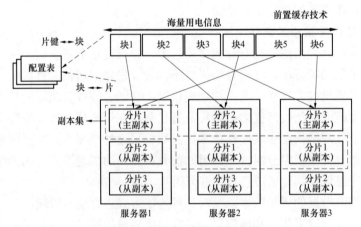

图 2-9　前置通信缓存技术架构

3. 处理优化

高级量测系统作为大型应用系统，每日数据量可达 2.5G 以上，因此，制定和使用合适的数据处理优化方案，对整个系统的效率和可靠性将会有很大提高。处理优化过程是个不断尝试和磨合的过程，不同的时期和应用，应采取不同的手段，而并行计算服务将大量数据分散到多个节点上，将计算并行化，利用多机的计算资源，加快数据处理的速度。

处理优化手段主要有以下几种：

（1）数据库连接池。数据库连接池的基本思想就是为数据库连接建立一个"缓冲池"。预先在"缓冲池"中放入一定数量的连接，当需要建立数据库连接时，只需从"缓冲池"中取出一个，使用完毕之后再放回去。我们可以通过设定连接池最大连接数来防止系统无尽地与数据库连接。更为重要的是可以通过连接池的管理机制监视数据库的连接数量和使用情况，为系统开发、测试及性能调整提供依据。

（2）优化数据结构。处理海量数据，尤其在进行复杂数据处理时，须使用优良的数据结构。

（3）建立数据索引。建立索引的目的是加快对表中记录的查找或排序。创建索引可以大大提高系统的性能。

（4）数据库分区。为了满足大数据库的管理，需要创建和使用分区表和分区索引，分区表允许将数据分为分区甚至子分区的更小的、更好管理的块。每个分区可以单独管理，可以不依赖其他分区而单独发挥作用，因此可以提供更有利于可用性和性能的结构。

（5）数据批量处理。对海量数据分批处理，然后对处理后的数据进行合并操作，这样逐个击破，有利于小数据量的处理，不至于面对大数据量带来的问题。不过这种方法也要因时因势进行，如果不允许拆分数据，还需要另想办法。数据一般按天、按月、按年等存储的，都可以采用先分后合的方法，对数据进行分开处理。

（6）优化查询语句。在对数据进行查询处理过程中，查询的 SQL 语句的性能对查询效率的影响是非常大的，编写高效优良的 SQL 脚本和存储过程是数据库工作人员的职责。在对 SQL 语句的编写过程中，例如减少关联、少用或不用游标、设计好高效的数据库表结构等都十分必要。

（7）合理使用数据库压缩技术。当数据量庞大，且数据量随着时间而线性增长时，为了控制存储空间，减少存储成本，提高查询效率，可以合理地使用商用数据库压缩技术。

（8）定制强大的清洗规则和出错处理机制。由于数据中存在着不一致性，极有可能出现某处的瑕疵。例如，同样的数据中的时间字段，有的可能为非标准的时间，出现的原因可能为应用程序的错误、系统的错误等，这就要求在进行数据处理时，必须制定强大的数据清洗规则和出错处理机制。

4. 并行计算

高级量测系统并行计算采用的大规模并行计算模型，专为在多处理器计算机、计算机集群和超级计算机上进行高性能计算而设计，具有良好的可移植性和易用性、完备的异步通信功能等优点。高级量测各计算任务是由一个或多个彼此间通过调用库函数进行消息收、发通信的进程所组成。计算任务在程序初始化时生成一组固定的通信进程。这些进程在不同的节点上运行（通常一个处理器一个进程），执行着相同或不同的程序，以点对点通信或者集合通信的方式进行进程间交互，共同协作完成同一个计算任务。其基本思路就是，将任务划分成为可以独立完成的不同计算部分，将每个计算部分需要处理的数据分发到相应的计算节点分别进行计算，计算完成后各个节点将各自的结果集中到主计算节点进行结果的最终汇总。

5. 基于时间序列的数据管理

目前，主流的在线事务处理（OLTP）系统都提供基于时间序列的数据挖掘方式，而高级量测系统面对的是用电对象，而用电对象的数据采集一个很大的特征就是数据序列化，因此，采用基于时间序列的数据挖掘方式将是提高系统性能的一个较好方式。

以高级量测系统中电量计算为例计算特定用户特定时间的电量，在关系型数据库表模型采用行列结构，一般会包含用来标识唯一一行的主键，即"对象编号+时间点"来唯一标识一条记录。每个对象在每一个有效时间点都有相应的记录。而时间序列函数模型把时间相关部分的数据存储在一个 TimeSeries 类型字段中，可以简单地把 TimeSeries 模型表分成两个部分：头部分和时间序列部分，其中头部分包含每一个对象的基本信息。基于时间序列的数据挖掘，可在其前端表格，以索引迅速找出指定的部分用户。针对这些指定的用户立即计算出答案。相同的计算在关系型数据库中，系统面对的是一个全表，在千万级用电对象中找出指定的用户与数据所建的索引是庞大的，把这个庞大的索引加载到内存中就需耗费许多时间与资源。简单来说，时间序列数据库要比关系型数据库的效率高得多。

二、系统平滑演进技术

用电信息采集系统和电力负荷管理系统向高级量测系统的平滑演进，实际

上就是对两个系统的融合，并在兼容旧系统的基础上，增加新功能。

融合的首要问题，是如何解决继承与发展的矛盾。向高级量测系统演进的过程，不是对用电信息采集系统和电力负荷管理系统的颠覆重建，从目前的系统到高级量测系统演进的过程应该是平滑的、动态的、不断发展的。首先是对现有两种主站系统的继承，如通过中间件技术等，从而保护原有的设备投资、技术投资，延续以往的使用习惯，实现老系统向新系统的过渡。其次是通信方式的继承，能够支持现有系统中所涉及的各种通信方式、通信协议、组网方式，并逐步推进新的更高效、更安全的通信模式、通信协议的使用。最后是终端设备，能够兼容现有的各类终端，逐步淘汰旧设备。

1. 主站系统融合技术

中间件（Middleware）是一种系统服务程序，它负责为不同的软件提供共享连接。通过标准的通信接口，异构的软件系统能够进行信息交换、数据同步。中间件技术创建在对应用软件部分常用功能的抽象上，将常用且重要的过程调用、分布式组件、消息队列、事务、安全、连接器、商业流程、网络并发、Http服务器、Web Service 等功能集于一身或者分别在不同品牌的不同产品中分别完成。

对于一个由中间件系统进行组合的高级量测系统主站系统来说，用电信息采集系统主站和电力负荷管理系统主站就是它的两个子系统。两个子系统可以通过中间件进行通信融合，各自实现自己的功能应用。当前，无论是用电信息采集系统，还是电力负荷管理系统已经大量采用中间件技术进行模块化设计。这在很大程度上方便了用电信息采集系统和电力负荷管理系统的二次融合。在融合的基础上进行功能提高，形成高级量测主站系统。

也可以通过中间件，将用电信息采集系统和电力负荷管理系统以 SOA（面向服务的架构）模式进行整合，而另行开发融合二者的高级量测系统主站系统。当高级量测系统主站需要调用前二者的数据时，仅需要通过 SOA 提出请求，即可得到返回的结果。

2. 通信系统融合关键技术

从组网结构来说，用电信息采集系统和电力负荷管理系统主要存在230MHz 无线专网、GPRS 公网/3G/4G、光纤等通信方式。无论哪一种通信方式，对高级量测系统都是一种合适的选项，区别仅在于安全性、通信速度、通信可靠性等方面。通过通信前置机的处理，对高级量测系统应用来说没有实质性的差异。这方面是可以保证平稳融合的。

然而，两种系统采用的通信协议虽然相似，但不相同。并且，随着高级量

测系统的完成并投入应用，必然带出更多的功能需求。如何在实现高级量测系统主站整合之后，实现更多的功能，解决更多的问题，是在整合之初必须详加考虑的。IEC 61850、IEC 62056 等面向对象通信协议可选择作为基础通信协议。

3. 终端融合关键技术

各类高级量测终端替换现有的用电信息采集终端和电力负荷管理终端的过程必然是一个长期的过程。不能指望在朝夕之间完成终端的更换，而不影响现有系统的数据采集、用电管理等正常工作。因此，高级量测终端必须具有向下兼容的能力，能够实现高级的功能，同时也能够像现有的终端一样地工作。待主站系统完成升级改造后，快速实现切换。

相比向下兼容来说，保证高级量测系统平滑演进的更主要的保障来自于终端的远程升级能力。在系统集成的过程中，不可避免地会出现无法预测的问题，解决问题往往需要修改终端的代码；在系统提升的阶段，会产生各种各样的新需求，甚至是对不同用户的个性化的定制功能，这同样需要依赖终端的代码修改。在集成和建设的过程中，终端必须具有远程升级能力。对于非紧急的代码变更，可以采用终端自行下载的方式。对于紧急的代码变更，可以采用推送的方式进行下载。除了采用网络进行升级，终端应当提供当地维护接口，进行人工升级。

网络升级的方式，减少了终端维护的工程耗费，但是对低速高吞吐量的信道来说，又是一项严峻的挑战。对于这类信道，可以采用的技术包括数据压缩、增量下载、模块化分割等方式，结合主站系统的各类信令控制，可以降低程序下载时的通信强度。

三、大数据分析技术

高级量测系统全覆盖后，现有的计算服务执行性能及部署方式可能不再能满足业务处理性能的要求。同时，采集系统海量数据为供电公司利用商业智能系统解决分析问题提供了数据来源，帮助企业建立相应的分析主题和分析指标，随着业务的进一步开展，辅助决策需求越来越多，这些需求以对历史数据的读取以及上层的统计分析操作为主，对生产数据库频繁读写操作时会造成资源竞争、操作响应缓慢等问题，影响终端调试、采集数据实时查询、实时费控等对时效性要求高的数据查询、业务操作类应用功能。为此，需要将分布式计算技术引入采集系统中，结合系统海量数据环境、业务发展趋势以及日益增长的决策分析需求，构建分布式计算集群，提高采集关键指标的统计效率，有效解决统计及时性及完整性问题，更好地为供电公司下一步开展决策分析方面的应用

提供支撑。

1. HDFS

HDFS（Hadoop Distributed File System，HDFS）是一个可运行在通用硬件上的分布式文件系统。HDFS 具有高可靠性的特点，支持对存储数据的高并发访问，适合存储海量数据的系统。HDFS 放宽了 POSIX 的要求，可以实现流形式读取文件数据。HDFS 由多个节点构成的集群组成，一个 HDFS 集群包含一个 NameNode 节点和多个 DataNode 节点，NameNode 节点管理文件系统名称空间并响应客户端对文件的访问，NameNode 还将数据块映射到 DataNode，处理来自 HDFS 客户端的读写请求。DataNode 节点将数据作为块存储在文件中，根据 NameNode 的指令创建、删除和复制数据块。

2. Hadoop 平台

Hadoop 是 Apache 软件基金会一个开源分布式计算平台，提供分布式环境下的可靠、可扩展软件。同时，Hadoop 是一个可以更容易开发和并行处理大规模数据的分布式计算平台，未来几年内它可能具有与 Google 系统架构技术相同的竞争力。Hadoop 是 Apache 开源组织使用 Java 语言开发的，该平台还为用户提供了 C++、Shell Command 等多种开发接口。Hadoop 的核心是 MapReduce、HBase 等，它们分别是 Google 云计算最核心技术 MapReduce 和 Bigtable 的开源实现。Hadoop 中的 MapReduce 与 Google 中的 MapReduce 在设计过程中，很多的术语表达不同，但是所要表达的意思是相近的。

3. 文件数据库

MongoDB 是分布式文件存储中的典型代表之一，是一个面向文档存储的非关系数据库产品，支持关系数据库的绝大部分操作，使用语法也最接近关系数据库，支持的数据结构非常松散，采用 BSON 语法格式存储数据，不需要预先定义模式，支持嵌入式文档等复杂结构，非常灵活方便。在 MongoDB 中文档按照组分为集合，在概念上可以认为集合类似关系表，MongoDB 支持多级索引，可以对数据表的每一列单独建立索引，所以它具有高性能、易部署、易使用的特点，适合存储大数据。

4. MapReduce 计算模型

MapReduce 是 Google 提出的一种软件架构，主要用于大规模数据集（大于 1TB）的并行计算。Google 的抽象模型的灵感来自 Lisp 以及其他函数语言的 Map 和 Reduce 的原始表示。MapReduce 的编程模型简单来说为以下定义：计算以 key/value 的集合作为输入，并且产生另外的 key/value 集合作为输出。MapReduce 框架表示了两种功能的计算，Map 和 Reduce。MapReduce 的运行

模型如图 2-10 所示。

图 2-10 中有 M 个 Map 操作和 R 个 Reduce 操作。简单地说，一个 Map 函数就是对一部分原始数据进行指定的操作。每个 Map 操作都针对不同的原始数

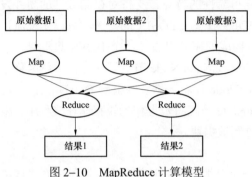

据，因此 Map 与 Map 之间是相互独立的，这使得他们可以充分并行化。一个 Reduce 操作就是对每个 Map 所产生的一部分中间结果进行合并操作，每个 Reduce 所处理的 Map 中间结果是互不交叉的，所有 Reduce 产生的最终结果经过简单连接就形成了完整的结果集，因此 Reduce 也可以在并行环境下执行。

图 2-10 MapReduce 计算模型

四、基于 IPv6 的高级量测技术

用电信息采集接入主要涉及到 IP 网络技术、接入网技术。基于 IPv6 的高级量测系统可接入大规模智能电能表以及客户端用电设备，通过对高级量测系统网络规划、组网方式、网络安全与管理技术的研究，构建基于 IPv6 的通用的、满足广泛市场需求的高级量测系统通信网络，可实现量测设备开放式接入、量测数据安全可靠传输；通过对网络性能和运行可靠性的评测，可优化主站与量测设备的配置，提高高级量测系统性能。

基于 IPv6 的通信网络架构包含如下主要技术内容：

（1）基于 IPv6 的高级量测系统网络结构及组网技术。通过对 IPv6 技术特性、组网方式的研究，构建标准的、开放的、通用的高级量测系统通信网络架构。该系统具备灵活的组网方式、友好的接入特性，安全性好，能够满足接入大规模量测设备的需求，能够兼容不同的通信技术，承载更多的业务应用，为高级量测系统奠定坚实的基础。

采用 IPv6 的技术条件下，构建采集主站系统、远程通信网络、本地通信网络、智能电能表及用户户内网络等完整体系。

（2）低功耗和有损网络 RPL 等相关 IPv6 技术的应用。低功耗和有损网络 RPL 路由协议具有高度灵活性和动态性，它被设计使用于恶劣环境的低速链接环境下运行，容忍高错误率同时产生非常低的控制流量。

目前，IETF 6LoWPAN 工作组将 IEEE 802.15.4 完善为支持 IP 通信连接，使其成为一类真正开放标准，最终完全实现与其他 IP 设备的互操作。6LoWPAN

的优点是低功率支持,几乎可运用到所有设备,包括手持设备和高端通信设备;它内植有 AES-128 加密标准,支持增强的认证和安全机制。

(3)IPv6 的高级量测系统安全性。利用 IPv6 的安全特性,增强高级量测系统网络的安全性,对现有系统的安全性进行补充、扩展和提升。

在 IPv6 网络中,用户可以对网络层的数据进行加密并对 IP 报文进行校验,IPv6 中的加密与鉴别选项提供了分组的保密性与完整性。IPv6 的网络层可实现数据拒绝服务攻击、抗击重发攻击、防止数据被动或主动偷听、防止数据会话窃取攻击等功能。

(4)IPv6 与 IPv4 的网络兼容性。基于 IPv6 的高级量测系统,在路由器的通信设计上,通过采用双栈技术,同时兼容 IPv4/IPv6。在采用公共网络时,结合运营商未来 IPv6 网络体系架构及其业务特点进行设计;若是采用电力专网,将结合电力数据网络的现状及存在的问题开展研究;由于未来网络将是IPv4/IPv6 长期共存趋势,因此需要考虑如何利用现有的 IPv4 网络,以及如何向IPv6 高级量测系统演进及共存。在末端设备上,比如智能电能表上,研究采用IPv6 的通信技术,实现数据采集和监测的 IP 化。

(5)基于 IPv6 的高级量测系统网络通信协议标准。通过对 6LoWPAN、RPL等相关国际标准与技术的应用研究,结合中国电网的实际情况和要求,尝试开发基于 IPv6 的高级量测系统网络通信企业标准,并联合国际标准组织及相关研究机构,进行推广和应用。主要网络通信协议有 TCP/UDP、IPSec 协议,HTTP/CoAP、Web Service 协议,SNMP、NTP、IPfix 等协议,IEC 61850、IEC 60870 协议,以及 Q/GDW 376.1—2009、Q/GDW 376.2—2009 协议。

(6)基于 IPv6 的高级量测系统。高级量测系统的通信网络是大型异构复杂的网络,是高级量测系统的信息高速公路,网络基础设施安全可靠运行对系统起着至关重要的作用。因此,需要研究和开发高级量测系统网络设备和元件的监控与管理系统(network management system),包括 QoS、流量控制、设备状态监测、远程配置、软件版本管理等,确保量测设备易于接入,简化配置,达到系统最优性能,实现对包含大规模 IPv6/IPv4 端点的广域异构网络进行管理和监控。

第五节　典型案例分析

世界各国开展了大量的高级量测系统工程实践,下面简要介绍意大利、美国、我国的高级量测系统典型案例。

一、意大利 Enel 公司的 Telegestore 项目

（一）项目概况

Enel 公司从 1999～2008 年开展远程自动抄表系统（Telegestore 项目）建设，历时 10 年时间，共投资 21 亿欧元用于研究设计、生产安装电能表与集中器、搭建通信网络与管理平台。Telegestore 项目涉及 Enel 公司的 127 个供电地区、500 家分销商、3180 万只电能表、36 万台中压与低压集中器、8500 台掌上电脑以及 3500 名第三方安装人员与 120 名信息通信技术人员。尤其在 2002～2006 年 5 年时间内，大规模将其 3000 万电力用户所使用的传统机械电能表集中更换为多功能电子式智能电能表。该项目每个计量点的平均费用为 70 欧元。目前该系统平均每天成功执行远程数据抄读 70 万次，合同管理、欠费管理等远程操作 30 万次。

（二）系统架构

系统由载波电能表、低压电力线路、集中器及主站管理系统软硬件等部分构成，其技术框架如图 2-11 所示。在远程通信方面，上行通道采用 GPRS 等方式。本地通信选择低压电力线载波抄表（即全载波方式），电力用户安装载波电能表，载波电能表和集中器之间通过低压电力线载波进行通信，并通过 RS-485 实现台区总表数据的采集。Enel 公司远程自动抄表系统结构图如 2-12 所示。

图 2-11　Enel 公司低压用户远程自动抄表系统技术构架

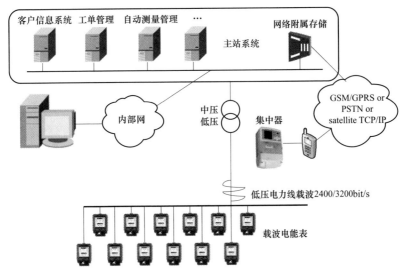

图 2-12   Enel 公司远程自动抄表系统结构

（三）系统功能

（1）远程抄表及电费结算功能。按设定的抄表时间自动或实时抄读电能表中电能量数据及配变监测数据，并将有关数据用于电费结算。

（2）计量装置监测功能。通过对电能表上传数据的分析，实现对计量装置的监测，出现异常报警，可及时发现窃电和计量装置故障。

（3）配变监测功能。通过对配变监测数据的采集，实现对配变负荷情况、电压质量以及三相不平衡电流等运行状态的及时分析，可有效防止配变烧毁，提高配变安全、经济运行水平。

（4）远程断、送电催收电费功能。可以在主站端发出断、送电指令，切断或接通用户负载回路，实现对欠费用户的电费及时催收。

（5）合同管理功能。对合同中约定的用电负荷限额进行管理，用户违约时自动断电，且能在电能表上显示停电原因，用电回到负荷限额内自动复电，促使用户主动进行负荷控制。

（6）统计分析功能。系统可绘制用户月用电量曲线（每月 31 个点）和重点用户日用电量曲线（每 15min 一个点）；可发布冻结命令，计算月、年和任意时间段线损，并绘制成图表进行线损分析；统计异常用电与设备故障报警信息和通信异常信息。

（四）系统成效

该系统建成后实现了用户、电力系统和 Enel 公司三赢。对电力系统而言能

够有效控制负荷移峰填谷、提供能源利用效率和减少二氧化碳排放，并降低管理和技术损耗。公变台区供、售电量与线损电量曲线如图 2-13 所示，公变台区线损达到了低于 5%的水平。

图 2-13　公变台区供、售电量与线损电量曲线

对 Enel 公司而言，不仅保持了在行业创新中的领军地位，而且提升了客户满意度，优化了商业与技术管理品质，运营成本更是逐年降低，由 2001 年的 80 欧元/户降低至 2008 年的 49 欧元/户，成本得到大幅节省。对用户而言不仅能及时掌握实时电能消费、进行远程合同管理、调整分时费率、节省电费开支与实现预付费等功能，而且用户的供电可靠性大为提高，年平均户停电时间由 2001 年的 128min/年下降至 2008 年的 56min/年。Enel 公司供电可靠性与运营成本变化趋势如图 2-14 所示。

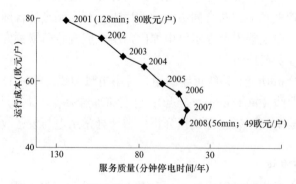

图 2-14　Enel 公司供电可靠性与运营成本变化趋势图

（五）系统改进

Enel 公司的用电信息采集系统建设已经历了自动抄表（Automatic Meter Reading，AMR）与自动测量管理（Automatic Meter Management，AMM）（如新能源的接入使电价发生变化，该表可以显示当前电价）两个阶段，目前正在向高级量测系统推进与完善。Enel 公司高级量测系统结构如图 2–15 所示。

在意大利政府机构 AEEG 颁布的 292/06 号法规中明确规定：截至 2011 年，意大利所有电力用户全部配置自动测量管理系统（Automatic Meter Management System，AMMS）。该法规在 Enel 公司前期的电力用户用电信息采集系统建设中起到了积极的推动和引导作用，作为一个持续的政策，将继续支持与推进高级量测系统建设。

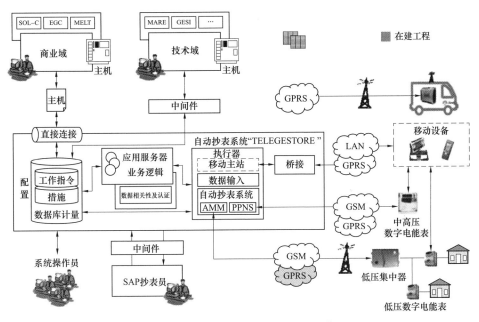

图 2–15　Enel 公司高级量测系统结构

二、美国能源部资助的高级量测系统项目

（一）项目概况

截至 2012 年 6 月 30 日，美国能源部共资助 74 个高级量测系统项目，计划安装 1672.1 万只电能表，已完成 1143.6 万只电能表的安装，整体完成率为 68.4%。其中，34 个项目已完成至少 76% 的安装，8 个项目已经完成了部署，有 7 个项目出现延误，其余的项目都是在部署的不同阶段。许多因素影响替换电能

表的安装进度，包括项目进度、备交付进度和系统集成问题。

（1）底特律爱迪生公司（DECO）。总部设在密歇根州底特律，约为 210 万客户提供服务，并管理约 3271 条配电线路和 716 座变电站。DECO 追求通过实施智能电能表远程操作降低成本，智能电能表功能包括：① 远程读表；② 诊断电压和电能质量；③ 远程断电和送电服务；④ 确定是否窃电；⑤ 确定并检测停电。

DECO 已经安装了多层次的通信网络支持高级量测系统和客户系统，专用通信网络，采用光纤、微波和射频技术，并可支持配电自动化。在这些项目中，通过家庭局域网络的无线射频（RF）进行客户系统和智能电能表之间的通信。RF 应用于网络仪表并通过无线和蜂窝回程将数据传递给集中器。高级量测系统与 MDMS（电能表数据管理系统）和 CIS（客户信息系统）集成以支持计费和分时电价。数据也与 OMS（停电管理系统）集成，以支持停电分析和恢复通知，通过定时 ping（一种网络联络命令）智能电能表来确定是否停电。

DECO 鼓励零售电力供应商之间的竞争，这将为切换客户的供应商创建可能性。供应商为了便于交易、付费账单及结算需要准确和及时的抄表。通过远程抄表和开关服务，高级量测系统有助于促进这个过程。

DECO 更换了约 625 000 只智能电能表，这些智能电能表以前由抄表员使用手持设备读取。运营效益超过新的高级量测系统的资本和运营成本。大部分的运营效益预计来源于远程抄表和远程开关服务。该项目的目标之一是缓解劳动力老龄化的影响，并使得抄表退休或过渡到公共事业的其他部门/或接受价值较高工作任务的锻炼。

（2）萨克拉门托市公用事业区（SMUD）。总部设在加利福尼亚州的萨克拉门托，SMUD 约为 600 000 家客户提供服务，涉及约 610 条配电线路和 234 个变电站变压器及相关的开关。SMUD 通过实施远程智能电能表功能追求仪表操作的改进和降低成本，智能电能表功能包括：① 远程读表；② 诊断电压和电能质量；③ 远程断电和送电服务；④ 识别和检测停电；⑤ 确定是否窃电。

SMUD 安装了一个多层次的通信网络操作高级量测系统，并启用智能电能表的上面列出功能。RF 网状网络用于与电能表的数据通信、通知及命令。利用无线电信运营商将广域网回程数据给 HES（家庭能源管理系统）。

AMI 与 MDMS 及 CIS 集成，实现门户网站，解决计费问题，并响应客户请求。智能电能表的功能和实用系统的集成，使 SMUD 许多计量和后台任务自动化，并减少接触点数量和时间来完成客户交易。通过使用双向通信网络的远程诊断电能表，解决服务问题，为新客户更新电能表参数获得额外的运营效率。SMUD 通过在较短的时间内提供信息、解决问题提供更高水平的客户服务。

SMUD 更换约 620 000 只电能表，这些电能表原来需要外地资源读取仪表和开关服务。运营效益超过高级量测系统的资本和运营成本。SMUD 为几乎所有受影响的抄表人员提供培训和新的就业机会，其他工作人员已经过渡到公共事业公司的其他工作。

（3）南肯塔基州农村电力合作公司（SKRECC）。公司总部设在美国肯塔基州萨默塞特，SKRECC 约为 66 600 家客户提供服务，并管理约 40 个变电站和 140 条配电馈线。SKRECC 通过实施远程智能电能表功能追求仪表操作的改进和降低成本，智能电能表功能包括：① 远程读表；② 诊断电压和电能质量；③ 远程断电和送电服务；④ 确定是否窃电；⑤ 检测停电。

SKRECC 已经安装了 PLC 网络支持高级量测系统，并启用上面列出的智能电能表的功能。PLC 网络应用于电能表、DSL 用户线和从变电站传送数据到高级量测系统。

高级量测系统与 CIS 及门户网站集成。这些系统的有效集成能够提高 SKRECC 有效地响应客户请求的能力。配电操作员和线路人员可以应用停电及电能质量问题的信息提高稳定性和服务能力。

SKRECC 更换了 68 000 只电能表，读取这些表计以前要求承建商使用手持设备。该项目运营效益超过高级量测系统资本和运营成本。

（二）系统功能

1. 高级量测系统主要功能

图 2–16 显示了 63 个项目正在部署智能电能表，其主要功能：远程抄表、停电检测、远程断电/送电、防窃电、电压与电能质量监测。如图所示的项目，绝大多数（90%）公司使用（现在或在将来某个时候）这五大功能。

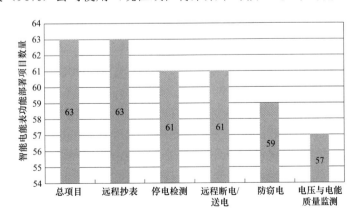

图 2–16　高级量测系统项目数量和智能电能表功能

图2-17显示了智能电能表数据与主要信息系统集成63个项目的项目数量。如图 2-17 所示，大多数项目集成智能电能表计费系统和 CIS 系统，大约一半的项目集成停电管理及配电管理系统。这表明，许多项目正在开发使用智能电能表的数据来支持停电和电压管理的能力。

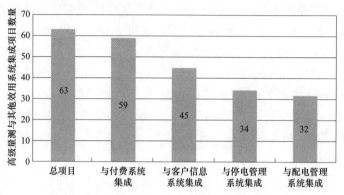

图 2-17　高级量测系统项目和信息系统集成

2. 智能电能表功能

（1）远程抄表。能够计量通信和上传间隔 5min 的电能消耗信息。除了定期抄表，智能电能表也具有给电力公司进行抄表需求的功能，以解决付费和其他客户服务的问题。

（2）远程服务开关。此功能能够控制智能电能表的开关，以支持再次发生不付款问题、提供预付服务等的变化。在紧急情况下，远程开关服务应用于支持消防队员和其他第一响应者。

（3）篡改检测和通知。对篡改和窃电行为通过检测通知电力公司。从历史上看，电力盗窃被用电异常变化的抄表人员或总部人员发现需要很长一段时间。

（4）停电检测及通知。当电能表失电后，发送"即将失电"的通知。报警包括表号和时间戳，表明表的位置及停电时间。当供电恢复时，智能电能表也可以发送"上电"通知给 HES 或 OMS。此信息可用于更有效地管理服务的恢复工作，并帮助确保在维修人员复员之前没有其他故障发生。

（5）电力公司可以"ping"受停电影响地区的智能电能表，评估停电范围和特定的客户恢复供电的验证。

（6）电压和电能质量检测功能。通过检测电压和电能质量参数。例如，智能电能表可用于测量电流的瞬态和谐波，这个功能常被操作敏感的机械、电机、旋转设备的工业客户选择。电压数据可用于诊断远程客户电压问题，并确定是

否涉及配电系统或客户处内部因素发生的结果。此外，智能电能表可提供数据帮助电力公司优化低压配电网电压。

3. 数据管理系统功能

为有效实施高级量测系统，利用智能电能表的功能，电力公司利用提供多种用途的不同类型的信息系统整合智能电能表和通信网络。例如，使用智能电能表数据的信息系统支持多种操作，包括：

（1）电能表数据管理系统（MDMS），该系统为计费系统、门户网站以及其他信息系统储存定时负荷数据。

（2）客户信息系统（CIS），该系统进程数据来自电能表数据管理系统（MDMS），并与客户地点、人口统计、联系信息和计费历史的仓储数据计费系统连接。

（3）停电管理系统（OMS），该系统进程数据为计量的开/关状态。为了查明停电位置，并经常与派遣维修人员和管理恢复服务的地理信息系统（GIS）连接。

（4）配电管理系统（DMS），该系统数据包括停电数据和实施电力可靠性和无功优化程序的客户电压等级数据。

（5）信息系统集成对参与高级量测系统部署所有电力公司来说是必要的和持续的过程。传统计费，CIS、OMS 和 DMS 不是设计来处理从智能电能表得到的大量间隔的负载数据。例如，这些数据支持基于不同费率的程序和门户网站，他们提供为客户定制的"仪表板"，以管理电力消耗和成本。当地理信息系统和来自客户呼叫中心及配电管理系统数据集成，从智能电能表中得到的停电数据对电网运营商就更有价值。

（三）系统成效

表 2-2 提供了高级量测系统节省运营成本实施的影响的初步结果，以及 15 个项目体现观察到的变化的最低和最高的结果。结果表明了从自动抄表服务任务和减少劳动工时和上门服务节省的可测量运营成本。

表 2-2　SGIG 项目（2011 年 4 月 2012 年 3 月）AMI 运营初步结果

电能表操作影响的度量	改善范围
电能表操作成本的变化	−13%～77%
车辆行驶里程数，车辆的油耗和二氧化碳排放量的改善	−12%～59%

注　SGIG 是美国 ARRA 2009 年中的智能电网投资项目：Smart Grid Investment Grant。

图 2-18 显示了 15 个项目 AMI 运营的初步结果。该项目包括 8 个电力合作社，7 个个人投资的公共事业公司和 2 个公共电力公司。在这一组中，电力合作社往往具有较低的客户密度，而公共电力公司往往有较高的客户密度。

"大椭圆"中的 7 个项目已完成高级量测系统的部署，而在"小椭圆形"的 8 个项目尚未完成高级量测系统的部署。未完成高级量测系统部署项目也正进行系统集成和实施各种计量功能，报告期内不是所有的预期功能都投入运营。

该图表明，完成部署的项目比那些尚未完成部署的项目就削减每个客户运营成本方面来看有较大影响。对于已完成的项目中，那些客户密度较低的往往比那些客户密度较高的影响较大。

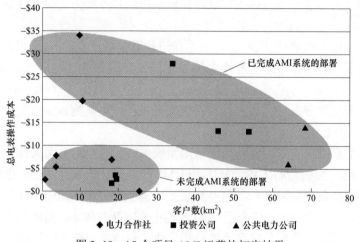

图 2-18　15 个项目 AMI 运营的初步结果

三、国家电网公司省级集中用电信息采集系统

（一）系统概况

以国家电网公司系统某省级集中统一建设的用电信息采集系统为例。该用电信息采集系统覆盖 17 地市 98 个县，采用全省大集中模式进行部署，在省公司本部部署一套统一的电力用户用电信息采集系统，满足省公司本部、地市供电单位及基层供电单位不同职能层次的用电信息采集业务需求，实现了"用电信息高度共享，采集业务高度规范，采集服务高效便捷，运行状况可视可控，决策分析全面有效"。目前该系统覆盖全省 2700 余万户，采集覆盖率 76.62%，其中直供区域客户采集约 1174.52 万户，覆盖率 100%；县级供电公司采集覆盖约 1545.6 万户，覆盖率 64.73%；高压公用和专用变压器实现全覆盖、全采集。系统接入终端数达 150 余万台，表计 2700 余万块，历史数据量达 150T，

每天数据库新增、更新数据达 58 亿条次。

（二）系统架构

省级集中用电信息采集系统实现了全省用电数据的统一采集，同时通过集中进行系统监控及业务分析，促进了营销业务全局的分析和决策，有利于业务统一标准、统一规范的集中管理及供电公司统一管控。

通过对数据采集终端、通信信道、前置采集、数据存储、业务应用以及大集中模式下业务开展情况的详细分析和综合考虑，将用电信息采集系统架构划分为采集终端、通信信道、前置通信、数据存储、业务应用、应用访问和应用客户端七个层次，系统架构如图 2-19 所示。

1. 采集终端层

目前全省主要覆盖的采集终端包含专变终端、配变终端、低压集抄终端、电厂终端以及变电站终端等，大多数使用 GPRS/CDMA 等无线公网传输方式，系统中接入模式是将全省 GPRS/CDMA 等无线公网方式的采集终端统一接入省级集中式通信平台，对 230MHz 无线、串口、光纤、电话拨号等专网终端接入市级分布式通信平台。

2. 通信信道层

目前各地市通信信道分为 GPRS/CDMA 等无线公网信道，以及 230M 无线信道、串口信道、光纤信道、电话拨号等专网信道。省公司统一规划无线公网通信信道，保证数据采集的稳定性、可靠性和时效性；对专网信道进行地市分布式管理，继续沿用原有的建设和管理模式。

3. 前置通信层

主要实现大规模采集终端接入及通信，用于完成采集终端数据采集任务及用电信息采集业务应用指令下发任务，自动建立采集终端与信道及规约的适配，满足大规模、不同类型采集终端的通信需求，并具有数据转发及负载均衡功能。在海量终端可靠接入的基础上，具有省级集中式以及市级分布式两种接入模式，其中省级集中式主要完成所有无线公网方式现场终端和表计的接入，市级分布式主要负责接入专网方式的现场终端和表计。

4. 数据存储层

在前置通信平台数据存储应用基于云存储和关系数据库的混合存储技术，采用 MongoDB 作为采集私有云，满足数据几何增长情况下存储性能对硬件的要求，并在前置通信平台数据库与生产数据库之间构建一个数据缓冲层，使系统具备海量源码数据存储及采集数据缓存能力。在此基础上采用数据分库技术，将通信数据，操作类、负控类业务等实时性要求非常高的数据及统计分析数据

分离开来存储，将原依赖生产库的统计分析等复杂应用迁移至管理数据库中，降低了生产库压力，并为统计分析、数据查询等高级操作部署了单独的资源，使系统具备海量数据存储及分析查询能力。

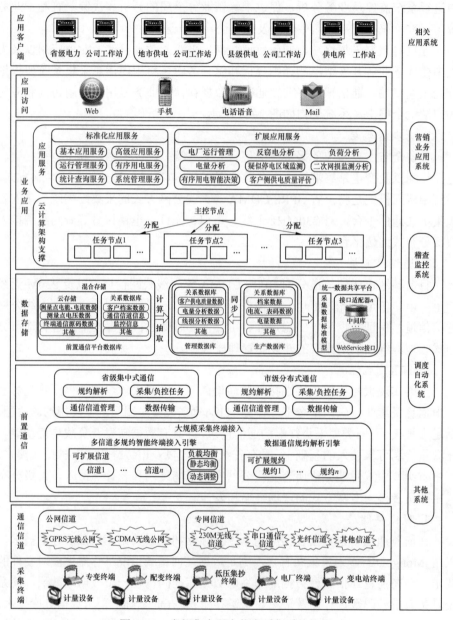

图 2-19　省级集中用电信息采集系统架构

5. 业务应用层

以云计算架构为支撑，实现海量数据实时处理，架构引入 Hadoop 分布式计算框架，对计算任务进行并行化处理，将计算任务分配至多个工作节点完成，提高计算效率。业务应用层可支持包含线损计算、电量计算、负荷计算、采集成功率指标计算、终端设备运行状态统计等 20 多个计算服务；支持对应物理设备的灵活部署与装配，满足不断增长的终端规模带来的海量数据实时处理需求。在云计算架构的基础上实现国家电网公司企业标准规定的标准化应用服务及本地化的扩展应用服务。同时采用基于嵌入式代理的高效性、实时性监控技术，实现系统的统一监控和运维管理，保证监控信息的实时性、完整性的同时，减少监控对系统正常运行造成的影响。

6. 应用访问层

在全省大集中模式下支持 Web、手机、电话语音、E-mail 等多种交互方式，并采用 HTML5 及 jQuery 的富客户端技术，通过拓扑图导航、关键指标面板配置、交互统计分析等实现多样化、图形化的直观界面展示效果，整体上提升系统可视程度。

7. 应用客户端

全省大集中模式下实现省级电力公司、地市供电公司、县级供电公司、供电所工作站的统一接入，避免各地市分别建设电力用户用电信息采集系统造成的资源重复浪费。

（三）系统功能

电力用户用电信息采集系统重点实现了自动化抄表管理、预付费管理、有序用电管理等功能，最大程度降低了电费回收风险，提高了有序用电快速响应能力。同时，在遵循国家电网公司电力用户用电信息采集系统功能规范及标准化设计要求的基础上，对扩展应用功能及各供电单位的差异化需求进行了详细调研、设计、实现，创新开发了满足本地化需求的特色功能，实现了客户侧供电质量监控、重要客户停电可视化实时监测、线损精细化管理，为有针对性地指导改善"两率"指标、第一时间掌握重要客户停送电信息、超前开展降损管理等提供了基础支撑。

1. 标准化应用功能

标准化应用功能包含基本应用、高级应用、运行管理、有序用电、统计查询和系统管理。

（1）基本应用。包括数据采集管理、费控管理和接口管理。

（2）高级应用。包括配变监测分析、线损分析、重点用户监测、重要信息

推出、问题交流平台和数据修复。

（3）运行管理。包括档案管理、下行通信模块管理、运行状况管理、计量在线监测、值班日志、现场管理和时钟管理。

（4）有序用电。包括有序用电指标管理、有序用电方案管理、有序用电任务编制、有序用电任务执行、有序用电任务解除、有序用电分析、有序用电信息发布和有序用电综合查询。

（5）统计查询。包括数据查询分析、系统运行指标统计、工单查询、SIM 卡运行状况查询、台区应用分析和报表查询。

（6）系统管理。包括权限和密码管理、终端远程升级、事件信息手机订阅、编码管理和模板管理。

2. 扩展应用功能

扩展应用功能是在标准化应用功能的基础上对电厂运行管理、反窃电分析、负荷分析、电量分析、疑似停电区域监测、二次网损监测分析、有序用电智能决策及客户侧供电质量监控等方面进行的本地化扩展。

（1）电厂运行管理功能。包括以热定电模型管理、运行数据管理、电厂基础信息维护、电厂综合数据统计、数据采集情况统计、热终端在线情况统计、以热定电综合统计功能，实现对电厂的上网电量、发电量、用网电量、热终端在线情况、数据采集情况等综合数据的统计分析，对电厂运行进行全方位维护，确保电厂稳定运行。

（2）反窃电分析功能。包括反窃电综合分析、失压断相统计、电量差动分析、用户采集数据分析、磁场干扰异常分析、终端电量曲线对比分析、功率差动分析功能，获取各电力用户的用电异常明细，及时对异常用电现象进行跟踪处理。

（3）负荷分析功能。包括供电单位日负荷分析、高压客户负荷汇总、公用区负荷汇总、计量点群组负荷信息、终端群组负荷展示、负荷特性分析、线路曲线数据查询、负荷数据查询、可监测负荷查询、客户群组负荷汇总功能，以便及时对各供电单位的用电负荷情况进行监控，为有效的开展负荷控制业务提供支撑。

（4）电量分析功能。包括用电高峰时段分析、电能量峰谷分析、电量突变分析、电能量同比环比分析、电量分析、用户用电趋势分析功能，及时掌握电力用户的用电情况，加强对电力用户用电量的监管力度。

（5）疑似停电区域监测功能。包括全省疑似停电区域实时监测、停电信息查询、实际停电信息查询、停电信息明细查询等功能，通过地图形式展示各地

市截止到某一时刻的重点疑似停电线路数，提供停电信息明细信息，提升停电信息监测的精细化程度。

（6）二次网损监测分析功能。包括二次网损模型维护和二次网损分析功能，根据变配电网络的拓扑关系以及管理单位，以并表口径和母口径两种口径定义二次网损模型，根据按日和按月两种统计方式统计各地市二次网损率，增强对供电单位的二次网损率、环比网损率、异常信息等进行监测的灵活性。

（7）有序用电智能决策功能。包括有序用电管理分析和有序用电业务操作功能，对负荷平衡情况进行实时监测，监测有序用电方案的执行情况，从结构、行业等角度对有序用电方案效果进行分析，实现有序用电方案执行效果的全方位分析及报表的统一管理，进一步提高有序用电智能决策水平。

（8）客户侧供电质量监控功能。包括客户侧供电质量管理分析和客户侧供电质量业务分析功能，以图形的形式展示电压合格率、三相不平衡率及谐波畸变率一年中各月份的指标曲线、数据分布情况和居民电压越限分析等信息，并通过维护相应的查询条件进行不同维度的分析展示，实现客户侧供电质量的业务分析，提升客户侧供电质量的可视化展示水平。

（四）系统成效

用电信息采集系统具备高并发大容量终端接入、海量用电数据存储、海量用电数据并行处理、复杂系统运行监控、运行状况可视化展示等能力，充分满足省级集中后的用电信息采集业务开展的需要，并具有一定的前瞻性。

电力用户用电信息采集系统实现了：

（1）覆盖用户 2700 余万户，实现自动化抄表核算，提高抄表工作效率和准确率；

（2）开展预付费业务，配以催费短信机制，降低了电费回收风险，目前全省高压预付费用户达 7.18 万户，远程费控达 628 万户；

（3）将有序用电管理可控负荷提高 30%，提高了有序用电快速响应能力，有效维护正常供用电秩序；

（4）依托采集的电压数据及终端停上电事件等信息，实现客户侧的供电质量监控分析；

（5）实时监测当前全省 1248 个重要客户的停电信息，第一时间掌握重要客户停送电信息，缩短应急响应时间；

（6）实现当前全省市县公司共 158 个客户服务中心的疑似停电区域监控，为相关专业工作提供辅助支撑；

（7）统一建立线路、台区损耗模型，实现"四分"线损的可视化分析，目前 10 千伏线路及台区共完成模型配置 20.7 万个，配置率达 99%，其中线路 1.76 万条。

电力用户用电信息采集系统的建设，实现了供电公司、电力用户的双赢。对于供电公司，通过该系统可以全面采集分析所辖区域内的用电情况，加强需求侧管理，提高客户满意度，提升公司形象。对于电力用户，通过该系统可以及时掌握实时电能消费以及消费趋势，有效提高用电效率和优化用电方式，合理减少电费支出，并极大地提高了用户的供电可靠性、推送及时性。

参 考 文 献

[1] 栾文鹏，高级量测体系 [J]. 南方电网技术. 2009，第 3 卷，第 2 期.

[2] 吴亮，辛洁晴，王帅. 高级量测体系及其在需求响应中的应用 [J]. 2011，第 29 卷，第 12 期.

[3] 邓桂平，傅士冀，舒开旗，陈俊. 高级量测体系探讨 [J]，2010，第 47 卷，第 7A 期.

[4] 周毅波，曾博，李刚，卿柏元. 高级量测体系下的双向互动智能用电系统设计 [J]. 广西电力，2012，第 35 卷，第 3 期.

[5] 李丹，胡博，蔡颖凯，王彤. 高级量测体系增值服务业务模式研究 [J] 东北电力技术，2013，06-0023-03.

[6] 唐呖，杨冠鲁，罗钧铃. 基于 AMI 并采用 DSP 和 ZigBee 的智能电表的设计 [J]. 电子测试，2012 年 5 月，第 5 期.

[7] 郑欣，基于 AMI 系统的智能电表的设计 [J]. 湖北电力，2011 年 2 月，第 35 卷，第 1 期.

[8] 曹培，翁慧颖，俞斌，郭创新，周恒俊. 低碳经济下的智能需求侧管理系统 [J]. 电网技术，2012 年 10 月，第 36 卷，第 10 期.

[9] 陈盛，吕敏. 电力用户用电信息采集系统及其应用. 供用电 [J]. 2011 年 8 月，第 28 卷，第 4 期.

[10] 何培东，张君胜，卿莲. 基于用电信息采集系统的预付费计量监控功能的实现 [J]. 制造业自动化，（2012）10（下）-0024-03.

[11] 王瑞，苏国栋. 辽宁移动无线营业厅 GPRS 接入方案研究 [J]. 信息通信，2012，02-0205-02.

[12] 李同智. 灵活互动智能用电的技术内涵及发展方向 [J]. 电力系统自动化，2012 年 1 月，第 36 卷，第 2 期.

[13] 刘海峰，王丹宁. 用电信息采集系统的深化应用 [J]. 浙江电力，2013 年第 1 期.

［14］ 朱凌，刘振波，冯守超. 智能电能表的标准、政策和发展 ［J］. 东北电力技术，（2012）02-0046-03.

［15］ 曹军威，万宇鑫，涂国煜. 智能电网信息系统体系结构研究 ［J］. 计算机学报，2013 年 1 月，第 36 卷，第 1 期.

［16］ 范春磊，朱勤. 智能配电网中无线接入技术的应用 ［J］. 电力系统通信，2013 年 1 月，第 34 卷，第 243 期.

［17］ 林国洲，魏宾. 智能电网高级量测体系探讨 ［J］. 技术交流与应用，2011，08-0001-04.

［18］ 郭兴昕，贾军，郭晓艳. 智能电能表发展历程及应用前景 ［J］. 江苏电机工程，2011，第 31 卷，第 1 期.

［19］ 聂佳，刘传忠，沈克镇. 基于 SEP2 规范的用户侧能源管理系统的研究与应用. 华东电力，第 42 卷，第 3 期.

［20］ 田世明，徐仁武. 高级量测关键技术研究 ［C］. PowerCon2010，中国杭州.

［21］ 王思彤，周晖，袁瑞铭. 智能电表的概念及应用 ［J］. 电网技术，2010，第 34 卷，第 4 期.

［22］ Anthony P. Johnson. The History of the Smart Grid Evolution at Southern California Edison IEEE 978-1-4244-6266-7.

［23］ Seoung-Hwan, Choi, Shin-Jae Kang, Nam-Joon Jung, T1-Kwon Yang.8th International Conference on Power Electronics - ECCE Asia May 30-June 3, 2011, The Shilla Jeju, Korea.

［24］ Shang-Wen Luan, Jen-Hao Teng, Shun-Yu, Chan Lain-Chyr Hwang. Development of an Automatic Reliability Calculation System for Advanced Metering Infrastructure.

［25］ M. Popa. Data Collecting from Smart Meters in an Advanced Metering Infrastructure. 2011 15th International Conference on Intelligent Engineering Systems. June 23-25, 2011, Poprad, Slovakia.

［26］ U.S.Department of Energy, Operations and Maintenance Savings from Advanced Metering Infrastructure -Initial Results Smart Grid Investment Grant Program ［R］ Dec.2012.

第三章

能效管理技术

用户用能具有量大面广和极度分散的特点,涉及社会各行各业和千家万户,它的个体效益有限但整体规模效益非常显著。电能服务管理平台是利用信息化技术实现能效管理的一种技术手段,为电力需求侧管理工作提供了有效的工具。通过在工商业用户主要用电节点和重要用电设备上安装监测仪表,实现对用电负荷、用电量等数据的实时采集、在线监测和统计分析,进而采取适宜的措施提高电网终端电力设备的效率、引导用户合理用电,实现能源的节约。本章主要内容包括能效的基本概念、企业用能管理技术和电能服务管理平台技术,并介绍了几个国内典型的节能案例。

第一节 能效基本概念

本节介绍能效、节能率及节能与能效的关系等基本概念。

一、节能和能效的关系

按照物理学的观点,能效是指在能源利用过程中,发挥作用的能源量与实际消耗的能源量之比。从能源消费者的角度看,在耗用的总能源量一定的条件下,能源利用效率越高意味着为消费者提供的服务越多。因而能效这个名词更多地阐释能源利用或能源服务的结果,也可以说它是一个结果量。节能则强调降低能源强度(单位产值能耗)。按照世界能源委员会(World Energy Council,WEC)1979 年提出的定义,节能是指采取技术上可行、经济上合理、环境和社会可接受的一切措施,来提高能源资源的利用效率。从这个定义可以看出,节能是一个过程量,它实现的目标是提高能效。

节能既要讲求效率,也要讲求效益。效率是基础,效益是目的,效益要通过效率来实现。讲求效率就是要提高能源利用效率,在完成同样能源服务条件下实现需要的作业功能,达到减少能源消耗的目的;讲求效益就是要提高

能源利用的经济效果，使节省的能源费用高于节能的成本支出，达到增加收益的目的。

二、常用概念的含义

世界能源委员会认为能效可理解为"提供同等能源服务的能源投入"，能源服务是通过能源的使用为消费者提供的服务，如交通、照明、空调、冷藏。以下介绍几个与能效关系密切的概念，它们在社会生产活动中经常用到。

（一）能量利用率

根据能量守恒定律，供给能量恒等于有效使用的能量与损失能量之和，即

$$E_{gg} = E_{yx} + E_{ss} \tag{3-1}$$

式中　E_{gg}——供给能量；

E_{yx}——有效使用的能量；

E_{ss}——损失能量。

供给能量是考察用能对象消耗的全部能量，有效能量是用能对象实现能源服务所必须消耗的能量的有用部分，损失能量是用能对象实现能源服务过程中消耗能量的无用部分。能量利用率可用正、反平衡两种表达方式。

正平衡表达式

$$\eta_e = \left(\frac{E_{yx}}{E_{gg}} \right) \times 100\% \tag{3-2}$$

反平衡表达式

$$\eta_e = \left(1 - \frac{E_{ss}}{E_{gg}} \right) \times 100\% \tag{3-3}$$

式中　η_e——能量利用率。

能量利用率这一效率概念，以各种表达形式广泛应用在设备（装置）制造商以及各行各业设备（装置）的用能分析和节能管理等各个方面。

对于终端用能设备（装置）来说，能量利用率大体上可分两种：一种是额定效率（铭牌效率），另一种是运行效率。额定效率是一个表示设备（装置）性能的参数，它是在特定使用条件下的最高效率，如电动机效率、锅炉热效率等；运行效率是表示设备（装置）在实际运行条件下的效率，它的高低除与使用的环境条件有关外，主要与生产工况和操作技术水平有关。因此，既要选用高效设备，又要实行节能管理，才能提高设备（系统）的运行效率，降低产品（服务）的能耗，增加企业的收益。

（二）能源利用率

能源利用率指有效利用能量占投入一次能源的比率，是能量利用水平在一次能源上的反映，是一个用来综合考察国家、地区、行业、企业能源利用水平的宏观参数。

能源利用率的表达式为

$$能源利用率 = \left(\frac{有效利用能量}{一次能源消费量} \right) \times 100\% \qquad (3-4)$$

企业能源利用率的表达式为

$$企业能源利用率 = \left(\frac{企业有效利用能量}{企业总综合能耗} \right) \times 100\% \qquad (3-5)$$

1983 年，我国将企业能源利用率这一概念纳入了国家能源管理标准，并在耗能万吨标准煤以上的工业企业开展了企业能量平衡。

（三）节能率

节能率指统计报告期产品（产值）比基期产品（产值）的单位能耗降低率，用百分数表示。产品节能率按照下式计算

$$\eta_c = \frac{E_b - E_j}{E_j} \times 100\% \qquad (3-6)[1]$$

式中　　η_c ——节能率；

　　　　E_b ——统计报告期单位产品（产值）能耗，单位为吨标准煤（tce）；

　　　　E_j ——基期单位产品（产值）能耗，单位为吨标准煤（tce）。

在节能管理中，为寻求更多更好的节能潜力和机会，需要明确节能率和效率之间的关系。在提供同样能源服务，即当有效能量相等时

$$E_{gg.0} \eta_0 = E_{gg.1} \eta_1 \qquad (3-7)$$

那么

$$E_{gg.0} \eta_0 = (E_{gg.0} - \Delta E) \eta_1$$

$$\Delta E = \left(\frac{\eta_1 - \eta_0}{\eta_1} \right) E_{gg.0} \qquad (3-8)$$

则有

$$\Delta E = \lambda E_{gg.0}$$

---

[1] 引自 GB 13234—2009《企业节能量计算方法》。

$$\lambda = \frac{\Delta\eta}{\eta_0 + \Delta\eta} \tag{3-9}$$

式中　$E_{gg.0}$ ——原始效率时的供给能量；

　　　$E_{gg.1}$ ——提高效率后的供给能量；

　　　ΔE ——节能量；

　　　λ ——节能率；

　　　η_0 ——原始效率；

　　　η_1 ——提高后的效率；

　　　$\Delta\eta$ ——效率增量。

效率、效率增量、节能率间的关系如图 3-1 所示。

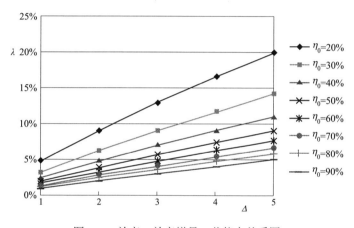

图 3-1　效率、效率增量、节能率关系图

　　节能率和节能量是一对正相关的参量，斜率大小与系统（设备）在原始效率时的供给能量的数量有关。效率和节能率不是一对同义词，在数值上效率增量不等于节能率增量，而且节能率增量始终大于效率增量，即 $\Delta\lambda > \Delta\eta$。另一方面，要在提供同样能源服务条件下提高终端节能率，减少更多的能源消耗量，应当首先从效率性能最低的陈旧设备开始，以高效设备替代低效陈旧设备的同时，提高终端运行效率，并获取节能改造工程更好的成本效益。

第二节　企业用能管理

　　用能管理是按照国家有关法律法规、规范标准的规定，对用能单位及其用

能设备加强能源管理，提高能源利用效率，具体包括企业用能设备管理、节能监测、电能平衡、能源审计、能效对标五部分。

一、用能设备管理

用能设备指企业在生产活动中使用的所有转化、传输和利用能源，从而实现其自身功能的设备总成，如锅炉、风机、水泵和空压机等。用能设备的经济运行是提高能源利用效率的重要措施，对企业用能设备实施科学和规范的管理作为保障。企业应建立用能设备的通用管理制度，包括质量管理控制体系、使用和维护保养制度、设备档案管理制度、点检和巡检管理制度、节能监测制度、经济运行评价制度，保障用能设备管理的有效实施。

企业首先要建立其主要耗能设备的管理台账，内容应包括设备名称、设备型号、生产厂家、出厂编号、额定功率和投产日期等。依据台账信息，按照规定项目对设备进行维护和保养，维护设备的运行性能和提高设备使用年限。企业应及时采用节能新技术、新方法对设备或工艺进行改造，淘汰落后产能。对用能设备的检修、更新执行报告制度。

对于常见的用能设备，如燃煤锅炉的运行负荷不宜经常或长时间低于额定负荷的 80%，燃油、燃气锅炉的运行负荷不宜经常或长时间低于额定负荷的 60%，且都不允许超负荷运行。对于电动机，要求其额定功率选择时应满足负荷的功率要求，根据电动机容量的大小与运行方式合理实施功率因数就地补偿，补偿后的功率因数应不低于 0.9。对于变压器，要求其空载损耗和负载损耗达到国家标准规定的节能评价值。

二、节能监测

节能监测是政府推动能源合理利用的一项重要手段。节能监测通过设备测试、能质检验等技术手段，能够对用能单位的能源利用状况进行定量分析，并依据国家有关能源法规和技术标准对用能单位的能源利用状况做出评价。节能监测的目的是保证节能法律、法规和节能技术标准的贯彻执行，以法律手段调节能源开发、输送、加工转换、分配使用、回收和管理等各方面的关系，最终达到以最小能源消耗取得最大经济和社会效益的目的。

对重点用能单位应定期进行综合节能监测或者是对用能单位的重点用能设备应进行单项节能监测。节能监测参照我国现行的节能监测国家标准，如 GB/T 15316—2009《节能监测技术通则》、GB/T 15317—2009《燃煤工业锅炉节能监测》、GB/T 15913—2009《风机机组与管网系统节能监测》、GB/T 16664—1996《企业供配电系统节能监测方法》等，对主要用能设备规定了监测测试项目和节能监测检查内容。如供配电系统节能监测适用于企业、事

业等用电单位的供配电系统，监测检查的内容包括：

（1）监测变、配电站内是否配备电压、电流、功率、功率因数、有功电量、无功电量等计量仪表，是否定时做好运行记录；

（2）用电单位内部变、配电站的无功补偿设备应安装在负荷侧，并根据负荷和电压变动情况调整无功补偿设备的运行容量；

（3）两台以上变压器的变、配电站经济运行方案（如并联运行）；

（4）变压器及供配电系统在用电器、仪表是否是国家明令淘汰的产品。

三、电能平衡

企业电能平衡是企业实现科学管理、合理使用电能的重要基础工作，是企业使用电能的系统工程。电能平衡是指在确定用电体系（单元）的边界内，对界外供给的电能量在本用电体系内的输送、转换、分布、流向进行考察、测定、分析和研究，并建立供给和损耗电量之间平衡关系的全过程。2001 年，原国家经济贸易委员会和发展计划委员会发布了《节约用电管理办法》，明确要求"用电负荷在 5000kW 及以上或年用电量在 300kWh 及以上的用户应当按照 GB/T 3484—2009《企业能量平衡通则》规定，委托具有检验测试技术条件的单位每二至四年进行一次电平衡测试，并据此制订切实可行的节约用电措施"。

在进行电能平衡时，需要明确用电体系（单元）的边界、供给电量、有效电量和损失电量，绘制电量平衡图。企业电能平衡测试的项目包括变压器、配电网络、整流设备、电动机及拖动设备、电热设备、熔炼炉、电焊机、照明灯主要用电生产设备，并对企业主要产品的电耗进行分解测算。按照 GB 17167—2006《用能单位能源计量器具配备和管理通则》的要求配备的能源计量器具和在线仪表，只要在检定和校准的有效期内，均可作为企业电能平衡测试的仪器仪表使用；亦可采用常规的电工和热工检测、监控、计量仪表；现场测试也可选用电能综合分析测试仪等。用电设备电能平衡的测试应符合 GB/T 6422—2009《用能设备能量测试导则》的要求。

企业电能利用效率的测算通常有直接测定法（正平衡）和间接测定法（反平衡）。直接测定法通过测量用电体系（单元）的供给电量与有效电量确定电能利用效率；间接测定法通过测量用电体系（单元）的各项损失电量与供给电量确定电能利用效率。通过测算的电能利用效率衡量企业各项用电设备及企业总体有功电能的利用情况。

四、能源审计

能源审计是审计单位依据国家有关的节能法规和标准，对企业和其他用能

单位能源利用的物理过程和财务过程进行检验、核查和分析评价。能源审计是用能单位提高能源利用率的重要途径。按照能源审计委托形式分为受国家节能行政主管部门委托（官方）和受用能单位委托（第三方）的市场行为两种；按照对能源审计的要求不同，能源审计分为初步能源审计、全面能源审计和专项能源审计。

企业能源审计的方法体现在四个环节、三个层次、八个方面和四个原理。四个环节指在能源审计中，可将用能单位能源利用的全过程分为购入储存、加工转换、输送分配、最终使用四个环节；三个层次是能源利用效率低的问题在哪里产生，为什么会产生以及如何解决；八个方面体现在能源技术工艺、设备、管理、过程控制、员工、废弃能、排放、回用，在这些方面发现企业能源管理的薄弱环节；四个原理则指物质和能量守恒原理、分层嵌入原理、反复迭代原理、穷尽枚举原理。

通过实施能源审计是加强企业能源科学管理和节约能源的一种有效手段和方法，具有很强的监督与管理作用。企业能源审计一般流程如图3-2所示。

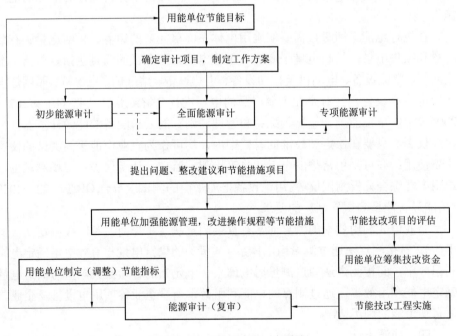

图3-2　企业能源审计一般流程

在核实企业电力能源消费量时，可从电力部门的电费结算发票、财务部门动力账及付款单、配电室（进厂总表）记录等关联性资料核对企业购入电数量。若企业有自备电厂，根据自备电厂发供电量的抄表记录、统计报表、财务部门成本核算等关联性资料核对自产电数量。依据配电室（各分项表）记录、各车间设备运行记录、管理部门能源消费台账、能源消耗经济目标责任制考核结果及考核依据、财务部门燃料动力账等关联性资料核对电能消耗数量。在电力消耗量核定时，应注意抄表时间的一致性，应调整到产品核算、考核抄表与结算抄表相一致。然后，通过进行企业电能平衡分析，确定企业的电耗、设备效益、电能利用率和余热回收率等指标，分析用电过程中各个环节的影响因素，找出电能损失的原因和节电潜力，为企业实行节能技术改造，提高电能利用率提供科学依据。

五、能效对标

能效对标管理，又称为"标杆管理""基准管理"，是指企业不断寻找和研究业内外一流公司在产品、服务、生产流程、管理模式等方面的最佳实践，并以此为标杆与本企业进行比较、分析、判断，学习标杆企业先进的理念和做法，改进自身不足，使本企业的核心竞争力不断提高，追赶或超越标杆企业，并形成持续产生优秀业绩的动态循环管理流程。

能效对标活动的实施内容可以概括为：确定一个目标，建立两个数据库，建设三个体系。"确立一个目标"即基于企业实际情况，合理选择对标主题，并确定适当的能效对标改进目标值；"建立两个数据库"即在建立企业能效对标指标体系的基础上，建立企业能效对标指标数据库和企业最佳节能实践数据库；"建设三个体系"即建设能效对标指标体系、能效对标管理综合评价体系和能效对标工作组织管理体系，如图3-3所示。

能效对标活动实施的步骤有六个环节。

（1）现状分析。企业首先要对自身能源利用状况进行深入分析，充分掌握本企业各类能效指标客观、翔实的基本情况；在此基础上，结合企业能源审计报告、企业中长期发展计划，确定需要通过能效水平对标活动提高的产品单耗或工序能耗。

（2）选定标杆。企业根据确定的能效水平对标活动内容，在行业协会的指导和帮助下，初步选取若干个潜在标杆企业；组织人员对潜在标杆企业进行研究分析，并结合企业自身实践，选定标杆企业，制定对标指标目标值。企业选择标杆要坚持国内外一流为导向，最终达到国内领先或国际先进水平。

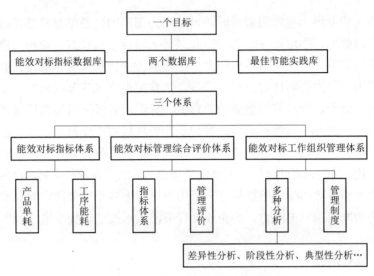

图 3-3　能效对标活动实施内容

（3）制定方案。通过与标杆企业开展交流，或通过行业协会、互联网等途径收集有关资料，总结标杆企业在指标管理上的先进方法、措施手段及最佳实践；结合自身实际全面比较分析，真正认清标杆企业产生优秀绩效的过程，制定出切实可行的对标指标改进方案和实施进度计划。

（4）对标实践。企业根据改进方案和实施进度计划，将改进指标的措施和对标指标目标值分解落实到相关车间、班组和个人，把提高能效的压力和动力传递到企业中每一层级的管理人员和员工身上，体现对标活动的全过程性和全面性。在对标实践过程中，企业要修订完善规章制度、优化人力资源、强化能源计量器具配备、加强用能设备检测和管理，落实节能技术改造措施。

（5）指标评估。企业就某一阶段能效水平对标活动成效进行评估，对指标改进措施和方案的科学性和有效性进行分析，撰写对标指标评估分析报告。

（6）改进提高。企业将对标实践过程中形成的行之有效的措施、手段和制度等进行总结，制定下一阶段能效水平对标活动计划，调整对标标杆，进行更高层面的对标，将能效水平对标活动深入持续地开展下去。

第三节　市场化节能新机制与典型节能技术

随着我国节能工作的深入持续开展，出现了一些市场化节能新机制，如合同能源管理、能源效率标识、节能产品认证和节能自愿协议。

一、合同能源管理

（一）概念

合同能源管理是一种新型的市场化节能机制，其实质是以减少的能源费用来支付节能项目全部成本的节能投资方式。合同能源管理机制服务主体是节能服务公司，它是基于合同能源管理（Energy Performance Contracting，EPC）机制为客户实施专业化节能管理和服务，并以盈利为直接目的的公司。EPC 机制将企业节能技术风险、财务风险、运行管理风险和节能效果风险转移至节能服务公司，并能为耗能企业降低能源成本，提高其能源使用效率。

合同能源管理机制允许客户用未来的节能收益为工厂和设备升级，以降低目前的运行成本。能源管理合同在实施节能项目的企业（客户）与节能服务公司之间签订，以契约形式约定节能项目的节能目标，这种机制有助于推动技术上可行、经济上合理的节能项目的实施。合同能源管理机制服务流程如图 3–4 所示。

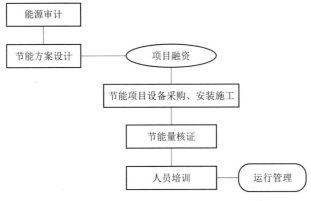

图 3–4　合同能源管理机制服务流程

（二）运作项目类型

市场上常见的以合同能源管理机制运作的节能项目类型有节能效益分享型、节能量保证型、能源费用托管型、融资租赁型，运作项目类型以节能服务合同体现。依据客户的生产运营状况、节能项目的性质等，节能服务公司与客户协商确定节能服务合同类型。

1. 节能效益分享型

在这种类型中，客户无需投入前期资金，节能改造工程所需投入由节能服务公司先行支付，节能服务公司提供项目的全过程服务。在合同期内，节能服

务公司与客户按照合同约定分享节能效益，设备和节能效益在合同期结束后全部归客户所有。节能效益分享型是国家财政支持的对象，在财政部、国家发展改革委印发的《合同能源管理财政奖励资金管理暂行办法》中有详细规定。

2. 节能量保证型

节能量保证型也叫做效果验证型。所谓保证，就是项目完成后客户会对实施效果进行验证，明确是否能达到合同规定的节能指标承诺的节能量，由节能服务公司赔付全部未达到的节能量经济损失，但客户需要向节能服务公司支付服务费和节能服务公司所投入的资金。

3. 能源费用托管型

这种类型中，节能服务公司为客户管理和改造能源系统，承包客户能源费用。合同中规定能源服务质量标准及其确认方法，当不达标时节能服务公司按照合同规定给予客户补偿。能源费用托管模式中双方保持独立，节能服务公司对客户能源系统进行专业化管理，合同期结束后将节能设备和系统无偿移交给客户。节能服务公司的经济效益来自客户能源费用的节约，客户的经济效益来自能源费用（承包额）的减少。

能源费用托管属于专业化的管理，特别适合技术含量要求较高的能源系统，如冷热电三联供系统。客户使用、管理或维护不当，就可能使系统达不到应有的能源效率，但交给专业的节能服务公司来做则可以避免上述问题。

4. 融资租赁型

融资租赁是一种由出租方融资为承租方提供所需设备，具有融资和融物双重职能的租赁交易。融资租赁涉及出租人、承租人和供货商三方，承租方通过节能设备的租赁，实现节能改造，获得节能效益；节能公司通过将分享的节能效益转化成租金的方式获得收益。融资租赁型节能服务运作模式如图3–5所示。

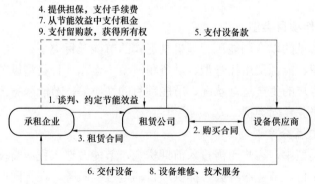

图3–5　融资租赁型节能服务运作模式图

（三）节能量核证

项目节能量的审核服务于合同能源管理、国家和地方政府的节能奖励，以及节能投融资。节能量核证的内容包括审核项目基准期能耗状况、项目实施后能耗状况、能源管理和计量体系及能耗泄露，主要依据有《节能项目节能量审核指南》《节能量确定和监测方法》、GB/T 13234—2009《企业节能量计算方法》、GB/T 28750—2012《节能量测量和验证技术通则》、国际节能效果测量和认证规程（International Performance Measurement and Verification Protocol，IPMVP）等。节能量是某系统满足同等需求下，使能源消费减少的数量，如图3-6所示。

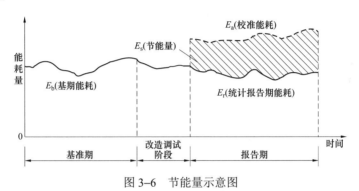

图 3-6　节能量示意图

由图3-6可知，节能量的计算公式为

$$E_s = E_r - E_a = E_r - E_b + A_m \qquad (3-10)$$

式中　A_m——校准能耗调整值。

通过比较节能改造前后能源消费账单只能体现该单位用能成本的变化，并不能反映节能改造项目的节能效果。因而，要得到真正的节能量，必须引入调整量来消除基准期和统计报告期运行工况（用能条件）差异。对于不同的用能系统及不同的节能改造技术，其所针对的主要用能条件往往是不同的，需要根据具体的项目进行分析。

1. 项目基准能耗状况审核

项目基准能耗是在节能项目实施前规定的时间内，在项目边界内所有用能环节的各种能源消耗情况。主要审核内容包括：

（1）项目工艺流程图；

（2）项目边界内各产品的产量统计记录；

（3）项目能源消耗平衡图和能流图；

（4）项目边界内重点用能设备的运行记录；

（5）耗能工质消耗情况；

（6）项目能源输入输出和消费台账，能源统计报表、财务账表及各种原始凭证。

2. 项目实施后能耗状况审核

项目实施后的能耗状况指在项目实施后并稳定运行的规定时间内，项目边界内所有用能环节的各种能源消耗情况。主要审核内容除包含项目完成情况外，其他审核内容可参照项目基准能耗状况审核内容。

3. 能源管理和计量体系审核

能源管理和计量体系审核的主要内容包括：受审方能源管理组织结构、人员和制度；项目能源计量设备的配备率、完好率和周检率；能源输入输出的监测检验报告和主要用能设备的运行效率检测报告。

4. 能耗泄漏

能耗泄漏指节能措施对项目边界以外的设备或系统能耗产生的正面或负面影响，必要时还需要考虑技术以外影响能耗的因素。主要审核内容包括：相关工序的基准能耗状况，项目实施后相关工序能耗状况变化。

二、典型节能技术

电机变频调速、电蓄冰蓄热、热泵、冷热电联产等技术是用户侧典型的节能技术，下面简要介绍。

（一）变频调速节能技术

根据电机转速与工作电源输入频率成正比的关系，即

$$n = 60f(1-s)/p \qquad (3-11)$$

上式中，n、f、s、p 分别表示电机转速、电机供电频率、电机转差率、电机磁极对数。变频调速技术是指通过改变电动机定子供电频率，达到改变电机转速的目的。变频调速可根据电动机负载的变化实现自动、平滑的提速或降速，调速基本保持了异步电动机固有的特性，即转差率小的特点，因而其效率很高。变频调速不存在节流损失，风机和水泵的节电率一般可以达到 20%～40%，节电效果非常显著。

我国高压交流电动机的标准电压等级为 3、6kV 和 10kV。近年来，由于控制理论、微电子技术及串、并联技术的应用，促进了高压、大功率、多功能、智能化的变频调速产品的发展，高压变频器解决了高压交流电动机的调速难题。高压变频器以高压大容量电力电子器件为基础，微电子控制技术为核心。

进入 20 世纪 90 年代，高压大功率场控型自关断电力电子器件的登场，以及单片机为核心的微电子数字控制技术性能的提高，推动了高压变频调速技术的发展，并以良好的调速性能和高效节能效果赢得了人们的认可，正在得到广泛应用。目前高压变频器的主要类型有高—低—高式变频器，高—低式交—交变频器，高—低式多级串联型变频器，高—高式直接变频器，高—高式多电平变频器。国外 SIEMENS、ROBICON、AB、ABB、东芝等著名电气公司生产的高压变频器占据了我国高压变频器的主要市场，随后冶金自动化研究设计院、利德华福等少数单位也相继自主开发高压变频器，以价格优势也占了一席之地。

（二）电蓄冷蓄热技术

电蓄冷蓄热技术，也称双蓄技术，是负荷移峰填谷的主要技术手段，其中中央蓄冷空调和蓄热电气锅炉是主要设备。蓄冷空调是在后半夜电网负荷低谷时段制冰或冷水，并作为蓄冷介质储存起来，在白天和前半夜电网负荷高峰时段把冷量释放出来转换为冷气，达到移峰填谷的目的。蓄热电气锅炉是在后半夜电网负荷低谷时段将锅炉生产的热能储存在蒸汽或热水蓄热器中，在白天和前半夜电网负荷高峰时段将其热能用于生产或服务，从而实现移峰填谷。

对于终端用户来说，蓄冷空调可以将高峰电价转移到低谷电价，减少了空调的用电服务成本。此外，蓄冷空调相当于设置了一个备用冷源，一旦临时停电还可以利用自备电源投入蓄冷设备起到应急作用。由于冰蓄冷中央空调与传统空调相比，它的制冷效率比较低，再加上蓄冷损失，在提供相同冷量条件下要多消耗电量。电气锅炉与普通锅炉比较，它的能量转换效率高，不直接使用可燃矿物燃料，在同样能源服务条件下终端用户可获得移峰填谷的电费收益。

（三）谐波治理技术

谐波电流是谐波问题产生的根源。发电厂发出的电压都是比较纯净的正弦波电压，由于用户中的非线性负荷（如电力电子设备）会产生大量的谐波并注入到电网中，导致供电电流和电压波形畸变，降低电能质量并危害电网及联网的其他用电设备。当电流流经非线性负载时，负载中流过的电流与所加的电压不再是线性关系，从而产生非正弦的电流波形。这个非正弦的电流波形经过傅里叶分解成为含有基波频率和一系列频率为基波倍数的谐波正弦分量。谐波的存在会使输电导线或用电设备发热量增加、产生噪声、机械振动等现象，降低系统供电效率，缩短设备的使用寿命。

谐波治理措施主要有三种：一是受端治理，即从受到谐波影响的设备或系统出发，提高它们抗谐波干扰能力；二是主动治理，即从谐波源本身出发，使谐波源不产生谐波或降低谐波源产生的谐波；三是被动治理，即外加滤波器，阻碍谐波源产生的谐波注入电网，或者阻碍电力系统的谐波流入负荷端。因此，提高电能质量，应该是用户、电力部门和电气设备制造商三方面共同的责任。在配电系统中，从小容量的居民用电负荷到大容量的工业负荷，均会对电能质量产生或多或少的影响，解决谐波问题主要是应用各种滤波装置，包括无源滤波和有源滤波装置等。

（四）热泵技术

热泵是一种利用高位能使热量从低位热源流向高位热源的装置，工作时它本身消耗很少一部分电能，却能从环境介质（水、空气、土壤等）中提取4～7倍于电能的装置，这也是热泵节能的原因。现在我国主要利用的热泵技术，按低位热源分为水源（海水、污水、地下水、地表水等）热泵，地源（包括土壤、地下水）热泵以及空气源热泵。下面以地源热泵为例介绍。

地源热泵是热泵的一种，它是一种利用浅层地热能源的既可供热又可制冷的高效节能系统。一般在空调系统中，地能分别在冬季作为热泵供热的热源和夏季制冷的冷源，即在冬季把地能中的热量取出来，提高温度后供给室内采暖；夏季把室内的热量取出来，释放到地能中去。如此周而复始，将建筑空间和大自然联成一体，以最小的造价获取了最舒适的生活环境。通常地源热泵消耗1kWh的能量，用户可以得到4kWh以上的热量或冷量。

图3-7　地源热泵热交换示意图

地源热泵机组可利用的土壤或水体温度冬季为12～22℃，温度比环境空气温度高，热泵循环的蒸发温度提高，能效比也提高了；土壤或水体温度夏季为18～32℃，温度比环境空气温度低，制冷系统冷凝温度降低，使得冷却效果好于风冷式和冷却塔式，机组效率大大提高，可以节约30%～40%的供热制冷空调的运行费用。与锅炉（电、燃料）供热系统相比，锅炉供热只能将90%以上的电能或70%～90%的燃料内能转化为热量供用户使用，因此地源热泵要比电锅炉加热节省2/3以上的电能，比燃料锅炉节省约1/2的能量。因此，近十几年来，地源热泵空调系统在北美如美国、加拿大及瑞士、瑞典等国家取得了较快的发展，中国的地源热泵市场也日

趋活跃。

（五）冷热电三联供技术

热电联产具有节约能源、改善环境、提高供热质量、增加电力供应等特点，是提高能源利用效率的重要举措之一。冷热电三联供（Combined Cooling Heating and Power，CCHP）是指热电厂汽轮机发电机组发电的同时，根据用户需要将已在汽轮机中做了一部分功的低品位蒸汽热能，用来对外供热和制冷。冷热电三联供系统可实现对能源的梯级利用，能源综合利用率高达 80%以上（最高可达90%），用户也可大幅度节省能源费用，对节约能源和促进国民经济可持续发展具有重要意义。

实施冷热电三联供是我国实现可持续发展、推进资源利用和能耗管理的重要举措。在热电联产方面，丹麦具有非常成功的能源利用经验。丹麦积极发展冷热电三联供，通过提高能效标准来遏制火力发电机组，并制定了严格的能源环境税收机制，对可再生能源和超低排放的发电企业进行补贴，这些政策使得全国的能源效率提高了 60%，特别是火力发电厂的能源利用效率更高。

第四节　电能服务管理平台

智能用电实现电网与用户之间的实时交互响应，可以增强电网的综合服务能力和提升服务水平。借助智能电网技术，实现双向互动营销，促进用户参与市场，提高电网的综合服务能力，促进社会资源的优化整合。智能用电的主要特征为：技术先进、经济高效、服务多样、灵活互动、友好开放。推动经济用电和提高能源效率，满足客户多元化、个性化需求，实现电能、信息和业务的双向交互，充分利用电网资源为客户提供增值服务，是智能用电的内在要求。利用各类监测及控制系统，以多元化用户服务技术、需求侧管理技术，更好地服务于国民经济和社会发展，是智能用电的要求，电能服务管理平台是在此背景下产生的一种新技术。

一、概述

在各种能源消费中，由于电力消费可以实现分项计量、实时监测，电力消费统计是最透明和最具信度的。通过建立相关信息平台、在工商业用户主要用电节点和重要用电设备上安装监测仪表，可实现对各单位的用电量、用电效率的实时采集、在线监测和分析，从而为电力需求侧管理项目的效果认定以及各电网企业实施电力需求侧管理工作实现的节能量的统计分析提供技术手段。

目前，电网公司已经建成技术成熟、应用广泛的用电信息采集系统和负荷管理系统，能够远程在线监测各类型用户关口计量点数据，为安全生产、有序用电提供服务；一些地方政府试点建设机关办公等公共建筑的能源分项计量系统用于节能降损考核；部分大型企业建立能源管理信息系统用于管理内部的能源使用；开始出现第三方公司通过建设电能服务平台向社会中小企业客户提供用电信息管理服务。各个平台单独建设，既没有实现数据资源的充分共享，也存在网络信道和监测设备重复建设的问题。因此，有必要进一步整合电网企业、政府及其他社会企业现有资源，在此基础上，充分发挥各有关单位信息系统的优势，为电力需求侧管理工作提供技术支撑，从而能够进一步促进电力需求侧管理工作的开展。电能服务管理平台在此条件下应运而生。

电能服务管理平台是实行电能服务"集约化发展、精细化管理和标准化建设"的目标，实现对各地区节能指标完成情况的统计分析，全面支持节能服务体系建设，为电力需求侧管理与节能减排工作提供技术支撑，为社会能效服务机构、各级政府提供全面的能效数据及相关其他节能服务，而建立的信息化支撑系统。

电能服务管理平台可以实现相关职责及对外服务功能。根据不同的服务对象和服务功能，可以把平台的建设目标理解为四个专业服务，即为电网企业及基层政府服务的能效业务管理、为能源服务公司服务的技术服务、为用能单位服务的能效服务和为各级政府服务的宏观能效分析。在不引起混淆的情况下，本章中电能服务管理平台简称平台。

（一）能效业务管理

通过平台可以掌握和了解企业节能情况。电网企业及基层政府借助平台向上一级汇报能效工作情况，以及报送各种能效数据。一般可实现的功能如下：

（1）节能数据管理。各地区范围内用户能耗信息采集与分析，汇总处理各地区节能服务公司、能效测评机构上报的节能服务项目等数据信息。对各地区能效数据进行汇总、分析、处理，为定期编制各地区节能工作报告提供支撑。

（2）合同能源项目管理。为各地区的合同能源项目的启动、进行和结束提供管理平台，填报各种信息，为合同能源管理项目服务。

（3）咨询与培训。为节能服务公司、用能单位等提供技术咨询、节能培训等，为各地区节能服务工作的开展提供数据资源和技术支撑。

（4）节能量核证数据服务。为能效测评机构及节能服务机构的节能量审核工作的开展提供数据资源，为经营范围内用户能耗测评提供模型分析。

（5）节能用电服务管理。通过平台取得的各种数据，为用户用能情况进行分析和评价。另外还可以借助有序用电功能，建立有序用电方案，及时引导用户错峰、避峰用电。

（二）技术服务

主要通过电能服务管理平台的对外在线服务实现，可以提供的服务有：

（1）技术知识服务。汇集、跟踪国内外先进节能技术信息，通过平台的先进节能技术产品库、通用节能技术库、行业节能分析库、典型节能项目案例库、节能标准数据库、专家师资数据库，从节能知识方面为节能服务公司及企业等进行节能服务。

（2）市场开拓。通过发布能效服务网络的活动信息，为节能服务公司的市场开拓提供支撑。

（3）能源使用优化与节能方案服务。为节能服务公司改造方案的编制提供数据支撑。

（4）节能量审核与验证数据服务。通过为节能服务公司节能项目提供节能量审核和验证，为节能服务公司的效益分成提供保证。

（三）能效服务

能效服务管理平台是指通过平台为各类用能单位提供能效分析服务。要达到能效服务的目的，需在各用能单位建设用能在线监测系统。用能在线监测系统指在工商业企业、楼宇、公共建筑等用能单位安装相关采集设备，采集用能设备和用能系统的各类电参量和非电参量，并对这些采集来的数据进行分析，从而指导用能企业提供用能效率的信息化系统。

用能在线监测系统可以由用能单位自身建设，或者由节能服务公司利用合同能源管理方式建设。在线监测数据汇总于电能服务管理平台，调用平台里的模型进行各种分析，然后提供给用户，达到为用能单位能效服务的目的。其主要功能如下：

（1）能源使用成本管理。实现能源消耗信息的统计和管理，自动生成能源消耗信息的统计图形、曲线和报表，对能源消耗进行精细化分析，对能源使用历史数据的对比、分析。

（2）能耗指标比对与能效评估。通过系统提供的评估模型，结合能耗标准数据、电力消耗数据、设备消耗数据等指标进行分时段对比，对用能系统进行能效评估。为节能指标的制定与考核、节能改造项目的评定提供依据。

（3）用能系统节能运行管理。对用能系统能源消耗情况进行记录和分析，包括各相负荷情况、运行效率、功率因数、电能质量、电能损耗等状况，为用

户的管理者提供实时决策分析、优化用电的可靠依据，找出能源使用的缺陷，使用能系统处于经济运行状态。

（4）用户能源远程分析。采用互联网技术，让能源管理不再受地域和时间的限制，实现能源消耗过程的远程分析。

（5）用户配电网节能运行分析。根据配电网的具体情况和准实时数据，提供配网节能运行管理的方案和措施，并为电能管理人员提供辅助决策工具。

（6）故障报警、远程诊断及处理。实时监控、记录单位各个重点能源消耗及电能质量情况，实现状态报警、超限报警，尽早发现设备隐患和电能损耗点，掌握其早期的故障信息，及时做好预防检修。

（7）监视企业能源系统运行状况，统计各用能单元能耗及费率。提高企业管理水平，对能源系统实现智能管理，使得日常维护工作变得简单，降低日常管理成本，使用能单位能源系统清晰、透明，提高能源系统运行效率，提高经济效益，节约能源花费。帮助用能单位在扩大生产的同时，合理计划和利用能源，降低用能单位产品能源消耗，提高经济效益。通过对用能单位各种能源消耗的监控、能源统计、能源消耗分析、重点能耗设备管理、能源计量等多种手段，使管理者掌握企业能源成本比重和发展趋势，制定能源消耗计划分解到各个部门，从而使得节能工作责任明确，促进用能单位健康稳定发展。

（8）电能委托管理。通过电能服务管理平台第三方服务虚拟主站，可委托第三方机构进行能源管理。

（四）宏观能效分析

平台通过对相关数据进行汇总、统计与分析，对地区、产业、行业以及典型企业的用电数据分析，反映经济运行走势，为政府制定宏观经济政策提供数据支撑，为国家节能减排工作提供数据支撑。其主要功能如下：

（1）为各级政府提供行业和地区的能效数据分析报告提供支持，从而编制不同行业、地区的能效统计报表，并支持开展各行业的用能数据对标管理。

（2）为各行政区域内提供能耗统计报表，实现各行政区能耗统计、分析、报表功能；提供能源消耗情况及趋势分析。

（3）为能源审计与节能评估提供支撑，为政府提供能源审计工具，按照能源审计通则编制能源审计报告。

（4）节能量审核与验证数据服务。为节能改造项目节能效果测评提供依据，为政府财政补贴提供技术保障。

（5）按照电力需求侧管理办法，对节电量进行统计分析，为节电量进行考

核与认定提供依据。

二、整体架构设计

（一）平台整体体系架构

平台由现场监测子系统、远程传输网络、能效监测分析软件三部分组成。其中，现场监测子系统由各种计量装置组成，构成平台内部的监测网络；远程传输网络是指实现现场计量装置与后方平台数据通信的网络；能效监测分析平台由工作站、应用服务器、数据库服务器和客户端等组成，完成能效数据的动态监测及分析处理工作。数据前置机完成与监测终端的通信、数据采集、数据处理、数据保存工作，包括监测终端的参数管理和对时工作等。Web 服务器负责在 Intranet/Internet 范围内提供 Web 服务，它分别与网关服务器、数据库服务器建立连接，可从数据库服务器直接获取数据形成网页或通过向数据处理服务器进行申请，获取所要求生成的数据格式网页。用户可通过 Web 浏览器浏览网页，访问 Web 服务器发布的基于 Web 形式的数据查询、数据分析、报表展示、曲线展示、报警信息、设备状态、站点分布、国标查询、记录查询等信息，能及时了解指定日期的用能和电能质量状况，并且可以随时下载 Word、Excel、文本及图表等形式的报表统计资料。应用服务器实现业务逻辑，数据分析工作站负责统计分析、仿真分析、预测分析等一系列工作。数据库服务器提供数据的可靠存储和查询等任务，负责数据库的管理、运行维护、数据备份、事故恢复以及数据优化等功能。客户端供用户方便完成 Web 浏览。

平台后台主站可建立在国家能效数据中心，各地区建立前置采集通信平台并管理各自辖区终端的采集、解析和数据分析处理工作，然后将数据抽取至国家能效数据中心进行汇总和分析。平台逻辑结构如图 3–8 所示。

平台逻辑结构分为四层，包括用能单位监测层、传输网络通信层、前置采集层、平台应用层等。

（1）用能单位监测层。用能单位监测层由集中终端、工业级自愈网、采集终端、传感器以及电能表、水表、气表等计量采集设备组成。传感器负责现场的能源数据的采集，如用电、热工等参数。

（2）传输网络通信层。传输网络通信层包括：① 计量装置与数据采集器之间的传输通过企业级自愈网通信，可以采取光纤、RS–485、微功率无线和 PLC 传输方式；② 公共网络通信层，数据采集器与数据中心的传输。公共通信网络的组建，以无线公网传输为主，公网包括 GPRS/3G 等。

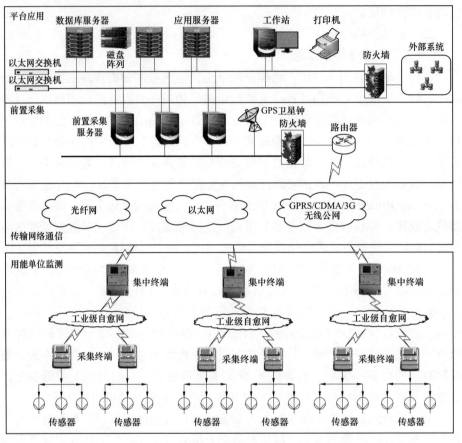

图 3-8　电能服务管理平台逻辑结构图

（3）前置采集层。前置采集层包括分项采集服务器，解析各种协议，获取用能单位监测层所采集的各种数据。

（4）平台应用层。平台应用层包括各种功能的实现，如汇总、分析和对外服务等。

（二）技术体系架构

平台采用多层设计，包括表现层、业务逻辑层、数据访问层和数据库层四层，其中表现层主要采用 MVC 技术，抽取系统的业务逻辑层和数据访问层，业务逻辑程序的修改变化不会影响到页面程序，数据访问层包含了所有数据访问方法，数据库层体现为系统相关的数据库对象。技术体系架构如图3-9 所示。

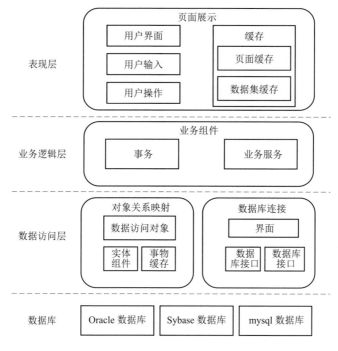

图 3-9 电能服务管理平台技术体系架构图

（三）软件体系架构

为了构建高可用性、安全性、可靠性、可伸缩性和扩展性的电能服务管理平台，平台采用多层的分布式应用模型、组件再用、一致化的安全模型及灵活的事务控制，使系统具有更好的移植性，以适应平台应用环境复杂、业务规则多变、信息发布的需要，以及将来扩展的需要。同时系统用 Java 语言开发，可以部署在多种主流操作系统上，采用 J2EE 构架作为系统的基础技术构架，核心业务处理逻辑以中间件的形式部署在一个或多个 J2EE 应用服务器上。在设计上充分考虑到企业分布面广、接入点多、规模大的特点，具有很好的开放性、可扩展性、伸缩性、高可靠性等特点。

由于电能服务管理平台终端接入数量大、业务功能广、使用用户多，内外部接口系统复杂，具体功能在表现、应用、服务和数据四个层面。平台软件架构图如图 3-10 所示。

上述四层按照 J2EE 架构的特性，采用分布式多层结构应用：

（1）表现层为浏览器形式接口，不同用户具备不同的界面形式；

（2）应用层实现具体业务逻辑，是系统主站的核心层，完成主要业务流程；

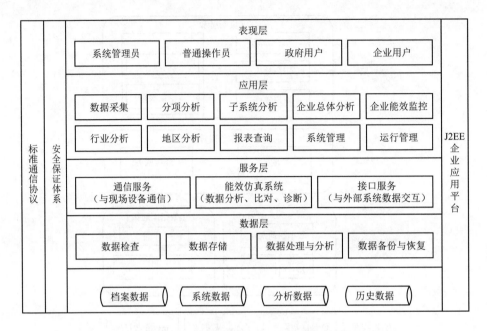

图 3-10　电能服务管理平台软件架构图

（3）服务层提供全局通用的业务、安全服务等组件服务支持，为业务层提供通用的技术支撑；

（4）数据层是整个平台的数据中心（数据仓库），实现海量信息的存储、访问、整理，为系统提供数据的管理支持。

三、平台功能设计

电能服务管理平台功能分业务功能和辅助功能两部分。其中主要业务功能可以分为六大部分，包含节能服务管理、能效监测与分析、有序用电与负荷管理、需求响应、需求侧工作考核和能效知识库，具体见图 3-11。辅助功能主要指平台管理及运行管理等功能。

（一）节能服务管理

依据国家有关政策、法律、法规和电力企业营销相关的规章制度和管理规定，对各级节能服务机构的节能服务工作进行全过程管理，并为节能服务提供数据、信息资源支撑，保障电力需求侧管理节能指标的顺利完成。电能服务管理平台的具体业务是通过对节能服务公司、节能评测机构等信息填报、统计，实现对各级节能服务机构的管理。并依据国家节能量指标对各级单位的节能量进行逐层分解下达。对节能服务公司实施的合同能源项目进行全过程跟踪、统

计及评价，从而实现节能量的统计。

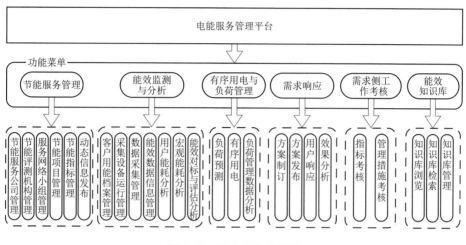

图 3-11　平台业务功能图

1. 节能服务公司管理

节能服务公司是根据国家节能服务奖励办法等鼓励政策，成立具有独立法人资格的节能服务公司，主要以合同能源管理方式实施节能诊断、设计、融资、改造和运行管理等节能服务，获得节能收益和政府补贴。

根据节能服务公司备案信息，记录节能服务公司基本情况，对节能服务公司的变更和注销进行管理。对节能服务公司的人员进行登记，统计节能服务公司年度工作情况生成节能服务公司年度工作报告。节能服务公司管理包含组建管理、人员信息管理、节能项目管理和工作报告四个方面。

2. 节能测评机构管理

节能测评机构是由政府认定或授权的第三方节能量测评机构，开展节能量监测、审核等工作，为节能服务提供第三方认定。

根据节能测评机构备案信息，记录节能测评机构基本情况，对节能测评机构的变更和注销进行管理。对节能测评机构的人员进行登记，针对节能测评机构的节能设备审核、节能评估等项目活动进行填报，统计节能测评机构年度工作情况，生成节能测评机构年度工作报告。节能测评机构管理包含组建管理、人员信息管理、评测项目管理和工作报告四个方面。

3. 服务网络小组管理

对服务网络小组信息进行管理，对小组成员信息进行登记工作，并对小组的初步能源审计、其他小组活动信息进行管理跟踪，根据年度阶段范围内的小

组活动情况信息生成小组活动年度工作汇总报告，服务网络小组管理包含组建管理、潜力用户管理、成员信息管理、活动计划、初步能源审计、其他小组活动和工作报告七个方面。

4. 节能项目管理

节能项目主要指合同能源管理类项目，由节能服务公司实施。主要有节能效益分享、节能量保证及能源费用托管三种类型。

节能效益分享型是指由节能服务公司提供从项目诊断设计、土建施工、安装调试、软件升级、二次开发等一系列、全方位的服务，根据客户的资信情况，为客户承担资金风险，分期与客户按照约定的比例分享节能收益；合同期满后，项目节能效益和节能项目所有权归客户所有。

节能量保证型是指客户提供节能项目资金并配合项目实施，由节能服务公司提供全过程服务并保证项目节能效果；按合同规定，客户向节能服务公司支付服务费用；如果项目没有达到承诺的节能量和节能效益，由服务公司按照合同约定向客户补偿未达到的节能效益。

能源费用托管型是指客户委托节能服务公司进行能源系统的节能改造和运行管理，并按照合同约定支付能源托管费用；节能服务公司通过提高能源效率降低能源费用，并按照合同约定拥有全部或者部分节省的能源费用。

节能项目管理是按电网企业自身节电量、电网企业推动社会、电网企业所属节能服务公司、直接购买节电量等进行分类，填报项目信息，并对项目进行流程化管理。根据年度阶段情况生成节能改造项目年度汇总报告，节能项目管理包含项目管理和工作报告两个方面。

5. 节能指标管理

根据政府颁布的《电力需求侧管理办法》要求，各省级电力运行主管部门会同有关部门和单位制定本省、自治区、直辖市电网企业的年度电力电量节约指标，并加强考核。指标原则上不低于有关电网企业售电营业区内上年售电量的 0.3%、最大用电负荷的 0.3%。

一般是电网公司总部编制指标计划数据并分解审核后，下达到省级电网公司。省级电网公司将总部下达的指标计划值分解到地市公司审核后，由地市公司依据节能项目完成指标计划值，对节能指标的完成情况统计，并根据年度阶段指标完成情况信息生成总部年度节能量指标完成情况统计报告。节能指标管理包含指标编制、执行情况和工作报告三个部分。

6. 动态信息发布

对信息资讯、节能机构风采、节能知识、政策法规等信息进行发布与维护，

通过发布相关节能信息，实现节能服务机构的资源共享，为用户了解节能知识提供参考。动态信息发布包含信息发布和信息维护两个方面。

（二）能效知识库

能效知识库是对节能服务工程中的经验和成果进行总结，归纳形成能效知识库，包括培训教材管理、节能标准规范管理、节能服务案例管理、规章制度管理、节能咨询公司管理、节能专家管理、节能技术产品管理、节能服务政策管理八大分类。各层级知识的管理流程是上传—审批—发布过程。节能服务公司的建设、节能项目的完成、节能服务专家人员的储备不断充实知识库，同时知识库内容为节能项目的开展提供指导和支持。

能效知识库能够提供全文浏览与全文检索功能，可根据信息内容的热点程度、归档时间、访问次数进行排序。检索功能根据知识主题、教材名称、文章作者、案例项目技术等精确条件查询知识库信息。知识库的管理主要包括知识库上报、综合维护和过期处理三个方面，其中综合维护包括对知识库目录的维护以及对内容的维护。

1. 知识库浏览

知识库浏览是对节能技术、节能技术案例、行业能效指标、节能专家、节能服务公司、工具软件、节能法规标准、培训教材等知识库分类内容进行浏览。

2. 知识库检索

知识库检索是对节能技术、节能技术案例、行业能效指标、节能专家、节能服务公司、工具软件、节能法规标准、培训教材等知识库分类内容进行知识库查询。

3. 知识库管理

知识库管理是对节能技术、节能技术案例、行业能效指标、节能专家、节能服务公司、工具软件、节能法规标准、培训教材等知识库文档上报、目录维护，知识库管理包含知识库上报、综合维护、过期处理三个方面。

（三）能效监测与分析

对能效监测与分析各业务流程中需要使用的客户档案信息进行记录、整理、组织、分类，通过对档案信息的全方面、全生命周期的管理，为各业务提供统一客户信息来源。依据采集数据对用户所使用的水、煤、气、电等能耗数据及电工、热工参量从各方面进行技术分析，展示用户能耗状况，为用户节能服务提供数据支撑。宏观分析地区、行业所消耗的水、煤、气、电等能耗数据，建立能效能耗标杆，开展能效对标及节能潜力评估。

能效监测与分析主要包括客户用能档案管理、采集设备运行管理、数据采集管理、能效数据信息管理、用户能耗分析、宏观能耗分析、能效对标与评估分析七个方面。

1. 客户用能档案管理

客户用能档案管理是指对能效监测与分析各业务流程中需要使用的客户档案信息进行记录、整理、组织、分类，通过对档案信息的全方面、全生命周期的管理，为各业务提供统一客户信息来源。客户用能档案管理包含档案建立和档案变更两个方面。

2. 采集设备运行管理

采集设备运行管理是根据用能客户节能需求和能效管理要求，对采集设备进行安装、更换、迁移、拆除、调试和运行工况监测；根据采集设备的运行情况和使用年限，对采集设备进行更换和调试。采集设备运行管理包括采集设备安装、采集设备更换、采集设备迁移、采集设备拆除、采集设备调试、采集设备运行工况六个方面。

3. 数据采集管理

根据业务需要编制和执行采集任务，通过给现场采集设备设置采集任务，要求终端主动按照任务设置要求上报历史数据，或者主站发起召测完成数据的采集，并对采集质量进行检查。包括采集任务编制、采集任务执行和采集质量检查三个方面。

4. 能效数据信息管理

根据技术分析要求，对外部收集数据和信息进行分类，明确各类数据信息所包含数据项；根据周期性的数据采集，获取完整、准确、规范的外部信息；能效数据信息管理为技术分析提供源数据。能效数据信息管理包括数据信息分类、数据信息获取、数据信息发布三个部分。

5. 用户能耗分析

对用户所使用的水、煤、气、电等能耗数据及热工参量从各方面进行技术分析，展示用户能耗状况，为用户节能服务提供数据支撑，包括用能系统能耗分析、节能项目能耗分析、用户总体用能分析三项方面。其中节能项目能耗分析和用户总体能耗分析是在用能系统能耗分析基础上对节能项目、子项目、项目中包含的用能设备以及用户总体能耗、总体节能情况进行分析。

6. 宏观能耗分析

分析地区、行业所消耗的水、煤、气、电等能耗数据。分析内容包括地区总体能耗、地区 GDP 单耗、地区人均电耗、地区行业能耗占比、地区用电类别

占比、单位面积能耗、单位人均能耗、用能时间、行业总能耗、行业单位产品能耗、行业单位产值能耗、行业地区能耗占比等。

7. 能效对标与评估分析

用于能效对标及节能潜力评估。包括标杆库建立、对标结果分析、节能潜力与经济分析三个方面。首先建立一系列能效标杆及能效等级，形成标杆库，对标结果分析和节能潜力与经济分析提供分析标杆。标杆库内容包括 GDP 单耗、人均电耗、地区行业能耗、地区单位面积能耗、地区单位人均能耗、单位产品能耗、单位产值能耗、设备能耗等。如果将地区/行业、工艺/工序、设备的能耗与标杆库标杆进行对比分析，根据能效指数、标杆标准、标杆信息，就可以确定相应能效等级，内容包括单元名称、标杆标准、能耗值、标杆值、能效指数、能效等级、偏差值等。在确定能效等级后，可以指导用户发现与标杆差距，分析偏差产生的具体原因，提出能效措施建议。

（四）需求侧工作考核

1. 管理措施考核

根据国家发改委对电力企业下发的电力需求侧管理考核办法规定内容，对电力企业的相关制度、组织、宣传、培训、资金等信息进行管理。

2. 指标考核

根据电力需求侧管理办法要求，展示各省级电网公司、地市单位通过节能项目完成指标计划值情况。内容包括电量计划值、电力计划值、电量完成值、电力完成值。

（五）需求响应

根据国家发改委对电力企业下发的电力需求侧管理考核办法要求，对各网省、地市单位的宏观能耗分析数据、指标计划值进行审核并执行发布。对电力企业的制度、组织、宣传、培训、资金等信息进行管理。

我国需求响应技术正在发展过程中。一般而言，需求响应制定不同的响应方案，让电力客户根据需求响应方案合理控制峰值负荷，针对方案中电力价格或电力政策的改变做出响应，并暂时改变固有用电模式的行为，达到减少或者推移某时段的用电负荷目的，从而降低费用，最终对电力客户执行需求响应方案情况进行分析，对需求响应进行效果分析。

（六）有序用电与负荷管理

1. 负荷预测和分析

电力负荷预测的准确性主要取决于基础资料、预测方法、预测手段等，这其中基础资料的正确、丰富尤其重要。而负荷管理系统的基本功能就是数据采

集，它所采集的用户侧数据是必不可少的第一手基础资料，而且及时准确。它不但能够采集用户的负荷、电量、电压、电流等各类用电数据，而且通过远程抄表功能可实现每天各用户 24 个（有的甚至可以达到 96 个）点的采集值。系统丰富的数据资源可以针对不同类型用户的历史数据分别建立各自的负荷结构类型，实现对每个用户进行单独分析预测，并单独控制预测误差，然后根据加总的方法很容易得出供区的预测负荷。当然，为提高预测的准确性，要解决系统覆盖面过低的问题，在系统达到了验收标准中"监控本地区 70%～80%的负荷"的要求后，再结合调度 SCADA 系统的地区数据，计算出的分类用户预测值还是比较准确的。要实现这一覆盖要求，需要在现有基础上将公用配变电能数据和居民集抄系统的数据利用同一信道加入到负荷管理系统中来。而且还可以利用这些丰富的基础数据，对各类用电进行典型性分析、趋势性分析，对提高中长期负荷预测的准确性也有好处。

2. 有序用电

有序用电是指在电力供应不足、突发事件等情况下，通过行政措施、经济手段、技术方法，依法控制部分用电需求，维护供用电秩序平稳的管理工作。有序用电工作遵循安全稳定、有保有限、注重预防的原则。

（1）方案编制。各省级电力运行主管部门组织指导省级电网企业等相关单位，根据年度电力供需平衡预测和国家有关政策，确定年度有序用电调控指标，并分解下达各地市电力运行主管部门。各地市电力运行主管部门组织指导电网企业，根据调控指标编制本地区年度有序用电方案。地市级有序用电方案定用户、定负荷、定线路。各省级电力运行主管部门汇总各地市有序用电方案，编制本地区年度有序用电方案，并报本级人民政府、国家发展和改革委员会备案。

电力运行主管部门和电网企业及时向社会和相关电力用户公布有序用电方案，加强宣传并组织演练。

（2）预警管理。电力运行主管部门定期向社会发布电力供需平衡预测、有序用电方案、相关政策措施等信息，并可委托电网企业发布月度及短期供用电信息。省级电网企业密切跟踪电力供需变化，预计因各种原因导致电力供应出现缺口时，及时报告相关省级电力运行主管部门。电力运行主管部门和电网公司及时向社会发布预警信息。原则上按照电力或电量缺口占当期最大用电需求比例的不同，预警信号分为四个等级：

Ⅰ级：特别严重（红色、20%以上）；

Ⅱ级：严重（橙色、10%～20%）；

III级：较重（黄色、5%～10%）；

IV级：一般（蓝色、5%以下）。

（3）方案实施。省级电力运行主管部门根据电力供需情况，及时启动有序用电方案，并报告本级人民政府、国家发展和改革委员会。

在保证有序用电方案整体执行效果的前提下，电网企业优化有序用电措施，在电力电量缺口缩小时及时有序释放用电负荷，尽量满足用户合理需求，减少限电损失。

紧急状态下，电网企业执行事故限电序位表、处置电网大面积停电事件应急预案和黑启动预案等。

在对用户实施、变更、取消有序用电措施前，电网企业应通过公告、电话、传真、短信等方式履行告知义务。

有序用电方案实施期间，电网企业开展有序用电影响用电负荷、用电量等相关统计工作，并及时报电力运行主管部门。

3. 负荷管理数据分析

通过本功能可以有计划地指导和控制电力负荷的增长速度，指导负荷的调整，限制某些负荷在系统尖峰负荷时用电，尽量减小尖峰负荷的数值，使系统综合负荷曲线更平坦，充分发挥已有发电设备及供电设备的利用率。

通过对负荷管理数据分析和负荷管理措施分析，包含经济、技术、行政措施等，可以选择负荷管理的最佳方式。另一方面利用负荷预测及有序用电方案，形成负荷控制方案，并发送给电力公司负荷管理系统执行，从而形成负荷管理策略，进行能源总量控制预警调控决策。

（七）平台管理

平台运维管理包括安全管理、用户管理、权限管理、日志管理、公告管理等功能。安全管理功能要求形成相对独立模块，能与其他部分形成新的系统而避免过多程序的修改。用户管理是指对于登录用户的增加、删除、修改等。权限管理需要根据用户权限不同，使用不同模块，系统提供四种类型的权限管理：用户身份认证、角色权限控制、功能权限控制、地区权限。日志管理为通信操作、用户登录退出、用户操作等提供日志管理。公告管理包括系统公告发布管理和编码管理两种，其中，系统公告发布管理可以针对所有用户或者特定用户（分地区、行业、单个企业等）；编码管理又分为异常编码管理和标准编码管理，异常编码管理是指异常事件编码管理，便于异常事件扩展，标准编码管理是指行业编码、协议编码等的管理。

（八）运行管理

1. 终端参数配置

为保证数据正常采集，平台需要支持终端参数的配置，包括通信参数、测量点参数、任务参数、重要事件设置参数（由于集中终端与采集终端采用某些通信方式时存在采集终端数据无法主动上报的问题，此时需要集中终端缩短抄收时间，主动去抄收采集终端的重要事件数据，由此衍生重要事件设置功能，表明哪些数据是紧急抄收的数据）等。

2. 数据抄收

为方便安装设备调试及问题处理系统需提供随机手工数据抄收功能，抄收数据包括采集终端及水表气表等所支持的所有数据项。

3. 设备管理

设备管理要分层/分类统计设备，包括编辑、查询、统计、SIM 卡运行管理。如果在企业内设置子站，可以考虑增加下列功能：① 巡视管理；② 缺陷管理；③ 检修与故障管理等。

4. 企业基本档案管理

（1）用户档案。用户名称、行业、地区、地址、产品、用电户号（与用电信息采集系统接口使用）、用电类别、电压等级、受电容量、保安容量、功率因数、用户状态、用能种类（电、煤、气等）等。

（2）资产管理。资产包括集中终端、采集终端（含电能表等）、各类传感器、气表、水表等。

（3）用能系统配置。用能系统配置包括配电系统电气图（拓扑图）、配电系统（设备）回路的详细参数（静态）、用能系统图（热、水等）（拓扑图）、设备或用能子系统的详细设备参数。

5. 系统对时

系统对时是对采集终端和集中终端等设备对时操作。

6. 现场管理

为方便集中终端、采集终端和传感器等设备的安装、调试以及日常维护，系统需提供对设备的以下流程操作：① 设备安装；② 设备拆除；③ 设备更换；④ 设备检修；⑤ 设备巡视。

7. 运行统计

运行统计包括运行指标、配电（用电）系统运行状态（动态）、用能系统运行状态。运行指标包括抄表成功率、安装率、故障率、在线率等指标统计。

8. 故障分析

分级报警（按轻、重故障分类，发送到相关人员邮件或手机），并在主站的醒目位置进行有效的提示故障信息记录和归档（按类别），根据上报的异常事件类型，对异常告警信息进行判断，区分采集终端异常类型，并将该异常按类别记录和归档；故障基本分析（时序记录分析、在线查询等），可以触发异常处理流程，保存告警信息处理记录：处理人员、异常现象、判断依据、处理时间等。

四、平台技术指标

平台建设完成后正常运行，须考虑到各项指标运行指标，本部分从性能、操作、可靠性、环境及容错等各个方面提出了指导性的指标建议。

（一）平台性能指标设计

电能服务管理平台基于 Weblogic 和 Oracle 的平台开发，单机环境（非集群）能实现 100 个 Web 并发访问，集群部署环境下最大 Web 并发访问＞1000；单一通信前置最大 TCP 接入链路＞10 000。

（二）操作响应指标设计

（1）常规数据查询响应时间＜5s；

（2）模糊查询响应时间＜15s；

（3）90%界面切换响应时间≤3s，其余≤5s；

（4）常规数据召测和设置响应时间（指主站发送召测命令到主站显示数据的时间）＜15s；

（5）历史数据召测响应时间（指主站发送召测命令到主站显示数据的时间）＜30s；

（6）系统控制操作响应时间（遥控命令下达至终端响应的时间）≤5s；

（7）在局域网内连接数据库，包括确认身份、操作权限等≤3s。

（三）可靠性指标设计

系统可靠性指标见表 3–1。

表 3–1　　　　　　　系 统 可 靠 性 表

系统的年可用率（采用双机热备方式）	≥99.9%
主服务器 CPU 平均负荷	≤40%
主站设备的平均无故障时间 $MTBF$（h）	20 000

（四）主站运行环境要求

（1）主站系统机房温度为 15～30℃，湿度≤70%，在空调设备故障时，机

房温度为 0~50℃，湿度≤95%（不凝结）。

（2）大楼防雷接地电阻≤1Ω，主站系统的接地可与大楼防雷接地网同一点共地。

（3）供电电源：采用 UPS 电源供电，停电后 UPS 持续供电时间不小于 1h。

（4）主站系统机房应考虑防雷防静电、防电磁辐射、防火、防尘等要求。

（五）数据容错设计

（1）平台主站的主机服务器采用两台主机共享磁盘阵列的方式实现双机容错。在一台数据库主机发生宕机等故障的时候，访问请求会被自动切换到另外一台备用机器。异地备份：每天定时镜像备份数据库文件，保留最近的 7 天的数据。

（2）业务应用服务器和前置通信调度服务器均可采用集群技术，以保证发生故障时系统自动切换。

（3）业务服务处理中，添加各种形式的数据正确性校验，保证数据库的合法性。

五、接口需求

平台分析的数据，一部分是平台自身采集来的数据，另外一部分是从平台外部系统传递来的数据，加之平台各级之间以及平台与外部数据要相互传递，因此接口的灵活性和方便性就显得特别重要。平台主要有两种接口方式，一是基于数据库的方式，须建立对照表，或者基于统一的地区、设备、系统等编码库进行数据交互；二是采用 Web Service 接口技术，对此须要定义好传输变量。

（一）外部系统与平台接口

电能服务管理平台与外部系统数据交互，主要有用电信息采集系统、营销业务应用系统、负控系统等，通过获取外部系统的数据，为节能服务业务管理、有序用电管理、需求响应管理、用能用户服务、用能信息采集和售电市场分析等业务提供基础数据支撑。外部系统向平台提供的接口以及平台向外接系统提供的接口采用 Web Service 或中间库的接口技术，即平台提供 Web Service 接口供外部系统调用、外部系统提供 Web Service 接口供平台调用，或者在有大数据量需要交互时直接以中间库的形式做接口。

（二）平台内系统相关接口

在平台内部，相关的功能需要系统之间提供相关数据，主要方式有三种，第一种采用数据库接口方式，即系统直接操作平台数据库来处理相关信息；第二种采用 TCP/IP 方式，如前置采集平台与业务平台采用高效 Socket 链接形式；第三种采用 Web Service 形式，如短信专线增值业务子系统与业务平台之前的接口等。

第五节 典型案例

本节从行业平台、第三方服务平台来说明服务平台建设的模式以及重要性，并在每种服务平台模式中选取一个典型实例来进行说明。

一、大型公共建筑和机关办公建筑能耗分项计量与实时采集平台

随着住宅和城乡建设部发布《国家机关办公建筑和大型公共建筑分项能耗数据采集技术导则》的出台，我国正在逐步构建全国联网的国家机关办公楼和大型公共建筑能耗监测平台。目前，北京、上海、湖南等省市开展了国家机关办公及公共建筑分项计量系统建设试点并已经投入运行。

1. 项目简介

在我国的能源消费结构中，建筑在建造和使用过程中直接消耗的能源约占全社会总能耗的 30%。而在建筑能耗中，国家机关办公建筑和大型公共建筑高耗能的问题较为突出，国家机关办公建筑和大型公共建筑总面积不足城镇建筑总面积的 4%，但年耗电量却占全国城镇总耗电量的 22%，每平方米年耗电量是普通居民住宅耗电量的 10～20 倍，是世界上发达国家同类建筑的 1.5～2 倍。在"十一五"期间，我国开始逐步建立国家机关办公建筑和大型公共建筑的节能监测体系，通过对公共建筑能耗动态监测，加强对既有大型公共建筑和政府办公建筑的节能管理，建立节能运行管理制度、能耗统计制度、能效审计和披露制度以及逐步建立公共建筑能耗定额超定额加价制度，为国家机关办公建筑和大型公共建筑节能改造提供翔实的数据支持。

2. 项目节能原理

国内推出大型公共建筑能耗监测分析系统，主要用于支持政府的管理决策，可实现数据查询、绩效评价、预警提醒、目标管理，以及用于管理下级单位的节能目标完成进度、当年节能目标完成情况等。政府出资建立的公共建筑或办公建筑能耗监测系统多从宏观能耗统计出发，实现对终端用户的粗粒度的分项能耗信息采集。公共建筑能耗分项计量与实时采集平台部署如图 3-12 所示。

分项计量是进行建筑能耗诊断、节能潜力判断、节能改造方案确定的必要举措。分项计量需要首先安装分项计量装置，按电、水、油、气等能源形态分类后，再根据不同的能源用途和办公区域进行分项计量，也可以根据实际需要对能耗情况进行分时段的计量。分项数据传输到监管平台后，可以实现对能耗设备运行状况的实时监测；根据分项数据不同办公区域或者不同时段的能耗比较，可以准确详细地掌握一个单位或系统的能源消费结构，对建筑存

在的节能潜力做出诊断。在此基础上，提出节能改造方案。监测平台是实现楼宇能耗实时监管、诊断建筑节能潜力、提出节能改造方案的必要工具。除了能耗总量统计外，监测平台还可以在电、水、油、气等能源形态分类基础上，根据不同的能源用途和办公区域得到二级或者三级分项数据。通过远程传输将数据发送到监管平台上，实现对建筑能耗状况的实时动态监测。同时，根据分项数据可获得能耗消费结构，判断建筑存在的节能潜力。该平台既适用于单个建筑，也可以实现能耗数据全国联网，帮助政府机构建立规范化办公建筑能耗管理体系。

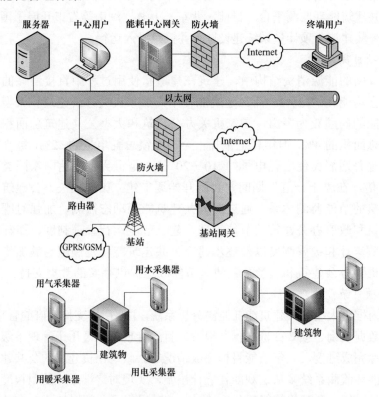

图 3-12　公共建筑能耗分项计量与实时采集平台部署

城市中的住宅在电、燃气和水方面基本实现了一户一表，每一个住宅小区都有计量总表，热计量也纳入了规划中。然而，这种分户的计量是对各个能源项的总量的计量，没有分项计量，就不能够掌握不同用途的数据，也无法为节能提供依据。城市中的住宅可以按照不同的建筑类型、年代和区域划分为不同的住宅小区，在小区的概念下可以认为能源消耗是集中的，但是在电、燃气、

热能和水的使用和计量方面却是完全分散的，每一用户都是独立的个体。如果对每一用户都安装分项计量设备进行监测，无论是设备安装环境工程成本以及应用管理都是不现实的。换句话说，用工业计量的概念对住宅进行能耗分项计量是不可能的。由于社会环境制约及人文和生活习惯影响，住宅小区内在能源使用上又有相对一致的规律，这使得我们可以利用统计学和系统控制理论的技术方法来实现对以住宅小区为基本单位的住宅能源消耗分项计量，以建立的住宅小区能源总消耗（包括电、燃气、热能和水等）的分项计量为基础，通过对不同的住宅小区能耗分项计量结果的统计和分析评价获得区域的住宅建筑能耗数据，协调和配置各项用能。

大型公共建筑功能多样，系统繁杂，人为管理不能够照顾到每一个环节，采用计算机进行管理，能够更好地进行用能的协调和配置，自动监测并判断建筑中各地点的环境状态，如人员、温度、湿度、光照等，通过一定的程序自动达到最佳状态，以达到节能的目的。通过采集建筑物数据，可以实现以下功能：

（1）能耗数据可视化。能耗实时监测系统实时采集大型公共建筑的设备能耗数据，能耗数据量非常庞大，单靠人工对数据进行处理达不到要求，必须要借助计算机。系统可以用曲线、柱形、圆饼等图形对采集到的数据进行直观地比较和分析。

（2）能耗公示。为了提高人们的节能意识，促进节能工作的顺利开展，促进节能事业的稳步发展，监测系统会定期对各监测公共建筑的能耗进行公示。公示的目的不仅在于宣传节能思想，提高人们的节能意识，还在于通过能耗公示，让业主之间横向对比，清楚各公用建筑的能耗水平，激发业主挖掘节能潜力，从而促进建筑节能的良性循环和发展。

（3）用能预测及能耗诊断。对大型公用建筑监测的目的最终还是为了节能，而要实现节能就必须对各建筑的能耗进行预测和诊断。可以建立能耗的预测模型，利用模型对建筑的用能进行预测并利用计算机进行在线实时诊断，或对所得数据进行人工分析诊断，分析建筑节能潜力。

（4）节能效果评估。为了对节能技术或节能产品使用的效果进行量化评估，需对各种节能技术和节能产品进行统一和公平的评价，对建筑的节能效果有一个综合的评定，从而促使建筑管理者向更好的方向努力，形成良性循环。

3. 项目节能措施

建筑能耗动态监测城市级平台的实施，有助于实现机关办公建筑和大型公共建筑由原有的经验式宏观管理模式向精细式数字管理模式转变。深圳市能耗调查结果显示，机关办公建筑及大型公共建筑的共性问题是能耗总量大、增长

速度快、能耗指标高、终端用能设备总体能效水平低等。机关办公建筑、大型办公建筑、大型宾馆饭店建筑和大型商场建筑的单位面积能耗相对较高，应列为城市级平台重点监测建筑类型，建筑用电应根据用途进行分项计量，重点监控。国家大型公共建筑能耗动态监测系统的总体框架为由下至上的传输过程，即由数据采集子系统到数据中转站，再到数据中心，经过层层汇总上报，最后由城市级平台所在数据中心传至部级数据中心，为开展大型公共建筑的各种节能改造和节能管理工作提供一个定量管理的平台，对动态掌握建筑能耗状况、制定相关政策和措施、推广各类建筑节能先进技术都将发挥重要作用。通过监测系统的一系列功能，能够实现动态数据监测、统计分析、在线诊断和节能效果评估等，对节能服务公司可对合同能源管理的实际节能效果提供公正评估，特别是能定量分析地区每一项节能技术或管理措施的效果，作为节能服务公司与业主之间核定节能量的依据，促进合同能源管理在大型公共建筑中的良性发展。从实时数据中可以发现各建筑的真正用能问题，从而制定相应的节能措施。

节能模型建成以后，可以通过节能计算查看工程是否满足节能设计标准，节能计算包含规定性指标计算和权衡计算。进行节能计算后会生成计算报告书及报告书附件。如果各围护结构规定性指标未完全满足标准规定，需进行权衡计算。报告书中显示各项围护结构的热物性指标，设计人员及审查人员可以通过规定性报告书，查看工程节能设计是否满足节能设计标准。该软件能够准确地反映办公建筑能耗的数据，为设计师们提供了方便快捷的节能设计平台。

4. 项目节能效果

本项目为进一步开展大型公共建筑的各种节能改造和节能管理工作提供了一个定量管理的平台，对动态掌握建筑能耗状况、制定相关政策和措施、推广各类建筑节能先进技术都将发挥重要作用。通过监测系统的一系列功能，能够实现动态数据监测、统计分析、在线诊断和节能效果评估等，从实时数据中可以发现各建筑的真正用能问题，从而制定相应的节能措施。

该市 900 多万 m² 的机关办公建筑和大型公共建筑经过节能改造后，每年可节约 30.8 万 t 标准煤、29 亿 kWh 电能。另外，每年还可以产生巨大的间接经济效益。在减排效益上，每年减排粉尘 1500t、减排氮氧化物 3400t、减排二氧化硫 5800t、减排二氧化碳 82.2 万 t，环境保护效益显著。

二、专业节能服务公司建立的综合能耗平台

1. 项目简介

该平台运用现代通信、量测设备及控制分析等技术手段，帮助电能用户提

高电能管理水平，实现电能管理"数字化、网络化、可视化、专业化"，使之管好、用好电能。

随着经济不断地发展和科技的突飞猛进，人们对生活和工作环境的舒适性要求不断提高，能耗也逐渐增大。据发达国家经验，能耗在未来商品总能耗中所占比例将上升到 35%，即工业能耗占比 33%，我国工业能耗高于发达国家；供热系统的综合效率仅为 35%～55%，远低于先进国家。工业节能直接关系到国家资源和可持续发展战略的实施，因此，为有效地对建筑进行节能，需更加详细地了解建筑能耗，进行节能潜力分析。目前，国内的工业节能技术研究还仅停留在单个系统上，未对某类工业或某个工业群体进行整体的能耗分析和优化技术研究，客观地加大了管理链的长度和难度。为更好地管理能源，杜绝浪费，同时响应国家节能减排绿色低碳的号召，提高效率和品质，提出了集团级大客户能源信息管理与集团化解决方案。该类工业节能解决方案，通过对单一工业管理经验的积累，逐渐获取最佳能源管理解决方案，提供增值服务解决方案，一般用于从新建工厂到工厂废弃整个生命过程的用能方案优化，通过对特征的抽出分析形成有效的管理方式。

2. 项目节能原理

某专业节能服务公司采用会员制为用户提供能耗服务平台，为了吸引更多的用户加入该平台，有的采用"1＋N"的服务模式，即"1 个会员身份（VIP 会员）＋N 个专项服务"普及电能用户。用户只需加入该电能服务网站成为平台的会员，该服务公司就会根据用户的会员等级为用户免费提供智能监测仪、通信服务器等采集装置，让用户实现电能管理可视化，再通过 N 个专项服务，改善电能管理，提升管理水平。其运行模式如图 3-13 所示。

图 3-13　专业节能服务公司建设综合能耗平台盈利模式

专业节能服务公司还通过网站实现其他拓展功能，如数据分析可以实现能源累计值曲线、能耗报表及能源统计分析功能，通过小时报表、日报表、月报表、日月单耗报表以及指定时间段报表等形式展示能源使用状况，提供企业历史耗能以及未来耗能趋势的分析。这类能源管理系统利用先进的计算机数据分析技术进行能源管理分析，对与生产相关的能源计量历史数据进行数据分析、挖掘工作，根据能源消耗历史平均值、标准额定值，并结合生产与设备运行安

排，进行能源供需计划的比较分析以及预测等，提高企业信息化水平和能效水平。专业节能服务公司综合能耗平台部署如图 3-14 所示。

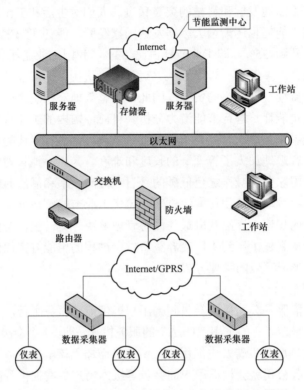

图 3-14 专业节能服务公司综合能耗平台部署图

该系统利用基础网络平台，实现了对某地区各种用电、用能性质的大规模实时动态的连续能耗数据采集与传输，构建了一个高可靠性、高效率、高度共享的能耗监测数据库，建立了分类分项能耗数据监测、统计、分析平台。能耗管理系统是新一代的计算机综合管理系统，是一套集电力监测管理、分项计量、能耗管理及综合信息自动化为一体的现代化能耗管理信息系统。能耗管理系统利用现代网络技术在线传输得到的企业内部现场实时能耗数据，通过整理、拆分等手段计算并存储各分项、分户能耗（如空调、照明、动力、信息中心、区域用电等），进而通过评比监管或诊断分析以帮助公共建筑相关管理部门实现建筑节能管理。管理平台对整个建筑的水、电、气和空调等能耗进行精细化管理，并将会大幅度降低企业的运营成本。专业节能服务公司的增值服务类型见表3-2。

表 3-2 专业节能服务公司的增值服务类型

编号	服务产品名称	说　　明
1	系统安装服务	按规范系统设计、安装、调试、维护客户电能管理系统，提供系统安装过程中的辅助材料（通信线、仪表连接线和其他安装附材），系统维护期 3 年
2	变电站低压监控系统建设服务	提供变电站监控系统设备，构建企业低压监控系统，实现变压器、开关等主要回路的遥信、遥测、遥控、遥视功能，自动生成变电站运行分析统计报表
3	电能考核服务	根据平台数据为企业设计电能考核方案，开发电能考核系统，并将考核系统安装在客户公司网站
4	谐波治理服务	为客户设计谐波治理方案，实施谐波治理工程，评价谐波治理效果
5	设备运行管理服务	为客户提供配用电设备运行管理系统，并收集配电设备、配电线路、用电设备档案资料，建立维护配用电设备档案、配网示意图、一次接线图、设备检修档案、试验档案和设备异常档案等
6	配电设备试验服务	按行业规范提供设备试验服务
7	合同能源管理服务	以合同能源管理模式提供节能改造服务
8	电能管理服务	以系统优化前一年的电费为依据，确保客户年降低用电成本 5%，并提供服务效果第三方保险，提供电能管理服务，投资系统优化装备
9	专用电能管理平台建设服务	提供专用电能管理平台，包括通信主站、管理系统、数据库系统和服务器

（1）能耗数据的可视化展示。为实现能耗监测平台对建筑用能横向对比发现问题、纵向挖掘节能潜力的建设目的，能耗数据的展示根据不同级别用户的需求设为三级，即部级、省市级和监测建筑，可视化展示方式包括饼图、柱状图（普通柱状图以及堆栈柱状图）、区域图、分布图和混合图。能耗数据展示可为电力业主、物业单位或能源服务公司提供各项用能状况的统计数据，使业主能明确了解各部位的能源消耗，让各管理体系内的行为节能工作能够有的放矢，使节能工作建立在定量化的基础上，为指导节能运行管理、节能改造和各节能措施的节能效果后评估等工作提供保障。图 3-15 为某用户通过 Web 所访问的实时电能数据。

（2）能耗数据的采集。智能采集系统由终端的智能采集设备组成，包括有远传功能的智能仪表、电能表、水表、燃气表和热量表等。能耗管理系统数据也可以从其他系统中读取，譬如空调控制系统、变配电监控系统等。建筑能耗管理系统可以通过标准的通信接口在其他系统中读取数据，并转换成自己的格式后存入建筑能耗系统中。

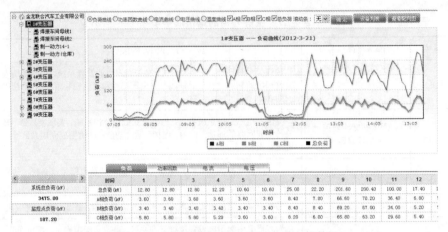

图 3-15　某用户通过 Web 访问实时电能数据

（3）节能诊断分析。能耗管理系统内置完善的能耗数据模型，根据用户的建筑用途、地理位置、建筑年限，人员数量、设备类型和采暖/制冷类型等建筑信息生成针对性的数据模型。通过对能耗数据的分析，可以判断出能耗过高的原因，譬如管理问题、运行策略问题或者是设备老化问题，帮助客户制定针对性解决方案。

（4）系统运行状态监控。能耗管理系统能够采集用户配电系统的运行状况，譬如电压、电流、开关状态等信息，并通过图形的形式表示。一旦系统发生异常，则会在告警窗口中产生告警信息，如果是严重事故，还会发出声光告警来提醒现场值班人员，以保证整个能源系统的安全稳定运行。

（5）能耗分类分项及分区域统计分析。某用户通过 Web 访问实施用电统计图如图 3-16 所示。

能耗管理系统根据用户的实际情况，建立树状模型，将能耗数据按照用途、位置等信息分别存储，供分析使用。同比分析指不同年份的同期数据对比，主要可以反映以年为单位的变化趋势；环比分析指几个连续的统计周期之间的对比，对数据变化比较敏感，可以用来检验节能措施的效果。

3. 项目节能措施

节能模型建成以后，可以通过节能计算查看工程是否满足节能设计标准，节能计算包含规定性指标计算和权衡计算，进行节能计算后会生成计算报告书及报告书附件。如果各围护结构规定性指标未完全满足标准规定，需进行权衡计算。报告书中显示各项围护结构的热物性指标，设计人员及审查人员可以通过规定性报告书查看工程节能设计是否满足节能设计标准。该软件能够准确地

反映能耗的数据，为设计师们提供了方便快捷的节能设计平台。

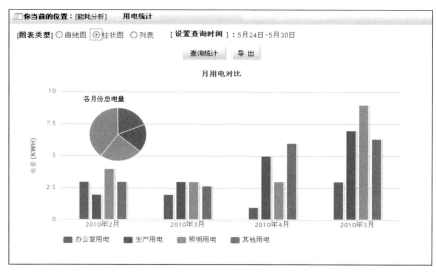

图 3-16　某用户通过 Web 访问实时用电统计图

4. 项目节能效果

节能设计及评估系统软件的开发，将为管理、设计、监理以及检测提供辅助工具，以便对各类节能项目是否达到节能规范标准进行评估，从而实现节能设计的规范化，促进该项工作的顺利展开并步入正轨。为能耗数据分析提供数据支持，另外它还将为下一步研究楼宇自控系统体系重构，构造面向多对象，适应多任务，应对多目标的智能化控制系统打下基础，为实现设备自动化控制向智能化控制的转变提供基础资料，为公司提高精准的节能数据。

（1）案例企业。该公司主要从事多种口味系列果汁饮料，茶研工坊、各种口味冰爽茶等茶饮料产品制造与加工。

（2）案例企业供电状况。该公司供电电源：接入该公司 110kV 变电站的 10kV 出线 5 个回路电源。配电容量为 5 台 10kV 变压器，容量共（2500×3+1600×2）107 00kVA。

（3）案例节能效果。公司的配电网和主要用电设备上安装了专业节能服务公司建立的综合能耗平台，建成了自己的节能管理系统。在公司全面实施节能管理技术，不断优化电能，该公司达到的节能效果主要体现在以下四个方面，降低成本统计见表 3-3。

表 3–3	节约费用统计表	
序号	优化项目	节约电费（万元/年）
1	电压优化（从 392~405V）	41.78
2	合理启动空压机	25.50
3	发现配网不可靠原因并解决，每年 5~6 次无故停产问题得到解决	100.00
4	考核每批次每瓶的电费	20.30
5	合计	187.58

按某年电费 1015 万元计算，节约效果如下：年综合用电成本降低 187.58 万元，实际节约电费 87.30 万元，节电率 8.6%。

三、某燃气大楼冷热电三联供系统

1. 项目简介

燃气研发大楼为教育科研设计用地，规划用地面积为 12 386.6m²，建筑面积为 70 689.97m²，其中地下室二层，建筑面积为 17 163.52m²，地上二十三层，建筑面积为 53 526.45m²。

2. 项目实施背景

用电负荷 100~1000kW，平均用电负荷 400~800kW，制冷量达到 3000kW，采暖需热量 550~2700kW。为了降低能源消耗，保护环境，从而实现经济社会可持续发展，该大楼所用的电、制冷、供暖就使用冷热电三联供系统，每年节省能源费用接近 300 万元，减少二氧化碳 8593t、二氧化硫 262t、氮氧化物 130.5t。该大楼实施热、电、冷联产技术后，提高了热能综合利用率。该系统使用一种燃料，在发电的同时将产生的余热回收利用，做到能源梯级利用。

3. 项目节能原理

该系统采用两台（725、480kW）燃气内燃发电机组和两台燃机对接，机组在做功发电时产生于热，其中烟气通过三通阀进入余热直燃机的高温发生器，作为余热直燃机的高温热源。缸套水在夏季进入直燃机的低温发生器，在冬季进入板式换热器与供热回水忽热。通过余热直燃机在夏季产生的 7~12℃ 的冷水，冬季产生的 50~60℃ 的热水，系统运行时优先利用烟气和套缸水中的热量满足冷热负荷的需求，如果余热量不够，将采用天然气直燃的方式补充。

该系统以天然气为主要燃料带动燃气轮机、微燃机或内燃机发电机等燃气发电设备运行，产生的电力供应用户的电力需求，系统发电后排出的余热通过余热回收利用设备（余热锅炉或者余热直燃机等）向用户供热、供冷。通过这

种方式大大提高整个系统的一次能源利用率，实现了能源的梯级利用，还可以提供并网电力作能源互补，整个系统的经济收益及效率均相应增加。

4. 项目节能效果

冷热电三联供系统与传统的集中式供电相比，这种小型化、分布式的供能方式。可以使能源的综合使用率提高到 75%以上。一般情况可以节约能源成本的 30%～50%以上。由于使用天然气等清洁能源，降低了二氧化硫、氨氧化物和二氧化碳等温室气体的排放量，从而实现了能源的高效利用与环保的统一。该系统总投资 422 万，项目总投资 285.3 万，通过两台 700kW 燃气轮机发电满足约 4000m² 综合楼的部分电力需求。这一过程产生的 280℃余热，通过一台 20 万大卡级的余热溴化锂吸收式空调机，向大楼提供冷气或暖气，并将余热降低到 70℃左右，70℃的余热用来提供大楼的生活热水。

参 考 文 献

[1] 财政部、国家发展改革委,合同能源管理项目财政奖励资金管理暂行办法(国发办〔2010〕25 号),2010.

[2] 国家发展改革委经济运行调节局,国家电网公司营销部,南方电网公司市场营销部. 通用节能技术［M］. 中国电力出版社,2013.

[3] 国家电网公司营销部. 能效管理与节能技术［M］. 中国电力出版社,2011.

[4] 张晶,郝为民,周昭茂. 电力负荷管理系统技术及应用［M］. 中国电力出版社,2009.

[5] 周昭茂. 电力需求侧管理技术支持系统［M］. 中国电力出版社,2007.

[6] GB/T 16664—1996《企业供配电系统节能监测方法》.

[7] GB/T 15316—2009《节能监测技术通则》.

[8] GB/T 28750—2012《节能量测量和验证技术通则》.

[9] 《节能项目节能量审核指南》［发环资 2008（704）］.

[10] EVO,《国际节能效果测量和认证规程》,2007.

[11] 国家发改委,国家电网公司,电力需求侧管理工作指南,2007.

第四章

需 求 响 应 技 术

需求响应（Demand Response，DR）是电力需求侧管理（Demand Side Management，DSM）在电力市场中的最新发展。智能电网可以促进需求响应的实施，为进一步保障电网安全运行、提高电能使用效率提供有力的技术支持。本章主要介绍了需求响应基本概念、需求响应特性、开放式需求响应等，并对欧美发达国家工商用户、居民用户需求响应典型案例进行了分析。

第一节　电力需求响应基本概念

一、电力需求响应的定义

电力需求响应是指电力用户根据价格信号或激励机制做出响应，改变固有习惯用电模式的行为。

需求响应是需求侧管理的一部分，其实施方式与传统的负荷控制有一定的区别。负荷控制是在适当的时候，系统使用负控装置主动切断电力供应，将用户的电力需求从电网负荷的高峰期削减、转移或增加到电网负荷低谷期；需求响应则更强调电力用户直接根据市场情况主动做出调整负荷需求的反应，从而作为一种资源对市场的稳定和电网的可靠性起到促进作用。根据不同的激励措施以及用户响应特性的差异，需求侧资源既可以参与主能量市场的交易，也可以参与辅助服务市场的交易。

随着智能电网在全球范围内掀起热潮，需求响应项目成为智能电网的重要组成部分。智能电网是利用先进的信息技术灵活地整合、调度需求侧资源，实现信息和电能的双向互动，因而它能为各类需求响应项目的成功实施提供强有力的技术支持，并将促使需求响应的发展提升到新的层次。此外智能电网更强调与用户的互动，包括信息互动与电能互动，而互动性主要是通过部署各类需

求响应项目来实现的，并且智能电网投资收益的很多方面也都体现在需求响应项目上。

二、电力需求响应的分类

（一）按照用户响应方式分类

按照用户不同的响应方式可将需求响应划分为两种类型：基于价格的需求响应（Price-Based DR）和基于激励的需求响应（Incentive-Based DR）。

1. 基于价格的需求响应

基于价格的需求响应是指用户响应零售电价的变化并相应地调整用电需求。有文献也称为基于时间的需求响应，或不可调度的需求响应（Non-dispatchable Demand Response，ND^2R）。

（1）分时电价。分时电价（Time-of-Use Pricing，TOU）是一种可以有效反映电力系统不同时段供电成本差别的电价机制，峰谷电价、季节电价（Seasonal Rate，SR）和丰枯电价等是其常见的几种形式。根据电网的负荷特性，将1天（1年）划分为峰谷平等时段（季节），通过将低谷时段（季节）电价适当调低、高峰时段（季节）电价适当调高的价格信号来引导用户采取合理的用电结构和方式，将高峰时段（季节）的部分负荷转移到低谷时段（季节），实现削峰填谷和平衡季节负荷的目标。分时电价一般是几个月甚至几年不变。目前分时电价广泛应用于大型工商业用户，需要在用户端安装分时电价电表，用于计算不同时段的电量。

（2）实时电价。实时电价（Real-Time Pricing，RTP）是一种动态电价机制，其更新周期可以达到1h或者更短，通过将零售侧的价格与电力批发市场的出清电价联动，可以精确反映每天各时段供电成本的变化并有效传达电价信号。

（3）尖峰电价。尖峰电价（Critical Peak Pricing，CPP）是在分时电价和实时电价的基础上发展起来的一种动态电价机制，即通过在分时电价上叠加尖峰费率而形成。CPP实施机构预先公布尖峰事件的时段设定标准（如系统紧急情况或者电价高峰时期）以及对应的尖峰费率，在非尖峰时段执行分时电价（用户还可以获得相应的电价折扣），但在尖峰时段执行尖峰费率，并提前一定的时间通知用户（通常为1天以内），用户则可做出相应的用电计划调整，也可通过高级量测系统（AMI）来自动响应CPP。由于CPP的费率也是事先确定的，因而在经济效益上不如RTP，但CPP可以降低RTP潜在的价格风险，反映系统尖峰时段的短期供电成本，因而优于分时电价。

尖峰电价还可以分为四类：

1）固定时段尖峰电价（Fixed-Period CPP，CPP-F）。尖峰时段的起始时刻、

持续时间和尖峰事件的最大允许执行天数都是事先确定的，但具体在哪些天执行尖峰事件不是事先确定的，并通常基于日前市场的情况来触发尖峰事件。

2）变动时段尖峰电价（Variable—Period CPP，CPP-V）。尖峰时段的起始时刻、持续时间和具体在哪些天执行尖峰事件都不是事先确定的，而是在实时市场中确定。由于其实时性较高，因而一般需要在用户侧安装 AMI，以实现自动响应尖峰事件。

3）变动费率尖峰电价（Variable Peak Pricing，VPP）。事先设定一定时期（如1个月）内的平时段和谷时段的电价，而峰时段的电价则与批发市场电价联动。

4）尖峰补贴电价（Critical Peak Rebates，CPR）。用户保留原有的单一固定电价（Flat Rate，FR）制度，如果用户在尖峰时段削减负荷，可以获得一定补贴。

（4）系统峰时段响应输电费用。系统峰时段响应输电费用项目（System Peak Response Transmission Tariff，SPRTT）是响应输电费用的一种需求响应项目。在夏季的6~9月中，每个月负荷最高的若干时段（15min 为一个时段）称为四个一致的负荷高峰（Four Coincident Peak，4CP）。将输电成本按照 4CP 时段中用户负荷水平分摊给在 4CP 时段用电的输电电压侧大工业用户。用户需要预测4CP 时段是在哪一天的哪几个时段，而实际的 4CP 时间要在该月结束后才能得知。美国德克萨斯州由德克萨斯电力稳定委员会实施了该需求响应项目，输电电压侧大工业用户在 4CP 时段能够减少 4%的负荷。

（5）直接负荷控制尖峰电价。直接负荷控制的尖峰电价（Critical Peak Pricing with Load Control，CPPLC）是指在指定的尖峰时段实施高价直接负荷控制，由系统事故或过高的批发市场价格触发。

（6）尖峰实时电价（Peak RTP）。尖峰实时电价（Peak RTP）是指实施实时电价时，在尖峰时段将容量成本叠加在实时电价上，类似于制定尖峰电价。实时电价并没有体现容量成本，这种电价机制能更公平地分配容量成本。

2. 基于激励的需求响应

基于激励的需求响应是指需求响应实施机构通过制定确定性的或者随时间变化的政策，来激励用户在系统可靠性受到影响或者电价较高时及时响应并削减负荷。激励费率一般是独立于或者叠加于用户的零售电价之上的，并且有电价折扣或者切负荷赔偿这两种方式。参与此类需求响应项目的用户一般需要与需求响应的实施机构签订合同，并在合同中明确用户的基本负荷消费量和削减负荷量的计算方法、激励费率的确定方法以及用户不能按照合同规定进行响应时的惩罚措施等。有文献也称为基于可靠性的需求响应（Reliability-based DR）或可调度的需求响应（Dispatchable Demand Response，D^2R）。

（1）直接负荷控制。直接负荷控制（Direct Load Control，DLC）是指在系统高峰时段由 DLC 执行机构通过远端控制装置关闭或者循环控制用户的用电设备，提前通知时间一般在 15min 以内。DLC 一般适用于居民或小型商业用户，且参与的可控制负荷一般是短时间的停电对其供电服务质量影响不大的负荷，例如电热水器和空调等具有热能储存能力的负荷，参与用户可以获得相应的中断补偿。

（2）可中断负荷/可削减负荷。可中断负荷（Interruptible Load/ Curtailable Load，IL/CL）是根据供需双方事先的合同约定，在电网高峰时段由 IL 实施机构向用户发出中断请求信号，经用户响应后中断部分供电的一种方法。一般是为用户削减负荷提供一个电价折扣或激励补偿。对用电可靠性要求不高的用户，可减少或停止部分用电避开电网尖峰，并且可获得相应的中断补偿。若用户接到中断请求信号后没有削减负荷，则需要接收惩罚。一般适用于大型工业和商业用户，是电网错峰比较理想的控制方式。

（3）需求侧竞价/需求侧回购。需求侧竞价（Demand Side Bidding/Buyback，DSB）是需求侧资源参与电力市场竞争的一种实施机制，它使用户能够通过改变自己的用电方式，以竞价的形式主动参与市场竞争并获得相应的经济利益，而不再单纯是价格的接受者。供电公司、电力零售商和大用户可以直接参与 DSB，而小型的分散用户可以通过第三方的综合负荷代理（Aggregator）间接参与 DSB。

竞价有两种形式：1）大用户在批发电力市场中竞价，指出在什么削减价格下可以提供多少的削减容量。2）在给定价格下，用户确定能够提供多少的削减容量。若不能按照合同进行削减，则要接收惩罚。

（4）紧急需求响应项目。紧急需求响应项目（Emergency Demand Response Programs，EDRP）是指在紧急事故下给予用户激励补偿以削减负荷。该项目的补偿金额一般比较高，为非高峰时期电价的近十倍，当用户没有削减负荷时，也不对其进行惩罚。

（5）容量市场项目。容量市场项目（Capacity Market Programs，CMP）用户提供负荷削减作为系统容量，来替代传统的发电机组或传输资源。当系统发生事故时，用户能够提供事先指定的负荷削减。事故一般是日前通知。激励通常包括两部分，一部分是由容量市场价格决定的提前预订支付，另一部分是事件中削减量的额外电量支付。容量市场项目中，用户若被调用后不能响应则会承担高额惩罚。

（6）辅助服务市场项目。辅助服务市场项目（Ancillary Services Market Programs，ASMP）在 ISO/RTO 市场中，用户可以将负荷削减作为运行备用参

与竞价。如果用户的竞价被接受，他们被支付市场价格，随时待命。如果他们的负荷削减被调用，则被支付实时能量价格。按照时间尺度可以分为3种：

1）非旋转备用辅助服务市场项目（Non-Spinning Reserves）。需求侧资源不是立即可用的，而是在事故发生的10min或更长时间之后为电量供应和需求不平衡提供削减负荷。

2）旋转备用辅助服务市场项目（Spinning/Responsive Reserves）。需求侧资源是同步的，可以在事故发生的前几分钟内为电量供应和需求不平衡提供削减负荷。

3）调节服务（Regulation Service）。用户响应系统运行实时信息来增加或减少负荷，一般是响应AGC来提供调节，包括上调节和下调节。

（二）其他分类方式

按照是否依赖负荷服务实体（Load Serve Entity，LSE）触发负荷削减进行分类，可分为两类：基于负荷服务实体的调用（LSE-callable）和非负荷服务实体的调用（non-LSE-callable）。

根据是否使用使能技术（Enabling Technologies）进行分类，可以分为两类：使用使能技术的需求响应项目和未使用使能技术的需求响应项目。使能技术是指在高电价时段可以自动削减用户负荷的技术手段。对于居民和中小型工商业用户来说，可以采用自动技术调整空调用电，例如可编程通信自动调温器。对于大型工商业用户来说，可以配置自动需求响应系统（Automated Demand Response，Auto-DR）。

根据需求响应实施的市场环境可以分为两类：零售市场项目和批发市场项目。

三、国外需求响应发展

自20世纪70年代开始，国外基于节能减排、提高电网运营效率、改善供电服务质量等需要，大量开展了需求响应相关的研究和实践工作，实现了峰荷削减等良好效果。在有效地开展需求响应项目、挖掘需求响应潜力方面，世界各国做出了巨大的努力。

（1）政策环境支持。国外开展的需求响应项目得到了政策上的大力支持，这直接推动了需求响应的发展。需求响应在美国拥有较完善的法律法规支持，美国国会宣布了《能源独立和安全法案》，这是美国进行能源规划和利用的基本立法。根据《法案》，国会要求联邦能源监管委员会研究和开发全国需求侧资源的潜力；而欧盟委员会早在2010年就已发布了有关节能减排的2020年3个降低20%气候与能源目标，并且将需求响应作为实现该目标的重要手段。以制度

法规为代表的需求响应政策支持是国外做出的重要探索。

（2）技术应用。从上世纪以来，各国积极开展需求响应发展计划和实施方案的研究，在需求响应项目实践的同时，为提高用户的关注度和响应度，推广应用了多项需求响应支撑技术。智能电能表方面，欧盟指示在整个欧洲装备智能电能表，并由各国家政府强制执行，而美国已在 2013 年前将全美 1/3 的电能表更换为智能电能表；智能家居方面，美国太平洋天然气与电力公司、南加州爱迪生等电力公司相继应用互动业务系统，鼓励用户主动参与需求响应；自动化技术方面，美国等积极促进需求响应中先进技术（高级量测系统、温控器等）的推广；另外自动需求响应技术的开发与使用，使最初的手动、半自动化需求响应发展到现在的全自动需求响应。

（3）用户参与。用户参与度是衡量需求响应项目是否成功的重要指标，国外十分重视需求响应的宣传、教育。欧洲研究了许多通过教育方式让用户改变消费习惯的需求响应方案，效果显著；美国已经将教育、培训需求响应相关人员的工作写入了国家需求响应行动计划中，并开展了"能源之星"活动，通过表彰在能效工作中具有突出贡献的组织和个人，借以树立节电榜样，激发更多的电力用户提高用电效率。

在我国，由于我国需求响应的发展相比于欧美发达国家起步较晚，目前只有峰谷电价在多数城市中推行，尖峰电价、可中断负荷还处于试行和探索阶段。因此，对国外需求响应技术及研究现状进行梳理分析，借鉴国外先进经验，解决目前我国需求响应发展存在的问题，具有必要性和现实意义。

需求响应技术的两大核心关注点为用户的响应特性与需求响应支撑技术。需求响应的内涵就是要得到电力用户的响应，通过对电力用户的需求响应特性进行深入的把握和探索，有助于充分发挥需求响应在改善用电负荷中的作用；同时，需求响应的开展离不开需求响应支撑技术的支持，需求响应支撑技术的应用，是成功实施需求响应的关键。后文将从这两个方面对需求响应技术进行详细介绍，其中需求响应支撑技术在第六章介绍。

第二节　电力用户需求响应特性分析

实施需求响应，需要关注用户的响应特性。其中，需求弹性是用户响应特性的一个重要指标，也是进行用户特性分析的重要工具。从经济学角度，一般商品的需求均具有弹性，商品价格的改变一般将影响其购买量，而电作为一种商品，其价格的变化必将直接影响到用户的用电量。实施需求响应的过程中，

对用户需求弹性的研究，能够帮助实施者认识用户的敏感点，从而把握宏观规律，设计更加合理的需求响应项目和方案，以获取更好的效果。

本节将从需求弹性的角度，介绍国内外有关用户响应特性方面的研究进展。主要有三部分内容：需求弹性及影响因素分析、需求响应支撑技术影响下的用户响应特性、不同需求响应项目下的用户响应特性分析。其中，对负荷价格弹性、替代弹性和弧弹性这三种需求价格弹性的定义和影响因素进行了介绍和归类，并对其影响因素从时间跨度、行业类别和其他差异化特性三方面进行分析；从需求响应支撑技术角度，总结及分析信息反馈技术、信息展现技术及智能控制技术在国外的实践应用中用户响应特性的变化；从不同需求响应项目特性角度，分析项目激励规则、项目参与方式及项目商业运营模式对用户需求响应特性的影响程度。最后结合我国国情对于用户响应特性建模和需求响应项目设计方面提出了设想和建议。

一、需求弹性及其影响因素分析

（一）需求价格弹性

需求价格弹性（price elasticity of demand）简称为需求弹性或价格弹性，它表示在一定时期内一种商品的需求量变动对于该商品的价格变动的反应程度。

在各种影响用户电力消费行为的因素中，价格的影响作用最大，一般采用需求价格弹性来定量表征电力价格变化对于用户响应行为特性的影响，按照统计计算所需信息量由大到小的顺序，包括负荷价格弹性（price elasticity of demand），替代弹性（elasticity of substitution）和弧弹性（arc elasticity）。

1. 负荷价格弹性

包括自弹性（own-price elasticity）和交叉弹性（cross-price elasticity），其中自弹性用来衡量当前单时段电价变化对于用电需求的影响，而交叉弹性用来衡量多时段电价变化对于多时段用电需求的影响。数学上可以用式（4-1）来表达

$$pe_{u,k} = \frac{dQ_u}{dP_k} \cdot \frac{P_k}{Q_u} \qquad (4-1)$$

式中　$pe_{u,k}$——负荷价格弹性；

　　　　Q_u——u 时刻的电力需求量，kW；

　　　　P_k——k 时刻的电力价格，元。

式（4-1）表示 u 时刻电力需求量 Q_u 的变化率相对于 k 时刻电力价格 P_k 变化率的比值，当 $u=k$ 时表示自弹性，当 $u \neq k$ 时表示交叉弹性。交叉弹性大于零说明商品直接具有替代性，反之则具有互补性，一般来说，不同时段的电力商

品具有替代品的性质，也就是说用户当前时段中断其使用，可以通过负荷转移的方式在其他时段弥补。

在经济学中，计算负荷价格弹性需要的数据量较大，不仅需要获取每小时的电价和电量信息，而且需要将其他影响负荷变化的因素（如生产量增加、天气变化等）均排除在外，以专门计算由于电价变化而导致的负荷变化，因此是一种精确描述电力价格变化对于电力需求影响的方式。但由于数据获取困难且其他因素对电力需求变化的影响一般难以精确辨识出来，这种描述用户响应行为特性的方式一般用于动态电价的理论建模，用于分析实时电价对于日间用户负荷分布的影响；也可用在用户中长期需求响应特性分析方面，用于分析平均电价对于总用电量的影响（如平均电价自弹性）。

2. 替代弹性

数学表达式为

$$se_{u,k} = \frac{d(Q_u / Q_k)}{d(P_k / P_u)} \cdot \frac{P_k / P_u}{Q_u / Q_k} \tag{4-2}$$

式中 $se_{u,k}$ ——替代弹性；

Q_u，Q_k ——u 时刻，k 时刻的电力需求量，kW；

P_u，P_k ——u 时刻，k 时刻的电力价格，元。

替代弹性表示电力需求的相对变化和电力价格相对变化的关系，因此经常被用在峰谷电价的需求响应项目设计规划中，来表示用户峰谷电量的转移比例和峰谷电价拉开比之间的关系。相对于负荷价格弹性指标，替代弹性的计算所需要的数据信息较少，当用于峰谷电价项目中时，只需要大致统计峰谷时段用户用电量的大小并获知峰谷电价信息即可进行计算。基于替代弹性的峰谷电价下用户峰时段的负荷削减比例 $\Delta L_p \%$ 可表达为

$$\Delta L_p \% = (se_{po} C_o) \left[\left(\frac{P_o - \overline{P_o}}{\overline{P_o}} \right) - \left(\frac{P_p - \overline{P_p}}{\overline{P_p}} \right) \right] \tag{4-3}$$

且用户谷时段负荷增加比例 $\Delta L_o \%$ 可表达为

$$\Delta L_o \% = (se_{po} C_p) \left[\left(\frac{P_p - \overline{P_p}}{\overline{P_p}} \right) - \left(\frac{P_o - \overline{P_o}}{\overline{P_o}} \right) \right] \tag{4-4}$$

式（4-3）和式（4-4）中 p 和 o 下标分别表示峰时段和谷时段，C 表示峰或谷时段电费成本占日总电费成本的比例，$\overline{P}$ 表示峰或谷时段的平均电价水平。

3. 弧弹性

数学上可以用式（4-5）来表达

$$ae = \frac{(Q_e - Q_b)/Q_b}{(P_e - P_b)/P_b} \qquad (4\text{-}5)$$

式中 P_b ——用户在正常情况下的平均电价水平；

       Q_b —— P_b 电价下用户的基线负荷；

       P_e ——紧急事件情况下的临时电价水平（如尖峰电价）或者用户受到的激励补偿水平（如削负荷补偿）；

       Q_e —— P_e 电价或者激励下用户的实际负荷情况。

弧弹性一般只用于计算紧急事件情况下的负荷削减情况，其负荷削减比例 $\Delta L_e \%$ 可表示为

$$\Delta L_e \% = ae\left(\frac{P_e - P_b}{P_b}\right) \qquad (4\text{-}6)$$

相较于负荷价格弹性和替代弹性，弧弹性是更为笼统粗糙的定量用户响应特性的指标，且只针对紧急事件发生时用户的响应特性进行分析，其经济学意义并不明显，但由于所需要的数据量小且计算简单，在工程上应用较多。

（二）需求价格弹性影响因素分析

1. 时间跨度

由于能源的消耗涉及到耐用商品的使用，短期和长期电力需求弹性是大不相同的。表 4-1 给出了时间跨度对于需求价格弹性影响的相关文献研究成果总结，从表中可以看出需求价格弹性的计算结果因为地区经济发展差异、模型选择、实验条件和目标客户群的不同呈现较大的分散性，但一般规律是在短期内，由于没有良好的替代品，电力用户对价格变化而能采取的措施有限，需求弹性不高，但在长期消费时间段下，科技的进步和转换到其他能源的可能性将赋予消费者较大的价格反应特性。

表 4-1   时间跨度对于需求价格弹性影响的相关文献成果总结

来源	发表时间	地区	长期弹性	短期弹性	备 注
Lijesen	2007	荷兰	−0.09～−3.39	−0.002～−0.158	自弹性，回归模型，针对居民和工业用户
Caloghirou	1997	希腊	−0.77	−0.51	替代弹性，效用函数模型，工业用户
Beenstock	1999	以色列	−0.579a −0.311b	−0.124a −0.123b	误差校正模型，a代表居民，b代表工业

来源	发表时间	地区	长期弹性	短期弹性	备　注
Al-Faris	2002	海湾 6 国	$-0.82\sim-3.39$	$-0.04\sim-0.18$	误差校正模型
Athukorala P	2010	斯里兰卡	-0.62	-0.16	自弹性，协整和误差校正模型，居民
Spees et al	2007	美国	$-0.6\sim-1.2$	$-0.1\sim-0.35$	替代弹性，随着用户类型、需求响应项目类型、容量等不同
Filippini	2011	瑞士	$-1.273\sim$ -2.266	$-0.65\sim-0.83$	自弹性，效用函数模型，居民用户
Inglesi-Lotz	2011	南非	$-0.869c$ $-1.22d$	—	自弹性，c 代表普通工业，d 代表交通运输业
竺文杰	2009	中国	$-0.156e$ $0.340f$	$0.092e$ $0.197f$	回归模型，e 代表自弹性，f 代表交叉弹性，居民

2. 行业类别

不同行业用户有不同的用电特性，电力成本在其生产成本中所占比例也存在差异。表 4-2 给出了电力市场开放程度相对较高的美国和英国学者基于行业类别对于需求价格弹性影响的相关研究成果。鉴于我国零售电价长期固定的现状，表 4-3 给出我国东部某省有序用电调查研究的结果给出的几个削负荷潜力较大行业的相关信息。从表 4-2 和表 4-3 可见，虽然各国行业划分、市场开放程度不同，但一般来说，对于分时电价激励下的需求响应项目，生产成本中电力成本所占比例较大（如商业用户）而且用电方式比较灵活的行业（如制造业，供水业用户）具有较大的需求价格弹性；而事件驱动的紧急需求响应项目下，机关、公共事业或者零售业等也可以担负显著的负荷削减任务。

负荷价格弹性中自弹性和交叉弹性的符号变化体现了用户多时段用电方式的耦合关系。从短期角度（以日为单位），工业用户为保证生产连续性往往是一天内分块安排生产任务，在峰荷及其周围时间段用电量均减少，因此，其交叉弹性为负，表现出互补性，但在时间距离较远的晚间安排连续生产，使得交叉弹性表现出替代性，但对于商业用户则恰好相反，在峰荷较近的区域加大空调等的用电力度，则交叉弹性为正，离峰荷越远，影响越少。从中长期角度（以月为单位）电量电价的自弹性系数为负，交叉弹性系数也为负，体现出互补性。

表4-2　　　　　　行业类别对于需求弹性影响的相关文献成果总结

来源	发表时间	地区	行业名称	短期需求弹性	备注
Goldman	2007	美国	零售	0.01～0.06a，−0.03～−0.10b	a 表示替代弹性，b 表示弧弹性
			机关教育	0.01～0.10a，−0.02～−0.16b	
			医疗卫生	0.01～0.04a，−0.01～−0.05b	
			制造业	0.16～0.26a，−0.04～−0.16b	
			公共事业	0.02～0.07a，−0.08～−0.22b	
Patrick	2001	英格兰和威尔士	供水业	−0.142～−0.27	自弹性，计及天气影响因素
			钢管制造	−0.001～−0.075	
			冶金	−0.01～−0.05	
			陶瓷制品	−0.0025～−0.0125	
			手工具及金属制品	−0.001～−0.024	
Neenan	2008	美国	工业	−0.2	自弹性，动态电价项目数据测算
			商业	−0.3	
			居民	−0.3	
Hledik	2008	美国加州	居民	0.08c，−0.04d	c 表示替代弹性，d 表示日平均电价自弹性
			工商业	0.05c，−0.02d	

表4-3　　　　　有序用电背景下我国东部某省行业可削减负荷潜力构成

行业名称	电费占总成本比例（%）	可削减负荷比例（%）
纺织	8.7	1.5
电气电子	10.3	13.8
水泥	6.5	32.2
化工	无	6.7
机械制造	2.5	43.1
商业	8	14.4

3. 其他差异化因素

除了上述时间跨度、行业类别对于需求弹性的影响以外，还有一些其他差异化因素存在。美国居民用户的需求响应潜力占总潜力的32%，因此有较多文献研究居民家庭收入水平、受教育程度、家庭是否多代同住等差异化因素对于

家庭用电需求弹性的影响，一般来说拥有游泳池或者年收入大于 7.5 万美元的家庭具有较大的日平均电价自弹性；多代同堂的家庭比单代家庭替代弹性小，但平均电价自弹性更大；拥有大学学历的家庭成员也会更愿意参加需求响应项目以降低月电费成本，但这个影响更倾向于长期弹性。参与需求响应项目时间越久经验越足，其弹性也会增加。用户所居住的地区在居民受教育程度、家庭构成和生活习惯方面也具有显著的区域特性，共同决定了需求响应能力的地区差别性。

此外，对于温度敏感负荷来说，温度的增加可以显著增加所有时间段的需求弹性，因此炎热的夏季或者寒冷的冬季相对于春秋季来说具有较大的替代弹性和平均日价格自弹性。工业用户的生产性质、是否拥有自备电厂也是影响其参与紧急需求响应的关键因素，拥有自备电厂的用户的弧弹性比没有的用户高 40%。

二、需求响应使能技术影响下的用户响应特性

需求响应使能技术的引入是影响用户响应特性的又一关键因素。国外的实施情况表明，相比于传统的需求响应，需求响应使能技术的引入有助于提高参与用户的需求响应能力，对用户的响应特性产生显著影响。

需求响应使能技术是指智能电网条件下，为增强用户的响应能力而采用的先进的通信和控制技术的总称，从美国近 10 年来各州针对居民、商业等广大小用户的 126 个动态电价和分时电价的需求响应项目可以总结出，拥有需求响应支撑技术的用户相比较于没有的用户，其峰荷削减能力可以增强 50%。

需求响应使能技术从功能上来说主要包括三种：

（1）信息反馈技术。信息反馈是将用户的用电信息在电力消费行为发生的同时或者滞后一段时间，展现给用户。多层次的信息反馈技术有助于用户了解自身用电特性，挖掘需求响应的移峰和节电潜力并激发其对于需求响应项目参与的积极性。常用的信息反馈技术有户内电能显示器、基于网站的电能管理平台等，纸质的邮寄信件或者电子 email 邮件也是可采用的信息反馈手段。

（2）信息展现技术。信息展现是指能够将电网侧的需求响应信号在用电消费行为发生之前的规定时间段内提前通知用户。信息展现技术有助于用户提前预知电网状态或者电价信号，根据系统运行需求灵活调整用电方式以收获较高的用电性价比。常用的信息展现技术有随电价不同变换颜色的能量球或者价格灯，也有居民家庭户内电能显示器 iHD（in-Home Display，iHD）。

（3）智能控制技术。智能控制技术是指能够依据用户意愿或者电网侧需求响应指令，自动对用电设备进行远程控制实现灵活需求响应的技术总称。智能控制技术有效克服频繁需求响应事件产生的"响应疲劳"问题，为充分挖掘用户需求响应潜力并提高其响应能力提供了技术保障。常用智能控制技术有自动

需求响应、间隔循环切换中央空调压缩机、远程调节空调或热水器设定温度、智能热水器、空调等。

表 4-4 给出了需求响应使能技术对用户响应能力影响的项目实例，列出的项目主要来自于需求响应发展比较成熟的美国、加拿大、法国和澳大利亚。

表 4-4　　　　　　　　　　需求响应使能技术项目实例

项目名称及来源	项目实施时间	地区	行业	DR 支撑技术类别	技术细节描述	用户响应能力指标	指标细节描述
San Diego Gas & Electric In-Home Display Program	2007	美国加州	居民	信息反馈	IHD 节能教育电话电费构成分析邮件	电量削减	相较于上年减少 13%
Woodstock Hydro's Pay-As-You-Go	2004	加拿大安大略省	居民	信息反馈	IHD 预付费结算机制	电量削减	年平均 15%
Country Energy's Home Energy Efficiency Trial	2004	澳大利亚新南威尔士州	居民	信息反馈和信息展现	IHD 尖峰电价机制	电量削减	年平均 8%
						峰荷削减	冬、夏季最大 30%
ÉLECTRICITÉ DE FRANCE （EDF） TEMPO PROGRAM	1996 至今	法国	居民	信息展现	能量球每天变换的日电价	峰时自弹性	−0.79
						谷时自弹性	−0.18
ENERGY SMART PRICING PLAN	2005～2006	美国伊利诺伊州	居民	信息展现	实时电价机制电话或者 email 通知	负荷自弹性	−0.067
						电量削减	夏季 3%～4%
				信息展现和智能控制	A/C switch 实时电价机制电话或者 email 通知	负荷自弹性	−0.098
						电量削减	夏季 3%
BGE's Smart Energy Pricing Pilot	2008～2009	美国马里兰州	居民及小商业用户	信息展现	能量球尖峰电价折扣 （Peak Time Rebate，PTR）	替代弹性	−0.113～−0.149
						峰荷削减	23%～27%
						电量削减	不明显
				信息展现和智能控制	能量球 A/C switch 尖峰电价折扣	替代弹性	−0.157～−0.193
						峰荷削减	29%～33%
						电量削减	不明显

从表4–4中可见：① 需求响应使能技术在上述国家主要用于广大居民和小商业用户，可以显著提高他们的需求响应能力；② 信息反馈技术的采用主要带来用户总用电量的降低，多种信息反馈技术融合使用也可以提高项目的节能效果（美国加州项目）；③ 信息展现技术必须和动态电价机制联合作用，具有显著的转移或者削减峰荷作用（澳大利亚和法国项目），但总电量的绝对值降低的作用不明显，部分原因是由于转移负荷需要改变设备运行工况产生额外的电能消耗；④ 智能控制技术和信息展现技术结合相比较于单一技术应用，会带给用户更大的需求弹性以及产生更多的峰荷削减（美国伊利诺伊州和马里兰州项目）。

三、不同需求响应项目下的用户响应特性

（一）项目激励规则

需求响应项目是利用经济激励来引导用户根据系统运行要求而灵活使用电能，因此其激励规则的设计对于用户响应特性具有重要的影响作用，目前国际上常采用的电价机制有固定电价（FR）、季节性电价（SR）、分时电价（TOU）、尖峰电价折扣（PTR）、固定时段尖峰电价（CPP–F）、变动时段尖峰电价（CPP–V）和实时电价（RTP），而电量电价如阶梯电价等不在需求响应关注范围之内。根据用户所面临电价波动风险和据此获得的收益，对上述电价进行了排序，从图4–1中可见，FR 的风险最小，SR 和 TOU 的电价费率和时段分布均保持不变，因此风险也不大；PTR、CPP–F 和 CPP–V 均考虑了一年中（一般夏季）固定次数但不限定日期的尖峰事件情况下电价的剧烈变化，只是 PTR 是给予实测负荷低于其基线负荷用户成比例的电价折扣，CPP–F 是固定时段和固定费率的电价剧增，CPP–V 是不定时段和不定费率的电价剧增，因此具有一定的价格风险，

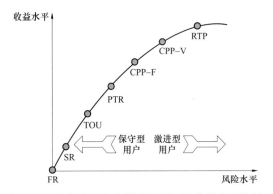

图 4–1　需求响应电价激励机制风险收益水平比较

主要目的是引导用户尤其在尖峰事件下减少用电；RTP 的价格风险最大，因为它是让用户直接面临小时波动的批发市场电价。

2003～2004 年，美国加州试行了一个体量很大的全州动态电价需求响应项目（STATEWIDE PRICING PILOT），涉及居民、中小工商业和大工商业用户超过 2500 户。表 4-5 给出了该项目不同行业不同激励机制下用户响应能力对比。从表中可见：① RTP 将批发市场电价直接传导至零售侧，理论上可以实现最佳的供需双向互动效果，但实际项目中的各行业峰荷削减比例并不理想，但 CPP 却取得了不错的削峰效果，其原因在于 RTP 是全年 8760 小时实施的，用户在缺乏先进的通信、自动控制技术支持下，容易产生"响应疲劳"，影响了负荷转移效果，但 CPP 只是在夏季少数几天触发尖峰事件而且电价变化幅度剧烈，有助于产生明显的削峰效果。② 同是尖峰事件触发，CPP 相对于 PTR 产生更多的峰荷削减，原因在于 PTR 是给予用户减少用电的电价折扣奖励，而 CPP 是需要用户支付更高的尖峰时段用电费用，显然后者的引导信号更为强烈。③ 居民和大工业用户在尖峰事件触发下相对于商业用户具有更高的峰荷削减能力，原因在于大工业用户电费占其成本比例更高，因此更重视尖峰电价事件触发信号，而美国居民的家电种类、用电习惯等决定了其相对于其他发展中国家居民而言具有更大的弹性和灵活性。

表 4-5　　　　　　美国加州 STATEWIDE PRICING PILOT 项目不同
激励机制下行业用户响应能力对比

行业/初始电价	电价机制	峰荷削减比例	电费减少比例
居民/5 阶段阶梯电价	RTP	4.7%	0.5%
	分时电价	7.1%	1.5%
	PTR	14.5%	2.8%
	CPP	15.8%	2.6%
中等工商业/峰谷分时电价	RTP	4.5%	0.4%
	分时电价[①]	5.9%	1.9%
	CPP	9.9%	2.2%
大商业用户/峰谷分时电价	RTP	4.9%	0.4%
	CPP	9.5%	1.7%
大工业用户/峰谷分时电价	RTP	5.4%	0.5%
	CPP	11.2%	2.3%

① 在原有峰谷分时电价费率基础上，新的费率拉大了峰谷电价比。

（二）项目参与方式

需求响应项目包括基于电价的项目和基于激励的项目两类，一般来说，基于激励的需求响应项目以一对一合同的形式约定了用户参与项目的权利和义务；但基于电价项目的参与方式则比较灵活，消费者可以自愿选择参与某个电价项目（opt-in，选择性加入）并在结算阶段按照实际消费电力水平和其选择的电价方案进行计费，对于其他没有参加的用户则执行缺省电价。此外，电力公司也可强制规定所有用户缺省参加某个电价项目，按照该电价项目的规定方式进行电费结算，除非某些用户签订合同主动提出退出该方案（opt-out，选择性退出）则执行固定电价。

项目参与方式对于用户需求响应特性的影响主要体现在两个方面，一方面是对于项目参与率的影响，opt-out 一般是 opt-in 方式市场参与率的 4～5 倍，利用 opt-out 的项目参与方式可以实现 70%～90% 的参与率，而 opt-in 的方式则只能实现 10%～30%。另一方面，项目参与方式的不同也会影响用户的响应能力从而影响整个项目的转移负荷水平，原因在于 opt-in 情况下，某些本身是避峰用电方式的用户会积极参与项目，存在搭顺风车（free rider）现象或者具有较大用电灵活性的用户主动参与，产生自选择偏见（self-selection bias），而且其他用户响应平平，则会影响项目大规模普及以后的总体表现；而 opt-out 情况下，为实现最佳的用电性价比，大多用户会主动采取措施调整自己的用电方式，从而实现理想的负荷转移或者削减效果。美国加州的 SMUD 地区居民 Smart Pricing Options Pilot 项目发现，opt-out 组的用户可以实现 16% 峰荷削减，但 opt-in 组的则只有 8%。对比了不同需求响应项目在居民、中等工商业、大商业和大工业下的响应效果，最显著的效果是针对居民用户和中小企业的 opt-out 的 CPP/分时电价和 RTP，最不明显的效果是针对大企业用户的 opt-in 的 RTP。

综上所述，虽然 opt-out 比 opt-in 方式用户需求响应参与率和响应能力要高很多，但某个项目的具体参与方式则需经过州政府批准，基于电力商品的生活必需品性质以及保护中低收入人群维持社会稳定的考虑，美国需求响应项目更多采用 opt-in 方式。

（三）项目商业运营模式

项目商业运行模式主要影响需求响应项目的种类、普及程度以及用户参与率等因素，从而最终影响整个项目的执行效果。目前国际上广泛采用的需求响应项目商业运营模式有三种：第一种是针对大工商业用户的动态电价机制

（dynamic pricing，简称 DP 模式），大用户直接在批发市场购电面临电价波动风险，这是需求响应最直接的方式；第二种是针对广大中小工商和居民用户的由地区负荷供应商（Load Service Entities，简称 LSE 模式）提供的需求响应项目；第三种也是针对中小用户的由专业的第三方负荷整形机构（Curtailment Service Providers，简称 CSP 模式）提供的需求响应项目。LSE 和 CSP 模式都是针对数量众多的中小用户的，各有优缺点，LSE 模式是地区负荷供电商的项目，他们对供电区域内用户的用电特性非常熟悉，可以通过直接提交需求曲线（demand curve）在批发市场购电，实现灵活在长期、日前和实时市场交易以最大化自身的经济效益，但缺点是需求响应项目可能由于用户购电量的下降带来收入损失（revenue loss）挫伤积极性，此外 LSE 和 CSP 相比专业性不强，其需求响应项目种类、市场营销和用户服务机制尚不健全；然而 CSP 模式则因为有专业的负荷整形机构进行项目设计和客户拓展，相比较于 LSE 可以实现更高的用户满意度和参与率，且有助于分摊市场风险，但美中不足在于 CSP 模式需要在批发电力市场中引入第三方参与者，而且 CSP 公司是参与削减量（reduction curve）的投标，其实际削减量的核准需要定义合理的用户基线，因此增加了市场规则的复杂度，目前在美国只有零售侧开放的区域运营机构允许 CSP 参与市场运行，但需要报州政府批准。CSP 模式在 PJM、NYISO 和 ISO-NE 取得了很不错的效果，以 NYISO 为例，由 CSP 提供的需求响应项目削峰潜力占市场总潜力 53%且其容量市场的 91%需求响应资源都来自于 CSP，其中 EnerNoc 公司的需求响应项目在 Connecticut 和 Maine 州分别可以提供相当于全州峰荷的 8.3%和 8.4%的负荷削减能力。

除上述影响因素外，批发市场的其他运营规则，如是否存在组织有序的容量市场、容量市场及辅助服务市场中对于零售侧用户参与竞争的获准要求（最小容量门槛、响应时间、竞标提前时间等）、竞标及结算规则（获得支付的延迟时间、支付的计算方法等）、需求响应削减量的核准等因素均会对用户的接受度、参与率产生影响。

第三节　开放式自动需求响应

自动需求响应（Auto-DR）是目前需求响应技术的最新发展。自动需求响应项目不存在任何人工介入，依靠智能装置接收外部信号并能自主进行用户侧负荷削减，能够有效地转移或削减负荷，是当前需求响应技术的发展方向。开放

式自动需求响应通信规范（Open Automated Demand Response Communications Specification），是实现需求响应自动化的基础，同时也是自动需求响应技术的重要内容。

一、自动需求响应发展过程

美国电力市场环境开放，目前是世界上实施需求响应项目最多的国家。目前，美国将需求响应分为三个层次：人工需求响应、半自动需求响应和全自动需求响应（Auto-DR）。传统的人工需求响应（Manual Demand Response）需要管理人员或操作人员手动关停设备或调整设备的运行功率，电网侧也只能进行离线的激励设置，这使得用户响应产生了时间上的延迟，并且人工响应的可靠性得不到保障；半自动需求响应（Semi-automated Demand Response）则需要由管理人员通过集中控制系统触发需求响应程序；全自动需求响应不存在任何的人工介入，通过接受外部信号触发用户侧需求响应程序。全自动需求响应项目能够有效地转移或削减负荷，但是，需求响应实现的技术模式和方法还未标准化，不利于相关需求响应应用的推广，无法解决需求响应技术、产品或系统之间的通用和互换问题，增加了实施需求响应项目的成本，不利于实现需求响应的完全自动化。因此，极有必要形成开放式的通信规范，使得任何电网公司或用户都能高效、可靠、便捷地使用信号系统、自动化服务器或自动化客户端。

OpenADR，即开放式自动需求响应通信规范（Open Automated Demand Response Communications Specification），是智能电网信息与通信技术的一部分，是辅助 Auto-DR 的技术手段。OpenADR 的研究起源于 2002 年加利福尼亚州的大规模用电危机，此后美国及其他各国的电网公司、政府等力求采用需求响应技术解决电力需求增长和高峰用电问题。

在此背景下，OpenADR 研究工作由劳伦斯伯克利实验室的需求响应研究中心承担，其发展历程如图 4-2 所示。2009 年 4 月，加州能源委员会发布了 OpenADR 通信规范 1.0 版本，并交由结构化信息标准促进组织（Organization for the Advancement of Structured Information Standards，OASIS）和通用通信架构（Utility Communications Architecture，UCA）负责形成正式标准 OpenADR 2.0；2010 年 5 月，OpenADR 成为美国首批 16 项智能电网"互操作性"（Interoperability）标准之一，"互操作性"意思是各功能单元之间进行通信或传递数据的能力；2011 年进行了 OpenADR 2.0 版本的认证和测试；2012 年，OpenADR 联盟将 OpenADR2.0a 作为美国的国家标准发布。

图 4–2　OpenADR 发展历程

　　OpenADR 联盟（行业联盟）的成立旨在通过合作、教育、培训、检测和认证等方式鼓励全行业发展、采用并遵守 OpenADR 标准。OpenADR 联盟向所有利益相关者开放，特别是对 OpenADR 标准有着共同兴趣的利益相关者。联盟成员分为供应商团体（例如系统集成商或控制供应商）、电力公司、政府、研究机构等。由赞助商组成的理事会（一般为 5 名）管理该联盟，同时负责引导OpenADR 联盟，并参与制定联盟的战略目标和运营政策。OpenADR 联盟力求利用政策和指导方针来保证各个利益相关者群体间的公平性，以保证该组织能够维持利益相关者之间的平衡。如今，OpenADR 联盟的主要供应商已经超过 60个，并且仍在不断增长。

　　二、OpenADR 通信架构及接口

　　OpenADR 通信架构如图 4–3 所示，用户或负荷聚合商（Load Aggregator）借助应用程序设计接口（Application Programming Interfaces，API），通过因特网与需求响应自动服务器（Demand Response Automation Server，DRAS）通信，同时，电网公司也借助 API 通过因特网与 DRAS 通信。通信架构的设计确定了通信系统的结构以及数据模型中需要涉及的实体（即任何可以接受或发送信息的硬件或软件进程），OpenADR 为所有实体提供了相关的通用数据模型，为高效传输信息提供了基础。

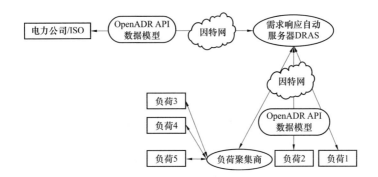

图 4-3　OpenADR 通信架构

通信架构中，DRAS 是 Auto-DR 项目基础设施的一个重要组成部分，从电力公司角度来看，DRAS 是通过通用的信息映射结构建立动态电价或需求响应激励信息配置文件的载体，使得 Auto-DR 项目的通信能够完全自动化，它的功能和特点促进了用户响应的自动化程度，OpenADR 标准通过 DRAS 为所有需求响应供应商和用户提供了通用的语言和平台。

OpenADR 1.0 中定义了三种典型 DRAS 接口：① 电力公司/ISO 接口，用于发布动态电价或需求响应事件信息；② 用户操作员接口，用于追踪或接收电价或事件类需求响应信息，并配置信息映射结构；③ 客户端接口，支持 OpenADR 客户端使用简单或智能客户端信息。3 种接口如图 4-4 所示，根据实际情况，不一定要求上述 3 种接口都有，例如当 DRAS 属于电力公司并整合在其信息技术基础设施中时，电力公司接口是不需要的。

出于安全考虑，每一个访问 OpenADR 定义的接口的功能都要事先经过 DRAS 使用用户的认证。在一般情况下，访问 DRAS 的一个账号可能同时拥有多种安全方面的要求。具体每一个参与者的安全要求如下：

（1）DRAS 的管理和操作者：被授予最大的权限，能访问所有的 DRAS 应用功能和信息，同时决定了是否添加新的安全用户；

（2）使用者：可以通过特定的账户访问 DRAS 的所有公开信息；

（3）DRAS 客户端：是实现 DRAS 与用户之间机对机通信的软件载体；

（4）公共事业单位：可以访问 DRAS 中所有与公共事业单位有关的功能；

（5）DRAS 客户端安装者：负责安装与测试 DRAS 客户端。

从功能上看，OpenADR 具有以下特点：

（1）在用户终端提供连续、安全、可靠的通信设施、实现信息的双向流通，对需求响应信号做出自动反应；

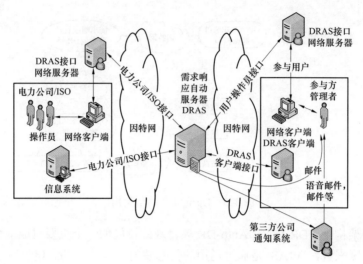

图 4-4　DRAS 接口

（2）自动将需求响应时间信息转化为连续的互联网信号，在用户能源管理系统、照明设备与其他控制设备中实现可互操作性；

（3）自动接收需求响应信号并具备可退出功能；

（4）数据充足、架构完整且包括价格、需求响应事件信息与其他的内容；

（5）为需求响应时间信号、楼宇、动态价格提供可伸缩的通信结构；

（6）在现有通信模型基础上的开放式标准技术；

（7）灵活开放的通信接口和协议、独立平台、互可操作的系统；

（8）可自由整合。

三、OpenADR 2.0 主要内容

2012 年，OpenADR 联盟将 OpenADR 2.0a 作为美国的国家标准发布。OpenADR 2.0 比 OpenADR 1.0 更全面，涵盖了针对美国批发与零售市场的价格、可靠性信号的数据模型，并且根据满足需求响应利益相关方和市场需求的程度，分为不同的产品认证等级，包括 OpenADR2.0a，OpenADR 2.0b 和 OpenADR 2.0c 框架规范，后一个规范均比前一个提供更多的服务和功能支持（如事件、报价和动态价格、选择或重置、报告和反馈、注册、传输协议、安全等级等）。

OpenADR 2.0 框架规范是一个灵活的数据模型，促进电力服务提供商、聚合点和终端用户之间的公用信息交换。这个开放规范概念的目的是允许任何人实施双向信令系统，提供服务器，用于发布信息（VTNs）给自动客户端，客户端也接收信息（VENs）。OpenADR 2.0 框架规范涵盖了在 VTN 和 VEN 之间（或

者 VTN/VEN 对）的信号数据模型，并且包括与特定需求响应电力削减或者移峰策略相关的信息，移峰策略一般在设备中实施。OpenADR2.0 尤其支持 OASIS EI 1.0 标准或其子集下列服务。

OpenADR 2.0 由加州独立系统操作员能源互操作技术委员会（OASIS Energy Interoperation Technical Committee，OASIS EI TC）开发，该技术委员会致力于研究动态电价、可靠性和紧急性信号的标准化交互，市场参与者信息（例如竞价信息）的通信，负荷预测以及发电信息等。EI 标准中创建了 OpenADR 文件来说明适用于 OpenADR 2.0 的服务项目，这些文件提供了标准化需求响应和分布式能源的通信及一致性发展的市场特定需求。OASIS EI 的工作通过不同方面的资料来源（主要是 OpenADR 1.0）取得了进展。UCA 公司中的 OpenADR 工作组（Task Force，TF）是提供综合性需求的关键组织，包括来自北美能源标准委员会（North American Energy Standards Board，NAESB）、独立系统操作员/区域输电机构委员会（Independent Systems Operator/Regional Transmission Organizations Council，IRC）及其他标准型文件，例如公共信息模型（Common Information Model，CIM）。依据 OpenADR 配置文件，形成 OpenADR 2.0 标准，同时反馈至 OASIS EI TC，再进行修改完善，最后形成 IEC 标准。具体发展流程如图 4–5 所示。

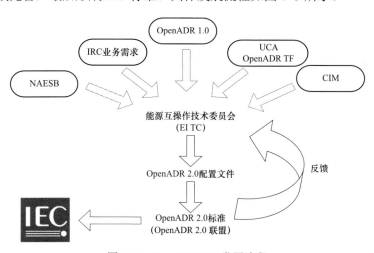

图 4–5　OpenADR 2.0 发展流程

OpenADR 2.0 是 OASIS 能源互操作性标准 1.0 版本（Energy Interoperation version 1.0，EI v1.0）的一部分，OASIS 是著名的标准化组织（Standard Development Organization，SDO），而 OpenADR 由 EI TC 进行标准化，EI TC 的参与者包括 OpenADR 1.0 设计者、ISO/RTO 委员会、ISO、建筑自动系统专家、

电力公司、控制供应商、企业专家等。OpenADR 2.0 中各项内容的资料来源如表 4–6 所示。

表 4–6   EI v1.0 中的 OpenADR 2.0

序号	内容范围	资 料 来 源
1	动态电价需求响应	OpenADR 1.0
2	可靠性需求响应	OpenADR 1.0
3	紧急需求响应	OpenADR 1.0
4	需求侧竞价需求响应	OpenADR 1.0
5	经济信号和电价交易	能源市场信息交互（Energy Market Information Exchange，EMIX）/ PAP 03 价格通信模型（price communications model）
6	电价交易和产品定义	能源市场信息交互/PAP 03 价格通信模型
7	负荷/能源使用	OpenADE/PAP 10 能源信息交互（Energy Information Exchange）
8	DER 信号	OpenADE/PAP 10 能源信息交互 PAP 17 设备智能电网信息（Facility Smart Grid information）

四、OpenADR 应用

自 2003 年至今，美国开展了大量的 OpenADR 研究和实践。OpenADR 联盟成员在加州和美国其他地区也进行了许多需求响应试点和现场试验，开发出许多 OpenADR 相关的系统和装置，验证了 OpenADR 标准在实际 Auto-DR 项目中的可操作性。

目前开发的系统和装置（由于 OpenADR 2.0 版本发布时间较短，目前主要是针对 OpenADR 1.0 版本的应用）：

（1）负荷管理装置。美国开发了基于 OpenADR 的负荷管理装置来支撑需求响应，其中一种数字触屏式可编程恒温器 UtilityPRO 可以安装在居民和商业建筑中，能够在电力高峰期帮助限制能源消耗，以促进电力公司的需求响应项目。

（2）智能终端通信模块。银泉网络公司为各种智能终端设备配置了基于 OpenADR 的通信模块，用于接收和传输实时数据信息。该通信模块能够连接电网公司侧的通信网络和用户侧的家庭局域网。

（3）需求响应系统。霍尼韦尔公司旗下的智能电网服务供应商 Akuacom 建立了一套应用 OpenADR 的需求响应系统，其开放式的智能电网通信架构用于自动传输电价和需求响应激励信号。该系统的核心部分就是支撑 OpenADR 的

软件操作平台——DRAS。

（4）需求响应交易网络。Utility Integration Solutions 成功地将 OpenADR 整合到他们的需求响应交易网络（Demand Response Business Network，DRBizNet）中，使得电力公司和用户间的需求响应交易操作过程能够完全自动化。

2007 年夏季，加州开展了各项 Auto-DR 活动，通过自动化和通信技术的应用，加上设计好的激励和需求响应项目，例如 CPP 和需求侧竞价（Demand Bidding，DBP），Auto-DR 为许多不同类型的建筑高效参与需求响应项目创造了机会。PG&E 在执行 Auto-DR 方面的目标是招募、安装、测试并操作 Auto-DR 系统，使得在峰荷时段能够削减 15MW 的电力负荷。

2011 年，PG&E 针对大用户实施的部分需求响应项目，包括峰期选择、尖峰电价和需求侧竞价项目，具体见表 4–7。

表 4–7　　　2011 年针对大用户 PG&E 实施的自动需求响应项目

项目	参与要求	参与度	负荷削减量（MW）	过程和激励
峰期选择	商业、工业、农业用户；参与分时电价项目；削减量超过 10kW；有远程读表功能（如果用能超过 200kW，则免费安装）	100 800 个用户中参与量为 300 左右	5～15	包括自愿和强制性参与；参与时间和削减量都比较灵活，并且有提前通知选项；对于自愿参与用户，补偿为 0.4～1$/kWh 不等；对于强制性参与用户，根据提前通知时间和项目协议的不同，补偿为 4～10$/kWh 不等
尖峰电价	商业、工业和农业用户	161 000 个用户中参与量为 2000 左右	25～55	在星期一到星期五 14:00～16:00，电价升高
需求侧竞价	在事件中承诺削减至少 50kW 的用户；必须安装时间间隔为 15min 的测量表计	10 200 个用户中参与量为 1000 左右	45～65	提前一天竞价，补偿激励一般为 0.5～0.6$/kWh

国家电网公司与霍尼韦尔公司合作在天津开展了智能电网需求响应示范与可行性项目，在泰达管委会、商业楼宇、办公楼和工厂用户方面部署了 Auto-DR 系统和装置，在高峰负荷削减方面发挥了重要作用，从试验项目实施情况来看，将 OpenADR 引入中国是很有必要的。然而，虽然 OpenADR 在美国已发展近 10 年，并且已有多个成功应用的案例，初步展现出其巨大的技术优势和商业潜力，

促进了美国 Auto-DR 的发展，但是 OpenADR 是在美国的电力市场环境下开发出来的，有一整套与电力市场相对应的政策法规，如果将其推广到中国，可能会出现适应性和操作性问题，如何完善 OpenADR 使其适应中国的电力体制还有待进一步的研究和实践。

我国期望 Auto-DR 的开展能够有助于降低工商业高峰负荷，为有序用电管理提供技术支持。虽然我国在 Auto-DR 技术方面刚刚起步，但发展势头良好。同时，需求响应技术标准的制定有助于促进设备制造企业、产品应用企业、服务提供商等单位研发相关的产品和服务，吸引更多的电力用户参与需求响应项目，从而降低用电成本，产生巨大的环保效益和社会效益。我国电力行业应进一步重视并加快需求响应标准的制定，参考 OpenADR 的制定方法，从业务信息模型、通信协议、一致性和安全要求、测试和评估内容等方面制定适应国内电力体制的需求响应技术标准，促进 Auto-DR 在中国的发展。

第四节　国外典型案例和启示

一、国外需求响应项目实践现状

（一）美国

1. 政策和环境支持

美国需求响应项目的商业运作模式主要有三种：政府直接管理模式、电网公司管理模式和独立第三方管理模式。基于以上三种商业运作模式，美国独立系统营运商（ISOs）/区域输送组织（RTOs）充分利用电力市场环境的优越性，积极推出了基于市场的需求响应市场产品：容量、能源（日前，实时平衡）、辅助备用服务（调频、旋转备用、非旋转备用）等。

美国需求响应起步早，相关政策相对完备。2005、2007 年美国分别颁布了《能源政策法案》和《能源独立与安全法案》，明确规定了对实施需求响应的大力支持。2009 年 2 月，美国总统奥巴马签署《美国复苏与再投资法案》，明确将45 亿美元划拨给美国能源部，用于促进电网现代化、整合需求响应设备和实现智能电网技术。

2. 项目方案设计

美国的分时电价从 20 世纪 60 年代开始出现，受政府和管制机构的重视和鼓励程度不同，分时电价的普及和执行程度也不同，2010 年参与分时电价项目居民用户数目为 110 万。全美国分时电价项目每年贡献的需求响应容量资源在228 万 kW 左右（工商业用户提供 213 万 kW）；存在的问题是分时电价项目广

泛，但参与率低。

美国尖峰电价最早由海湾电力公司在 2000 年实施，可分为四种类型：固定期限尖峰电价（CPP-F）、变动期限尖峰电价（CPP-V）、变动峰荷电价机制（VPP）、关键峰荷折扣机制（PTR）。从 2011 年 2 月 1 日起，加州开始实施尖峰电价项目，参与负荷不得少于 200kW，需求响应实施期内高峰电价将从非峰时段的平均电价\$24/MWh 升至\$224/MWh，旨在抑制高峰负荷，减少高峰电网运行压力。

美国实时电价（RTP）项目最早于 20 世纪 80 年代在加州实施，常见的 RTP 实施类型分为日前实时电价和两部制实时电价两种。日前实时电价是指提前一天确定并通知用户第二天 24h 每小时的电价；两部制实时电价是根据用户的历史用电数据确定一个基准负荷曲线，基准线以内用电量执行基础固定电价或峰谷电价，基准线以外的余缺部分则执行实时电价。

美国直接负荷控制项目在 1968 年由底特律爱迪生公司首次采用，随后在 20 世纪 80 年代和 90 年代得到大规模推广。2010 年全美直接负荷控制项目的参与用户数超过 560 万，全美直接负荷控制项目每年贡献的需求响应容量资源在 900 万 kW 左右。最常用的直接负荷控制项目是空调和热水器等用电设备的远方控制和调节。一般而言，一台空调可以帮助削减 1kW 的负荷，一台热水器可以削减 0.6kW 负荷。

美国可中断负荷项目的参与用户以大型工商业用户为主。每年的需求响应容量资源贡献超过 1097 万 kW。通常由电力管制机构正式确认发布，并一般提供给一定容量门槛之上的用户，如在加州，容量门槛值为 200kW，在俄亥俄州为 3000kW。但是，近几年来参与用户数目不断下降，部分原因是可削减、可中断电价的优惠不断缩小，另外用户承担风险较大也是参与度降低的重要原因。

美国需求侧竞价项目通常是由 ISO 运营，有 2 种主要形式：一种是将需求侧投标直接整合进日前市场的优化和计划程序，如 NYISO 的日前需求侧响应项目；另一种是将需求侧作为一个价格接受者，不需要投标，如果在其接到系统运营机构的通知后削减了负荷，那么它将能按当时的市场出清价格获得支付，典型代表是新英格兰州 ISO 运营的实时价格响应项目。

3. 实施成效

目前，美国加州、PJM 和新英格兰等 7 个地区电力系统，以及美国 PG&E 和 SCE 等电力公司都已建立了基于市场运作的需求响应项目；根据各个 ISO/RTO 的统计，2006 年夏季高峰负荷时期，通过实施 DR 降低了系统 1.4%～4.1%的高峰负荷；另据统计，2000 年全美高峰削减量达到 22 901MW，2010 年全美高峰削减量达到 32 845MW，增长 42%。

（二）欧洲

1. 政策和环境支持

欧洲共有八大区域性电力市场，各自有不同的市场规则及技术标准。欧洲不是单一的电力市场，没有整体性的需求响应实施计划，因此欧洲各国所开展的需求响应项目主要依据各自制定的方案和规则。

欧洲智能电网强调用户互动和增强服务，其 2020 年 3 个降低 20%气候和能源目标均重视提高能源效率。为建立需求侧响应机制，能源监测机构积极引进了新的机制来计算能源的价格。

2. 项目方案设计

欧洲分时电价项目主要由英国、意大利、西班牙及法国开展，项目提供多种分时电价费率。在意大利，周一至周五的 8 时到 19 时为高电价时段；在法国，用不同颜色标记峰谷平电价价格。

欧洲可中断负荷项目主要由英国、意大利、挪威、芬兰、西班牙等几个国家实施，提供的服务主要包括短期运行备用、快速备用、稳定电网频率响应、频率控制。在芬兰，通过与工业用户签订年度双边协议来获取需求侧资源，用作调频备用和快速备用。

欧洲典型需求侧竞价项目在挪威实施，通过需求侧资源与发电机组竞价来调频和实现电力平衡。

3. 实施成效

欧洲通过开展需求响应项目实现了峰荷削减，峰荷的潜在削减量也在逐年增大。输电协作联盟（UCTE）指出欧洲各国现有需求响应资源平均可削减峰荷的 2.9%。2020 年，输电协作联盟对欧洲各国可削减峰荷总值预测为 13.77GW，未来欧洲需求响应将发挥出的成效依然值得期待。

（三）其他地区

除了美国、欧洲以外，其他国家例如韩国、澳大利亚、加拿大等都开展了需求响应项目的实践，并各自取得了一些成果，后文将详细介绍。

二、国外典型需求响应项目

从上文分析可见，需求响应项目的推行在北美和欧洲取得了长足进展，产生了一大批效果显著的成功推行案例，此外，澳大利亚由于电力市场开放时间较早，具有相对较适合的市场环境，因此也具有较好的需求响应实施经验。

下文将选取上述地区的 6 个典型需求响应项目进行详细介绍，包括：① 美国加州的 AUTOMATED DEMAND RESPONSE SYSTEM PILOT（简称美国加州

ADRS）；② 美国加州的 STATEWIDE PRICING PILOT（简称美国加州 SPP）；③ 法国电力公司 TEMPO 电价项目（简称法国 TEMPO）；④ 澳大利亚 ENERGY AUSTRIALIA 的电价改革（简称澳大利亚 EA 电价）；⑤ 加拿大安大略省 SMART PRICE PILOT（简称加国安省 SPP）；⑥ 美国 PJM 独立系统运营商下的 Curtailment Service Provider（简称美国 PJM 的 CSP）。其中，美国加州 ADRSP 项目是世界上较早引入自动需求响应以克服传统项目由于人工干预而带来的响应疲劳问题，在智能电网技术极大发展的今天具有很强的应用推广价值；而美国加州 SPP 项目是在全美实施范围较大、持续时间较长且涉及用户数量较多的一个典型项目，美国学术界及工业界均从这个项目中获取了较多的用户响应特性参数；法国 TEMPO 是欧洲乃至世界实施动态电价并取得显著成效的典型案例，由此积累的实施经验值得推广；澳大利亚 EA 电价是该国实施动态电价的典型案例；加国安大略省 SPP 项目中分时电价、尖峰电价及尖峰电价折扣等电价手段同时实施，有助于研究各种电价政策之间的相互影响及耦合关系；如果说上述提到的项目都是在零售侧引入需求响应的典型应用的话，美国 PJM 的 CSP 就是在批发电力市场中引入需求响应的成功案例，这种商业运营模式值得学习和推广。

（一）美国加州——AUTOMATED DEMAND RESPONSE SYSTEM PILOT

1. 项目背景

在 2000 到 2001 年间，加州经历了一次"能源危机"，是该州竞争性电力市场引入失败引发的短期电力容量短缺导致的。直到 2002 年，该州长期的发电和输电网络容量短缺仍然存在。加州能源危机发生后，加州公共事业委员会（California Public Utilities Commission）为了增强该州的电力需求响应，批准了几项试验和试点项目。其中的一个试点项目就是针对居民部分的自动需求响应系统（Automated Demand Response System，ADRS），该试点项目于 2004 年发起，并持续至 2005 年底。这项试点关注的重点是随电价措施一起实施的负荷控制技术的作用。

2. 项目内容

ADRS 项目采取了尖峰电价（CPP），在尖峰电价下，高峰期（工作日下午 2 时～7 时）的电价较高，其他时段都采用基准费率。当"超级高峰事件"发生时，峰时电价比常规峰时电价高出 3 倍，而 ADRS 用户则会在事件前一天通过电话和邮件的方式得到通知。

项目的参与者安装了一种先进的家庭环境控制系统（Good Watts），该系统允许用户通过 Web 的方式实现对家电产品的控制。用户可以按照自己使用家电的喜好对系统进行设定，例如设置气温控制参数和水泵运行参数等；参与者还

可以实时查看整个住宅或者终端设备的负荷水平和历史消费的趋势；也允许恒温器和水池负荷控制与监视设备（LCM）自动响应电力价格的变化，这些设备可以按这样的方式工作：当电价上升到某个限值，将自动减少负荷。

相比较其他项目，ADRS 试点项目是一个小规模的探索性的项目，随机选取了 175 户加州家庭参与。原有的 175 户家庭，虽然不考虑其历史耗电量的大小，但是对参与者的资格（是否有中央空调等）进行了筛选。ADRS 技术能够控制家庭终端设备，除了中央空调，包括游泳池水泵和水疗中心在内的其他负荷也在筛选的范围之内。

3. 项目成效

2004 年和 2005 年，参与用户都完成了可观的负荷削减量，与对照组形成较大对比。并且尖峰事件日的峰时负荷削减量始终都是非事件日的两倍。从数据上看，使能技术似乎是负荷减少的主要驱动力，尤其是在尖峰事件日和高耗电客户中。另外，ADRS 参与者的负荷削减量比其他没有应用这些技术的需求响应项目要大。

从 2004 年 7 月到 2004 年 9 月，在尖峰事件日的高峰时段，相比对照组用户（对照组用户既没有应用 ADRS 技术，也没有接受动态电价），ADRS 高耗电用户平均持续削减负荷 1.84kW 或者 9.21kWh，占到对照组高耗电用户用电量的 51%；而相对 A07 用户（只接受动态尖峰电价但没有使用 ADRS 技术的用户），ADRS 高耗电用户平均削减了 1.24kW 或 6.22kWh 的峰时段负荷，相当于 A07 用户负荷的 41%。如图 4-6 所示，ADRS 用户负荷在峰时段有较大幅度的削减，并且将部分负荷转移到其他时段；A07 用户也有明显的削减和转移，但幅度较小。

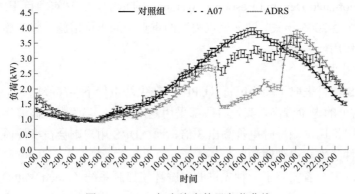

图 4-6　2004 年尖峰事件日负荷曲线

同时，在非尖峰事件日，如图 4-7 所示，ADRS 高耗电用户相对对照组用户平均减少了 0.86kW 或者 4.28kWh 的峰时段负荷，相当于对照组高耗电用户负荷的 32%；而相对于 A07 用户，ADRS 高耗电用户则减少了 0.54kW 或 2.72kWh 的峰时段负荷，相当于 A07 用户负荷的 23%。

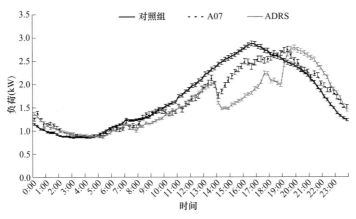

图 4-7　2004 年非尖峰事件日负荷曲线

（二）美国加州——STATEWIDE PRICING PILOT

1. 项目背景

Statewide Pricing Pilot（简称 SPP，全加州电价试点）是美国加利福尼亚州进行的电价试点项目。项目从 2003 年 7 月开始持续到 2004 年 12 月，对多种电价方案进行了试验。加州 SPP 试点项目参与范围广、参与用户多，持续时间较长，并且利用需求弹性对用户的响应情况建立了一套数学模型，以估计试验中用户响应情况。另外，使能技术的应用是此项目的一大亮点。

2. 项目内容

SPP 项目测试了传统的分时电价和两种动态电价的影响。其中，动态电价在用电高峰日，峰时电价约为非峰时电价的五倍，而在非高峰日则采取标准的分时电价。

SPP 项目有约 2500 名参与者，包括住宅和中小型工商业用户。首先在每个用户阶层（居民、工商业）中随机抽取参与者，这是一项自愿的招募计划，用户拥有退出试点项目的权利。项目中，居民用户按照所处地区划分为四个气候区；工商业用户则分为两个阶层，即峰荷低于 20kW 的用户（LT20）和峰荷高于 20kW、低于 200kW 的用户（GT20）。

在 SPP 项目中，有三种使能技术设备可供用户选择，分别为：智能电能表、

智能恒温器和门户系统。智能电能表除了能够实现传统的功能外，还能为用户提供动态的电价信息；智能恒温器经过预先编程后，可以在电价较高的时段自动调整空调的设定温度，从而降低负荷；门户系统则是一种综合能量管理系统。

SPP 项目利用试验数据建立了一套需求响应模型，模型基于现代经济学的需求理论，能够估算各种电价方案的需求响应效果。模型通过输入各类试验数据例如天气状况、用户用电量、电价以及峰荷持续时间等信息，可以得到用户的需求响应程度。

3. 项目成效

图 4-8 是居民用户在动态电价下的响应情况。居民用户按照地理分布划分为四个区域，每个区域处于不同的气候带，其中区域 4 的气温最高，而区域 1 的气温最低。从图 4-8 中可见，用户的响应情况随气候的变化而不同，峰荷削减幅度与当地气温呈正相关的趋势。

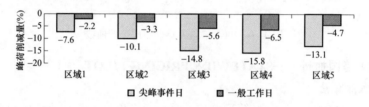

图 4-8　动态电价下居民用户的响应情况

而对于工商业用户，未应用使能技术的 LT20 用户对于动态电价响应幅度很小，尖峰事件日只有 6% 的峰荷削减量，而应用了使能技术 LT20 用户在尖峰事件日减少了 14.3% 的峰荷；与此同时，GT20 用户则展现了较强的响应能力，未安装任何智能设备的用户在尖峰事件日削减了 9.1% 的峰荷，而应用了使能技术的 GT20 用户则减少了 13.8%。

项目结果表明，用户通过转移或者削减负荷的方式，对包括分时电价（分时电价）在内的时变价格信号产生了响应，用户对时变和动态电价的响应是良好的；并且用户的响应程度随着电价方案、所处地理位置（气候因素）和用户特性（主要是家庭财富和受教育程度）的不同而不同。

（三）法国 EDF-TEMPO 电价

1. 项目背景

法国的发电、输电与配电由法国电力公司（EDF）掌控。20 世纪 60 年代，EDF 的实时电价开始渐渐的接近边际成本。为进一步提高电能使用效率、方便

用户、简化能量管理，1993 年，法国电力公司（EDF）以浮动电价管理办法为基础，提出了 TEMPO 电价。

2. 项目内容

TEMPO 电价类似于如今的尖峰电价（Critical-peak pricing，CPP）和动态电价（Dynamic Pricing）。TEMPO 电价根据每日用电负荷紧张程度的不同，将全年 365 天分为三个类型，即红日（Red Day）、白日（White Day）、蓝日（Blue Day）。其中：红日 22 天，电价最高（约为平时电价的 5 倍）；白日 43 天，电价次之（为平时电价）；蓝日 300 天，电价最低（约为平时电价的一半）；同时，每日 6 时至 22 时的电价比其他时间段高 35%。

根据 2013 年 9 月法国电力公司（EDF）网站介绍，TEMPO 电价可以使消费者根据每日电价颜色的不同决定自己的用电设备状态，在蓝日放心用电、在白日减少用电消耗、避免红日过度用电。红色日和白色日的具体日期最晚在前一天晚上五点半宣布，电价颜色通过电子邮件、手机短信、TEMPO 网站等媒介发送给各用户仪表，并显示在相应指示装备上。

3. 项目成效

根据法国电力公司（EDF）资料显示，1957 年到 1994 年，价格信号的实施成功地抑低负荷，使尖峰负荷比由 2 倍降为 1.3 倍。法国管制市场中大约有 22 万用户（即国内用户总数的 1.2%）参与了 TEMPO 电价项目。以法国 2009 年 9 月到 2010 年 8 月期间电价为例，在红日，峰荷从 450MW 削减到 300MW，而白日的削峰量为 150MW；用户的电力消耗在白日下降了 15%，在红日下降了 45%；TEMPO 客户的平均电价支出减少了 10%。总而言之，TEMPO 电价项目用户能够积极响应电价的变化，关闭电器或者在非高峰时段使用电器。

（四）澳大利亚 EA 电价改革

1. 项目背景

Energy Australia（EA）是新南威尔士州 NSW 的三大配电公司之一。EA 经营着澳大利亚最大的配电网络——约 22 275km²。EA 在 1997 年实现企业化，将经销与零售进行合并。随着完整零售竞争（Full Retail Contestability）的引入，所有的用户都有权利选择零售商，并购买他们的能源。EA 的电网子公司作为当地的配电网系统供应者，继续提供网络服务。

2. 项目内容

分时电价项目作为 EA 最大的需求侧项目，是 EA 在其整个电力网络中针对家庭（和中小）企业推出的电价新体系。EA 目前也推出了新的智能电能表，

能够记录峰、平、谷时段的电力使用情况。作为未来的十年内一个长期计划，新的电能表和分时电价将会起到减少日用电高峰、平滑负荷曲线的作用。分时电价的设计，可以更好地反映大众市场的供电成本。对于使用分时电价的中型和大型企业（即每年电力使用超过 40MWh），非离峰时刻时间段发生了改变，在表 4-8 中列出。以前的 7 至 9 时的高峰时段已经成为平时段，下午高峰时段已经延长 3 个小时（下午 2 点至晚上八点）。对于小型企业（即每年电力使用不超过 40MWh）而言，平时段还包括周末和公共节假日的早上 7 点至 10 点。

表 4-8 　　　　　　　　　　　　澳大利亚 EA 新旧电价时段对比

	旧电价	新电价
峰时段（工作日）	7:00～9:00 17:00～20:00	14:00～20:00
平时段（工作日）	7:00～17:00 20:00～22:00	7:00～14:00 20:00～22:00
谷时段	其他所有时间段	其他所有时间段

此外，还增加了分时电价方案下需求和容量部分的电价。需求和容量部分的电价的确定，是以相应需求和容量部分所代表的分时电价时间段，通过相应的峰、平和谷时段电价，以相同的方式去确定电价消费。之前的电价方案中，需求和容量部分电价是以各时段的最大值计算。

总体而言，新电价方案中平时段的电价是峰时段的 50%～70%，而谷时段的电价是峰时段的 15%～30%。在旧电价中，平时段的电价与峰时段相同，谷时段的电价是峰时段的 50%。

3. 项目成效

分时电价项目，对于减少高峰时段的电力消耗起到了一定的节能作用。电价改变的效果是特定的，它完全取决于分时电价的能源消耗和电力需求。对于居民客户，减少了 2%～3%的高峰时段能源消耗，且冬天的节能效果比夏天明显。对于企业客户而言，减少了 3%的高峰时段能源消耗，但结果的弹性由于较大估计误差而无统计学意义。总体来看，分时电价项目需要大范围推广，需要用电终端用户的长期参与。

（五）加拿大安大略省——SMART PRICE PILOT

1. 项目背景

2006 年 8 月初，安大略省能源局实施了智能电价试点项目（Smart Price

Pilot），希望通过智能电能表和分时电价的试点，更好地理解电力消费者的用电行为并计划 2010 年在全省所有家庭和小型企业中普及智能电能表。该项目为参与者提供了更多的价格信息，通过引导用户将电能消耗转移至低谷时段，以达到更好的用电效果。

2. 项目内容

安大略省智能电价试点项目是第一个同时测试分时电价、尖峰电价（CPP）等动态电价的试点项目。该项目中，渥太华 375 户拥有智能电能表的居民用户被分为 3 组，每组 125 户，在各组中寻找潜在的消费差异。其中，第一组用户的电价方案为分时电价，第二组用户中的电价方案为分时电价和尖峰电价（CPP），第三组用户的电价方案为分时电价和尖峰回扣（CPR，一种动态电价方案，尖峰时段通过给予用户补偿激励用户转移负荷）。

3. 项目成效

综合分时电价项目数据统计结果，该项目主要有以下特点：

（1）用电尖峰日峰荷转移。分时电价项目的参与者在夏天峰时段用电量减少了。在试点项目中，共出现 7 个用电尖峰事件，夏季 4 个、冬季 3 个。其中，CPP 组移峰最多，其次是 CPR 组和分时电价组。分时电价参与者并没有事先得到用电尖峰日的通知，因此分时电价参与者的移峰量并不明显。在冬季，所有组的移峰量都没有显著的变化，包括在用电尖峰日。而非用电尖峰日，用户的移峰量没有显著的变化。

（2）分时电价项目下用户用电量减少。分时电价组用户的用电量相对未参加该项目的用户减少了 6%。

（3）用户节省了电费。和原有的阶梯电价比较，大多数参与者通过分时电价项目节省了电费支出，如表 4–9 所示。所有三个组中有 75% 的参与者节省了电费，其中，平均电费节省为 3.0%。

表 4–9　　　　　　　　　分时电价项目电费的节省与额外支出

	TOU	TOU+CPP	TOU+CPR	总计
平均节省（%）	2.1	4.2	2.8	3.0
电费最小额外支出（%）	−20.3	−24.3	−24.1	−24.3
电费最大节省（%）	22.4	25.7	23.5	25.7
通过分时电价项目节省电费的参与者百分比（%）	65	84	77	75

（六）美国 PJM-Curtailment Service Provider（CSP）Program

1. 项目背景

PJM 是美国东北地区的电力调度中心控制区域，其管辖范围包括 13 个州和华盛顿特区。美国 PJM 电力市场采用联营体市场的运营方式。随着电力市场改革进程的推进，PJM 市场中需求响应渗透到市场交易的各方面，目的是利用市场竞价交易起到优化配置资源的效果，进一步发挥需求侧资源的响应潜力，平抑市场竞价波动，提高地区范围内供电的可靠性水平。

美国 PJM 地区的电力市场交易内容已由主能量市场、容量市场、辅助服务市场交易推广到了以负荷响应（Load Response）为主要对象的需求响应市场交易。在 PJM 地区，需求响应市场交易的参与主体包括：

（1）负荷服务实体（Load Serving Entity, LSE）：LSE 包括负荷聚合商和其他电力销售方（Power Marketer），主要向 PJM 地区范围内的终端用户出售电力资源或提供其他用电服务；

（2）配电公司（Electric Distribution Company, EDC）：是指在 PJM 市场中利用其拥有或租赁的配电设备，向用户提供相应的配电服务的实体；

（3）削减服务提供商（Curtailment Service Provider, CSP）：组织具有削负荷潜力并愿意参与需求响应市场交易的电力用户，利用其专业技术和服务特长辅助和引导广泛的用户实现需求响应潜力，作为用户参与需求响应交易的代理商；

（4）终端用户：是需求响应资源的提供者，其必须通过 LSE 或 CSP 作为代理方才能参与需求响应市场交易。

PJM 市场中，少部分的需求响应项目开展是以负荷服务实体（LSE）作为实施的主导方，但大部分项目以削减服务提供商（CSP）作为主体的模式实施。CSP 必须向系统运营商进行注册，任何的负荷服务实体、配电公司或其他具有专业技术和服务特长的第三方机构，均可以成为削减服务提供商。

2. 项目主要内容

PJM 市场中实施的需求响应项目种类主要分为经济负荷响应（Economic Load Response）和紧急负荷响应（Emergency Load Response）两类，如表 4–10 所示。

表 4–10　　　　　　　　PJM 市场中需求响应项目的主要类型

紧急负荷响应			经济负荷响应
负荷管理项目（Load Management）			基于电量
仅基于容量	基于容量和电量	基于电量	基于电量

紧急负荷响应			经济负荷响应
仅通过可中断负荷响应（ILR）注册	可靠性价格模型（RPM）出清或 ILR 注册	不包含于 RPM	不包含于 RPM
强制削减	强制削减	自愿削减	调度削减
RPM 事件过测试中具有响应不足惩罚	RPM 事件过测试中具有响应不足惩罚	—	—
基于 RMP 出清价支付容量价格	基于 RMP 出清价支付容量价格	—	—

注　ILR 在 2012/2013 交易年开始终止；RMP 是容量市场中的基于可靠性的竞价交易方式。

（1）经济负荷响应项目。经济负荷响应项目是指通过 CSP 聚合的用户资源参与日前或实时的电量市场交易过程，在竞价交易完成后，形成日前/实时调度计划，竞价成功的需求响应资源按照调度计划进行响应，用户基线（Customer Baseline）是响应量确定的标准。

（2）紧急负荷响应项目。紧急负荷响应项目按照结算种类，可分为：仅按容量结算、按照容量和电量结算、仅按电量结算三类，其中前两类在 PJM 市场的项目运作中统称为负荷管理项目（Load Management），紧急负荷响应中紧按着自愿削减的电量结算的项目较少。

3．项目成效

（1）经济负荷响应项目的实施成效。2012 年 4 月 1 日 FERC 颁布了 745 条例，对经济负荷响应的激励标准由原来的按边际电价和发电成本的差额补贴，改为按照 LMP 全额补贴，这对于提高经济负荷响应度起到了较大的效果。经济负荷响应的总电量值由 2011 年的 17 398MWh 增加为 2012 年的 141 568MWh，对经济负荷响应的结算总额由 2011 年的 2 052 996 美元增加到 2012 年的 9 159 381 美元。

各年经济负荷响应在最高负荷日注册容量和各年的项目结算情况分别如表 4–11 和表 4–12 所示。

表 4–11　　　　各年最大峰荷日经济负荷响应项目注册容量

时间	注册用户数量	最大峰日的注册容量（MW）
2002.08.14	96	335.4
2003.08.22	240	650.6
2004.08.03	782	875.6

时间	注册用户数量	最大峰日的注册容量（MW）
2005.07.26	2548	2210.2
2006.08.02	253	1100.7
2007.08.08	2897	2498.0
2008.06.09	956	2294.7
2009.08.10	1321	2486.6
2010.07.06	899	1725.7
2011.07.21	1237	2041.8
2012.07.17	885	2302.4

表 4–12　　　　　　　　　　各年经济负荷响应项目结算情况

年份	总响应电量（MWh）	总结算额（$）	单位结算额（$/MWh）
2002	6727	801 119	119
2003	19 518	833 530	43
2004	58 352	1 917 202	33
2005	157 421	13 036 482	83
2006	258 468	10 213 828	40
2007	714 148	31 600 046	44
2008	452 222	27 087 495	60
2009	57 157	1 389 136	24
2010	74 070	3 088 049	42
2011	17 398	2 052 996	118
2012	141 568	9 159 381	65

（2）紧急需求响应项目的实施成效。自 2007 年 6 月 1 日开始实施 RPM 竞价方式以来，容量市场已成为 PJM 市场中需求侧资源参与市场的主要交易层次。负荷管理项目的结算总额由 2011 年的 $487million 下降为 2012 年的 $331million，旋转备用（synchronized reserve）容量信用价值由 2011 年的 $9.4million 下降为 2012 年的 $4.5million。各年的紧急负荷响应注册容量如表 4–13 所示。

表 4–13　　　　　　　　　　各年紧急负荷响应注册容量

交易年	DR 总容量（MW）	ILR 容量（MW）	LM 容量（MW）
2007～2008	560.7	1584.6	2145.3

交易年	DR 总容量（MW）	ILR 容量（MW）	LM 容量（MW）
2008～2009	1017.7	3480.5	4498.2
2009～2010	1020.5	6273.8	7294.3
2010～2011	1070.0	7982.4	9052.4
2011～2012	2792.1	8730.5	11 522.7
2012～2013	7449.3	0	7449.3

注　2012/2013 年起停止可中断响应 ILR。

由此可以看出，PJM 市场中的需求响应削减总量和结算额呈逐年增加的态势，而随着激励政策的不同，各年中经济负荷响应项目和紧急负荷响应项目的占比情况也有所变动。随着电力市场对需求侧资源竞价开放程度的加深，经济负荷响应计划是需求侧资源参与市场竞价过渡阶段的一种实施机制；而紧急负荷响应计划要求相关技术和管理体制进步的支撑，包括负荷基线的确定、对响应负荷的测试和结算等。未来需求响应的实施和运营将和电力市场的运行调度各环节更紧密的结合。

三、国外需求响应项目对我国需求响应发展的启示

（一）基于电价机制的调整有助于需求响应的开展

基于电价的需求响应是需求响应的重要内容之一，并且覆盖面与影响范围相较于基于激励的需求响应而言更为广泛。国外需求响应项目的成功开展，前提在于包括定价机制在内的政策支持。国外开展需求响应时间较早，相关政策、制度较为成熟，尤其是对于节能减排、绿色低碳的支持力度较大，因此有动力通过需求响应项目减少能量消耗。另外，诸如美国、澳大利亚和加拿大等国通过制定多种有效的动态电价方案，成功实现了削减峰荷、转移负荷和减少用电的目的，从而实现了良好的社会效益，使得需求响应的开展更为健康有力。

（二）使能技术的应用有助于扩大需求响应的成效

目前，包括智能电能表、智能家居在内的使能技术在美国、法国等国家得到了推广和应用，这些智能装置能够让电价的变化可视化，甚至能通过预先的设置自动调整特定用电设备的负荷；而国外诸多需求响应项目也通过实践证明了使能技术的应用有助于提升用户对电价信号的关注度和增加用户的响应程度；在美国，甚至有专业的研究机构大力研发新技术，并积极推进示范项目的试点，继而在全社会推广和实施。技术与应用实现了良性循环，也促进了需求响应技

术的发展。

（三）节能理念的宣传、教育有助于需求响应的推广

由于国外多年的实践及耕耘，以及政府层面的支持与推广，需求响应项目在美国、法国等国家已深入人心，在全社会已经形成了良好的氛围。而相关的试点项目也显示，相对于未接受任何相关知识的用户，接受过需求响应宣传的用户显示出了更大的响应意愿。在全社会推广宣传需求响应与节能理念，能够在广泛的用户层面增强需求响应项目的接受程度。

参 考 文 献

［1］ 潘小辉，王蓓蓓，李扬. 国外需求响应技术及项目实践［J］. 电力需求侧管理，2013（1）：58-62.

［2］ Ahmad Faruqui. The Power of Experimentation New Evidence on Residential Demand Response [R/OL]. [2013-10-10]. http://www.brattle.com/experts/ ahmad-faruqui.

［3］ Aigner D J, Hirschberg J G. Commercial/industrial customer response to time-of-use electricity prices: some experimental results [J]. The RAND Journal of Economics, 1985: 341-355.

［4］ 陈璐. 需求响应技术现状、发展及展望［R/OL］.［2013-10-10］.

［5］ Rocky Mountain Institute. Automated Demand Response System Pilot, Final Report Volume 1-Introduction and Executive Summary [R/OL]. 2006 [2013-10-10]. https://www.sgiclearinghouse. org/LessonsLearned?q=node/2408&lb=1.

［6］ Ahmad Faruqui. The Power of Experimentation New Evidence on Residential Demand Response [R/OL]. [2013-10-10]. http://www.brattle.com/experts/ ahmad-faruqui.

［7］ Charles River Associates. Impact Evaluation of the California Statewide Pricing Pilot [R/OL]. 2005 [2013-10-10]. http://sites.energetics.com/MADRI/toolbox/ pdfs/pricing/cra_2005_impact_eval_ca_pricing_pilot.pdf.

［8］ Ahmad Faruqui. The Power of Experimentation New Evidence on Residential Demand Response [R/OL]. [2013-10-10].

［9］ 宋墩文. 法国推行家庭自动化［D］. 中国农业大学，1996.

［10］ SmartRegion.OPTION TEMPO [EB/OL]. [2013-9-16].

［11］ Guiraud, D.The tempo Tariff [D]. Trondheim:Efflocom Workshop, June 2004. http://www.smartregions.net/_ACC/_Components/ATLANTIS-DigiStore/ Downioad.asp?fileID=357252&basketID=1761.

［12］ Charles River Associates. Primer on demand-side management With an emphasis on price-

responsive programs [R]. The World Bank, February 2005.

[13] Bollen, M. Status of smart grids in Europe [D]. June 2004.

[14] Charles River Associates. Primer on demand-side management With an emphasis on price-responsive programs [R]. The World Bank, February 2005.

[15] Energetics.NSW-Significant Changes to Country Energy and Energy Australia [R]. Australia: Energetics, September 2002.

[16] Elenchus Research Associates Inc.. JURISDICTIONAL SURVEY/ ENVIRONMENTAL SCAN OF RELEVANT ELECTRICITY DISTRIBUTION RATE DESIGN EXPERIENCE IN OTHER JURISDICTIONS. [R]. Australia: Ontario Energy Board, March 2008.

[17] Colebourn. H. Network Price Reform [R]. BCSE Energy Infrastructure & Sustainability Conference, December 2006.

[18] Faruqui. A., Sergici. S. THE POWER OF EXPERIMENTATION New evidence on residential demand response [D]. The Brattle Group, April 04, 2008.

[19] IBM Global Business Services and eMeter Strategic Consulting, Ontario Energy Board Smart Price Pilot Final Report [R]. Ontario: IBM Global Business Services and eMeter Strategic Consulting, July 2007.

[20] Strapp. J., King. C. , OEB Smart Price Pilot - Results Overview [R]. Ontario: IBM Global Business Services and eMeter Strategic Consulting, July 26, 2007.

[21] Lenarduzzi. F. Summary of the Ontario Smart Price Pilot [R]. Ontario: TerraPower Systems Inc., July 2007.

[22] Faruqui. A., Sergici. S. THE POWER OF EXPERIMENTATION New evidence on residential demand response [D]. The Brattle Group, April 04, 2008.

[23] Elenchus Research Associates Inc. JURISDICTIONAL SURVEY/ ENVIRONMENTAL SCAN OF RELEVANT ELECTRICITY DISTRIBUTION RATE DESIGN EXPERIENCE IN OTHER JURISDICTIONS [R]. Australia: Ontario Energy Board, March 2008.

[24] Southern Company. Georgia Power RTP program a model for others. [EB/OL]. [2013-9-16]. http://southerncompany.mediaroom.com/index.php?s=57&item=324.

[25] PJM Interconnection, L.C.C. PJM 2012 ANNUAL REPORT [R]. 2012. http://www.pjm.com/~/media/about-pjm/newsroom/annual-reports/2012-annual-report.ashx.

[26] Independent Market Monitor for PJM. 2012 State of the Market Report for PJM [R]. 2013. http://www.monitoringanalytics.com/reports/PJM_State_of_the_Market/2012.shtml.

[27] PJM Interconnection, L.C.C. Economic Demand Resource in Energy Market [R]. 2012. http://www.pjm.com/~/media/training/core-curriculum/ip-dsr/economic-demand-side-

response-training.ashx.

［28］ PJM Interconnection,L.C.C. Emergency Demand Resource in Capacity Market [R]. 2012. http://www.pjm.com/~/media/training/core-curriculum/ip-dsr/load-management-in-rpm.ashx.

［29］ 李湛清，姚艳艳. 基于 OpenADR 的需求侧管理 [J]. 电测与仪表，2010（S1）：99–102.

第五章

分布式电源技术

在技术及政策的驱动下，分布式电源作为发展和利用新能源的一种有效形式也得到了迅猛的发展。开发分布式发电可以充分利用以分布式形式广泛存在的可再生能源，提高能源利用效率，实现节能减排。分布式电源就近接入配电网，可以降低线路损耗，缓解用电压力，提高电网抗灾能力。但是分布式电源接入配电网会对电网的安全运行和管理带来一系列的新问题。本章主要介绍分布式电源基本概念、分布式电源能量变换、分布式电源并网、微电网运行控制等关键技术。

第一节 分布式电源概述

一、分布式电源基本概念

（一）分布式电源定义和基本特征

国际上关于分布式电源（Distributed Resource，DR）的定义较多，并没有形成对分布式电源的统一定义。一般认为 DR 包括分布式发电（Distributed Generation，DG）和分布式储能（Distributed storage，DS）。不仅不同国家和组织，甚至是同一国家的不同地区对分布式电源的理解和定义都不尽相同，具有代表性的定义见表 5-1。

表 5-1　　　　　　　不同国家或组织对分布式电源的定义

国家或组织	分布式电源定义
国际能源署	服务于当地用户或当地电网的发电站，包括内燃机、小型或微型燃气轮机、燃料电池和光伏发电技术，以及能够进行能量控制及需求侧管理的能源综合利用系统
美国电气和电子工程师协会	接入当地配电网的发电设备或储能装置
美国《公共事业管理政策法》	小规模、分散布置在用户附近，可独立运行，也可以联网运行的发电系统

国家或组织	分布式电源定义
丹麦	靠近用户，不连接到高压输电网，装机规模小于 10MW 的能源系统
德国	位于用户附近，接入中低压配电网的电源。接入电压等级限制为 20kV，主要包括光伏、风电和小水电
法国	接入低压配电网，直接向用户供电的电源。接入电压等级限制为 20kV，容量限制为 10MW，主要是热电联产、小水电和柴油发电机
葡萄牙	接入中低压配电网，容量不超过 10MW，向用户供电的电源
芬兰	接入中低压配电网，向用户供电的电源，接入电压限制为 20kV

根据上述国外分布式电源定义，分布式电源一般具有如下几个特征：

一是靠近负荷，直接向用户供电。这是分布式电源的最本质特征，适应分散能源资源的就近利用，实现电能就地消纳。

二是通常接入中低压配电网。由于各国中低压配电网的定义存在差异，因此具体的接入电压等级也略有不同。德国、法国、澳大利亚等国家均将分布式电源接入电压等级限制在中低压配电网，国外的中低压配电网的电压等级一般不超过 20kV。

三是装机规模小，通常总装机容量不超过 10MW。美国、法国、丹麦、比利时等国家均将分布式电源的接入容量限制为 10MW 左右，瑞典和新西兰接入容量限制分别为 1.5MW、5MW。

四是清洁高效。从国外分布式电源定义中可以看出，分布式电源强调能源的清洁高效利用，通常为清洁的可再生能源发电和高能效的热电联产。具体利用形式包括天然气冷热电三联供、风电、太阳能发电、小水电等。

在我国，分布式电源的四个基本特征为：

一是靠近负荷，电能就地消纳。

二是节能环保，通常为可再生能源、资源综合利用发电、能效达到 70% 以上的天然气冷热电三联供。

三是装机规模小，通常不超过 20MW。

四是接入电压等级低，通常接入 35kV 及以下的中低压配电网。

综合国外分布式发电的定义以及我国对分布式电源特征，我国分布式电源可定义为：位于用户附近，装机规模小，电能就地消纳，接入中低压配电网的可再生能源、资源综合利用发电设施和有电力输出的能量梯级利用多联供系统。主要包括风能、太阳能、生物质能等可再生能源发电，以及余热、余压和废气

利用发电和天然气冷/热电多联供等。

（二）分布式发电分类

分布式发电按一次能源是否再生分为两类：一类利用可再生能源（如太阳能、风能、地热能等）发电；另一种利用不可再生能源（如轻油、天然气等）发电。目前主要的研究方向为利用可再生能源的分布式电源技术。由于一些可再生能源发电具有随机性和间歇性等特点，使得这些能源难以依靠自身的调节能力来满足负荷的功率平衡，所以还需其他电源的配合。

目前，风力发电、太阳能光伏发电、微型燃气轮机和燃料电池等分布式电源技术比较成熟。

1. 风力发电

风力发电技术是指将风能转换为电能的发电技术。由于其环保可再生、成本低、规模效益显著，受到越来越广泛的欢迎，成为发展最快的新能源之一。

风力发电机一般由风轮机、齿轮箱、发电机、偏航系统、控制系统、塔架等部件组成。

（1）风轮机、齿轮箱。风力发电机的风轮机多采用水平轴、三叶片结构。叶片的直径随单机容量的增大而加长。功率调节是风轮机的关键技术之一，目前投入运行的机组主要有两类功率调节方式，一类是定桨距失速控制，另一类是变桨距控制。齿轮箱又叫变速箱，可以将低转速的风机转化成适应于发电机工作的高转速。

（2）发电机、偏航系统、控制系统。按照转速是否恒定，风力发电机可分为定转速运行与可变速运行两种方式；按照发电机的结构区分，可分为异步发电机、同步发电机、永磁式发电机、无刷双馈发电机和开关磁阻发电机等机型。偏航系统一般是由偏航齿轮与偏航电机构成的，通过控制系统调整风轮的朝向位置，使其对准风向。控制系统是现代风力发电机的神经中枢，现代风力发电机都是无人值守的，风机根据风速、风向自动进行调整，这些过程都是通过控制系统来实现的，使风机在稳定的电压和频率下运行，自动地并网和脱网，并监视齿轮箱、发电机的运行温度、液压系统的油压。早期的风力发电机大多采用附带增速装置的异步发电机。随着电力电子变流技术的进步，先进的同步风力发电常采用交—直—交的接入方式，即先把发出的交流变成直流，然后再逆变成交流接入用户或电网。这种发电方式的优点是发电机转速不必与电网频率要求的转速同步。

（3）控制方式。目前主流的机型一般分为双馈电机和直驱永磁发电机，针对前者大多采用矢量控制：一是基于气隙磁场定向的矢量控制，在此控制方法

下推导出有功、无功解耦控制模型，但此方法在实际控制系统中不容易准确做到气隙磁场的定向，往往使得控制系统变得复杂；二是基于定子磁场定向的矢量控制，控制方法简单，但动态响应比较慢；三是智能控制，此种方法了利用其非线性、变结构、自寻优等各种功能来克服风力发电中参数的不确定性和非线性因素，是未来控制方法的发展研究方向。对于直驱风力发电机而言，目前主要的控制方式是矢量控制结合最大功率搜索算法或最大功率控制小信号扰动法。

（4）运行方式。风力发电的运行方式可分为独立运行、并网运行、与其他发电方式互补运行等。独立运行是指风力发电机输出的电能经蓄电池储能，再供应用户使用。这种方式可供电网达不到的边远农村、牧区、海岛等地区使用，一般单机容量数百到数千瓦。并网运行是在风力资源丰富地区，按一定排列方式安装风力发电机组，成为风力发电场，发出的电能全部经变压器送至电网，这是目前风力发电的主要方式。风力同其他发电方式互补运行，如风力—柴油机组互补发电方式，风力—太阳能光伏发电方式，风力—燃料电池发电方式等，这种方式不仅可弥补风速变化所带来的发电量突然变化的影响，保证一年四季均衡供电，而且可以在一定程度上延长蓄电池的寿命，同时还可以使离网型小型用户发电系统的发电成本降低，自然资源得到充分利用。

2. 太阳能光伏发电

太阳能光伏发电系统主要利用半导体材料的光生伏特效应（简称"光伏效应"）将太阳能转换为电能。太阳能光伏发电的容量，可以自由组合，适合分散使用，是当今大电厂、大电网集中式供能的重要补充和新一代能源系统的重要组成部分。太阳能光伏发电是一种零排放的清洁能源，也是一种能够规模应用的现实能源，可用来进行独立发电和并网发电。太阳能光伏发电以其转换效率高、无污染、不受地域限制、维护方便、使用寿命长等诸多优点，广泛应用于航天、通信、军事、交通、城市建设、民用设施等诸多领域。

太阳能光伏发电按发电系统可分为以下两种：

（1）独立光伏系统是指仅仅依靠太阳能电池供电的光伏发电系统。独立光伏系统不与电网连接，利用蓄电池或飞轮等储能设备将电能存储起来，在需要时，通过储能设备向负荷供电。

在一些无电或电网供电不稳定场所，利用光伏发电系统提供电力，使用方便，安全可靠，维护简单。光伏发电系统可就地供电，不需延伸电网，节省投资，也减少了线路损耗。但使用时必须根据负荷的用电要求和当地的气象、地理条件进行专门的优化设计，才能做到既保证负荷的长期稳定供电，又使得所

配置的光伏发电系统容量最小，达到可靠性和经济性的最佳结合。这类光伏发电系统的应用范围非常广泛，如微波中继站、光纤通信系统、无线寻呼台站、卫星通信和卫星电视接收系统、农村程控电话系统、部队通信系统、铁路和公路信号系统、灯塔和航标灯电源、石油和天然气输送管道阴极保护、气象和地震台站、水文观察、森林防火、污染检测等，甚至还可以应用到飞机、车辆、船舶等交通工具上。

（2）并网光伏发电系统是利用逆变器将光伏电池所发的直流电流转换成交流电流，并将电能输送到电网中。这类光伏系统发展很快，在20世纪末，并网光伏发电系统的用量就超过了独立光伏发电系统，成为主流应用方式。

光伏发电系统的主流发展趋势是并网光伏发电系统。并网光伏发电系统大体可分为住宅用并网光伏发电系统、商用并网光伏发电系统和集中大规模并网光伏发电系统三大类。前者特点是光伏发电系统发的电能直接分配给用户，多余或不足的电力通过连接的电网来调节；后两者特点是光伏发电系统发的电能被直接输送到电网上，由电网把电力统一分配给各用户。目前住宅和商用光伏发电系统在国外已得到大力推广，而集中大规模并网光伏发电系统在中国、美国得到大规模应用。两者在系统结构上差别不大。

3. 微型燃气轮机

微型燃气轮机是指以天然气、汽油、柴油、丙烷为燃料的超小型燃气轮机，具有体积小、质量轻、效率高、污染小以及运行维护简单等特点，是目前最成熟、最具有商业竞争力的分布式电源。微型燃气轮机发电机组由微型燃气轮机、燃气轮机直接驱动的内置式高速逆变发电机和数字电力控制器（DPC）等部分组成。其核心设备微型燃气轮机由径流式叶轮机械（向心式透平与离心式压气机）、燃烧室、板翘式回热器构成，功率范围在数百千瓦以下。其发电效率可达30%，如实行热电联产，效率可提高到75%及以上。

4. 燃料电池

燃料电池是一种直接将化学能转变为直流电能的电化学装置。燃料电池的工作原理是富含氢的燃料（如天然气、甲醇）与空气中的氧气结合生成水，氢氧离子的定向移动在外电路形成电流，类似于电解水的逆过程。它并不燃烧燃料，而是通过电化学的过程将燃料的化学能转化为电能。通常燃料电池发电厂主要由三部分组成：燃料处理部分、电池反应堆部分、电力电子换流控制部分。

燃料电池按电解质可分为：碱性燃料电池、磷酸型燃料电池、聚合电解质膜电池、熔融碳酸盐燃料电池和固体电解质燃料电池，其中磷酸型燃料电池技

术较成熟。

燃料电池具有效率高、噪音低、电力质量高、安装便捷经济、自动化程度高等特点。

（三）储能

电能的储存是伴随着电力工业发展一直存在的需求。比如火电厂要求以额定负荷运行，以维持较高的能量转换效率和品质，但用电量却随着时间变化。如果有大容量、高效率的电能储存技术对电力系统进行调峰，将对电厂的稳定运行和节能起到积极的促进作用。对分布式电源而言，由于分布式发电的间隙性以及相应的分布式电源设备具有较小的转动惯量甚至没有转动惯量，发电量随分布式电源的变化而变化，其变化速度往往高过电力系统中传统大型发电设备的调节速度。若此类分布式电源所占比例过大，那么在分布式电源突变的时候必将引起电压的突然变化且主电网来不及调节，因此需要有动作速度快的储能设备，通过释放或吸收功率来辅助调节电网的电压和频率，通过纠正电压跌落、闪变、波动以及频率的失衡来改善电能的质量。

到目前为止，人们已经开发了多种形式的储能方式，主要分为化学储能、物理储能。化学储能主要分为蓄电池储能和电容器储能，物理储能方式主要有飞轮储能、超级电容储能、抽水蓄能、压缩空气储能和超导储能等方式。

1. 蓄电池储能

蓄电池储能近来已成为电力系统中最有前途的短期储能技术之一，目前在小型分布式电源中应用最为广泛。根据所使用的化学物质，蓄电池可以细分为许多不同类型。

（1）铅酸电池。铅酸电池在蓄电池储能中应用最为广泛。其正负电极为二氧化铅和铅，以硫酸为电解质。铅酸电池组具有吸附电解质结构，工作时形成的氧能够复合，并能在浮充（备用）和深循环应用下工作。这种电池用于光伏或其他再生能源系统最为理想。铅酸电池具有成本低、原料丰富、制造技术成熟、能够实现大规模生产、销售渠道广等优点。其不足之处是占有空间比较大，效率受周围温度的影响比较大，且含铅等有毒物质，具有一定的危险性。

（2）MH-Ni（Metal Hydride-Nickel）电池。MH-Ni电池是一种碱性电池，其正极为镍氢氧化物，负极为储氢合金材料。充电时氢由正极到负极，放电时氢由负极到正极，电解液没有增减现象，电池可实现密封设计。由于其高能量密度性、占用体积小，人们预测其将在电动机车领域拥有较大的应用空间。目前在分布式电源领域，由于其成本较高，与铅酸电池相比除了体积小外，优势

不明显。

2. 超级电容

超级电容在 20 世纪 60 年代出现，并在 80 年代逐渐走向市场的一种新兴的储能器件。由于其特殊材料制作的电极和电解质，超级电容的存储容量是普通电容的 20～100 倍，同时又保持了传统电容器释放能量速度快的特点。超级电容按照其储能原理可以分为双层电容器和法拉第准电容器。

双层电容器的基本原理是利用电极和电解溶液之间形成的界面双电层来存储能量。当电极和电解液接触时，由于库仑力、分子间力或者原子间力的作用，使固液界面出现稳定的、符号相反的两层电荷，称为界面双电层。其储能的实质就是电解质对电极进行的电化学极化，由于没有产生电化学反应，因此其储能过程是可逆的。

法拉第准电容器出现得比双层电容器要晚，简称准电容。该电容是在电极表面或体相中的二维或准二维空间上，电活性物质进行欠电位沉积，发生高强度的化学吸脱附或氧化还原反应，产生与电极充电电位有关的电容。法拉第准电容器存的电能不仅包括双电层上的电能，而且还有电极中由于氧化还原反应储存的电能。

超级电容是介于传统物理电容器和电池之间的一种较佳的储能元件，具有以下几方面的优点：功率密度高、充电时间短、充放电循环寿命长以及储能时间长、可实现高比功率和高比能量输出、可靠性高、环境温度对正常使用影响不大、可任意并联使用。

3. 飞轮储能

飞轮储能技术是一种机械储能方式。飞轮在电力系统正常运行的时候，通过电动发电机将电能转化为飞轮的动能，在电力中断、电压跌落时再通过电动发电机向电网提供电力。飞轮需要有很大的转动惯量，传统的飞轮用铁制造，为防止高速旋转时变形破裂，其速度限制在几千转每分钟之内。现在有由碳化纤维制成的飞轮，其转速可以达到 50 000r/min 左右，并用磁悬浮轴承以降低摩擦耗损。相比于超级电容和蓄电池，飞轮储能系统具有能量密度高、无过度充放电问题、放电深度易测量、充电时间短、对温度不敏感等优势，但是又带来了机械维护、高速电机控制等方面的新问题。

4. 超导磁储能系统

超导磁储能系统（Superconducting Magnetic Energy Storage，SMES）利用超导体制成的线圈储存磁场能量，功率输送时无需能源形式的转换，具有响应速度快（ms 级）、转换效率高（95%）、比容量（1～100Wh/kg）、比功率（104～

105kW/kg）大等优点，可以实现与电力系统的实时大容量能量交换和功率补偿。SMES 在技术方面相对简单，没有旋转机械部分和动密封问题。SMES 可以充分满足输配电网电压支撑、功率补偿、频率调节、提高系统稳定性和功率输送能力的要求。

二、国内外分布式电源发展情况

国外分布式电源的发展具有一定的客观规律，分布式电源的开发和利用不仅与其所在地区的资源禀赋特点、电网、电源规模和结构、电网自动化水平、管理体制密切相关，而且还会随着经济社会的发展和电力供需形势的变化而演变。在西方发达国家，分布式电源起步于 20 世纪 70 年代，近十几年来得到了较快发展。国外分布式电源发展经历四个主要阶段：

（1）在国外分布式电源发展初期，在电网结构薄弱和电力供应不足的阶段，分布式电源开发和利用主要用于解决偏远地区的用电问题和保障某些特定用户的供电可靠性。分布式电源首要任务是满足用电需求，提高能效和经济性是次要目标。

（2）随着电网规模不断扩大、电网结构日臻完善、电力供需形势缓和，以及大电网供电可靠性得以保障，提高能源使用效率和环保是分布式电源的直接推动力和追求目标，微型燃气轮机、冷热电三联供系统等高能效分布式电源应运而生。

（3）随着欧美电力市场化改革不断深入推进，在引入竞争、打破垄断，提高电力工业的生产效率和服务质量的大背景下，分布式电源发展被赋予了新的内涵。分布式电源因具备成为新兴的市场主体条件而能够参与电力市场竞争，此时，经济利益驱动成为分布式电源发展又一推动力。

（4）在当今能源和环境压力日益增加的情况下，推动分布式新能源发展是政府和公众对电力系统实现节能减排、应对气候变化的强烈要求，风电、太阳能发电、生物质能发电等分布式新能源日益成为社会各界广泛关注的焦点。

国外分布式电源发展也是因地因网制宜，并无统一范式。在电力工业不同发展阶段、在各国经济社会不同发展阶段，分布式电源发展的内涵和表现形式均存在差异。但整体而言，在大电网规模化发展、充分发挥电网规模经济和范围经济的大背景下，分布式电源仅是大电网的有益补充；此外，在当今新一轮能源革命形势下，高效环保将成为分布式电源发展的主题和方向。

（一）美国

美国是世界上较早发展分布式电源系统的国家之一，2006 年，美国已有6000 多座分布式能源站，仅大学校园就有 200 多个采用分布式能源站进行供能。

分布式电源在美国得到快速发展的原因有以下几点：

（1）美国能源资源分布有利于分布式电源发展。电力需求的地理分布与能源资源的分布具有对应性。美国中部以煤电为主，太平洋西部以水电为主而南部滨海则以天然气发电为主。

（2）美国电力供需的格局有利于分布式电源发展。美国电力供需以小范围内平衡为主，并且趋于利用当地电量，同时用户也偏向利用当地电力。这种能源和负荷的格局有利于分布式电源发展。

（3）美国的电网政策有利于分布式电源发展。美国在2001年颁布了IEEE—1547，允许分布式电源系统并网和向电网售电，这大力推动了分布式电源系统的发展。

（4）美国政府提出的相关政策有利于分布式电源发展。美国的一些州提出了补助方案如减免税收等各项鼓励政策，积极扶持分布式电源的发展。

（5）美国先进的发电技术有利于分布式电源发展。美国在分布式电源技术上的基础较好，有多项先进技术如涡轮技术、燃料电池以及涡轮混合装置等技术，都可被用于分布式电源。

（二）日本

日本也是较早使用分布式电源的国家之一。由于其能源资源匮乏，主要一次能源基本依靠进口，因此日本对可再生能源极为重视。为了减少对能源进口的依赖，日本大力开发热电联产分布式电源和可再生能源发电。1980年，日本政府将可再生能源作为本国能源发展重点，1994年，日本政府根据本国的自然资源情况制定了"新能源计划"，积极发展可再生能源。日本在开发推广分布式电源系统时十分重视其与大电网的关系，制定了"分布式电源并网技术导则"，以促进分布式电源与电网的协调发展。日本也为分布式电源的发展推出了相关法令与政策，如对分布式电源单位减税或免税等，这些政策促进了分布式电源在日本的发展。日本的分布式电源形式多样，其中太阳能发电技术处于世界领先地位。

（三）欧洲

欧洲的分布式电源发展目标与日本、美国不同，其最终目标是完全使用分布式电源系统，所以欧盟各国都极力推动分布式电源技术的发展。

丹麦的分布式电源形式以热电联产和可再生能源为主。1990年以来，丹麦的大型凝气发电厂装机容量没有增加，新增的电力装机容量主要是安装在用户侧（特别是工业用户）和小型区域化的分布式能源电站、可再生能源发电项目。丹麦的分布式电源系统一般直供本地负荷，其依靠在能源消费地区附近安装太

阳能电池板或燃气轮机等小型发电设备来有效补充或取代集中供电系统。丹麦为鼓励分布式电源的发展，制定了一系列的法律和政策如《供热法》《全国天然气供应法》《电力供应法》等。在 2005 年，其分布式电源系统发出的电量约占全国发电总量的一半。

荷兰在 1988 年启动了热电联产激励计划，大力扶持分布式电源的发展。从 1987 年到 1998 年，荷兰的热电联产装机容量由 2700MW 猛增到 7000MW，其发电量占总发电量的 48.2%。荷兰大多数分布式电源厂都是配电方与工业企业联合投资的，其分布式电源为电力增长做出了巨大的贡献。荷兰的热电联产分布式电厂可连接到电网，电力部门必须接受此类项目的电力。

英国分布式电源政策的制定主要着眼于环保和温室气体减排。英国的碳减排目标是以 1990 年为基准，到 2020 年减排 26%~32%，到 2050 年减排 60%，发展分布式能源是英国中短期内减少碳排放的重要途径之一。所以英国提出一系列扶持政策如免收所有燃料的气候变化税，鼓励降低分布式电源并网费等促进可再生能源的分布式电源的发展。

（四）中国

分布式电源的发展在我国已有较长的历史，前期主要以热电联产和小水电为主，近年来，城市冷热电多联供系统和建筑光伏、小风电等分布式电源开始逐步增多，同时我国政府也为分布式电源的发展提供便利。国务院在 2013 年 01 月 01 日发布《能源发展"十二五"规划》对于电力发展提出了未来几年的主要目标，并明确指出了要加快发展风能等其他可再生能源。国家电网公司于 2012 年 10 月发布《关于做好分布式光伏发电并网服务工作的意见》，提出要积极发展分布式光伏发电项目，又于 2013 年 3 月发布了《关于做好分布式光伏发电并网服务工作的意见》，除太阳能发电外，还加入了包括天然气、生物质能、风能、地热能、海洋能、资源综合利用发电等项目。2014 年国家能源局提出 2014 年新增装机总规模目标为 14GW，实际装机容量超过 10GW，其中分布式光伏发电受到高度重视，特别是与农业相结合的农光互补、渔光互补等新型农业光伏项目得到快速的发展。2014 年年底银行对光伏发电行业态度也发生重要转变，由"适度进入"变为"积极进入"，光伏发电资金制约阻碍也明显减弱。2015 年随着光伏政策更加细致化和完善落实，包括屋顶协调、融资模式、居民用户激励、转供电试点和农业光伏的成熟化，预计光伏发电领域会得到更加健康的发展。

三、分布式电源并网标准

（一）IEC 及 IEEE 标准

IEC 已经制定 IEC 1727 光伏并网等多个单项分布式电源相关国际标准，正

在制定通用的分布式电源并网标准；2012 年 IEC TC8 启动分布式电源与电网互联技术标准编制工作，目前已完成 TC8 委员会草案。IEEE 分布式电源的并网标准主要有 IEEE 1547 等标准，该标准规定了分布式发电互联的基本要求，涉及所有有关分布式发电互联的主要问题，包括电能质量、系统可靠性、系统保护、通信、安全标准、计量。IEEE 1547 标准已经扩展到成系列标准。包括：

IEEE P1547.1，分布式发电与电力系统互联一致性测试程序。这一标准于 2005 年出版完成，提供测试程序，确认分布式发电是否适合与电力系统联网。

IEEE P1547.2，分布式发电与电力系统互联应用指南草案，提供互联应用技术背景和应用的细节，以支持对 IEEE1547 的理解。2007 年出版新编制的指南版本。

IEEE P1547.3，分布式发电与电力系统互联的监测，信息交流和控制指南，于 2007 年得到 IEEE 标准委员会批准发表。

IEEE P1547.4，分布式孤岛电力系统的设计、操作和集成指南草案，提供设计操作和集成分布式孤岛电力系统的方法和实际做法，包括与电网分开和重新连接。

IEEE P1547.5，大于 10MVA 分布式发电与输电电网互联技术准则草案，包括超过 10MVA 分布式发电与输电电网互联的设计、施工、调试、验收、测试、维修和性能要求。

IEEE P1547.6，分布式发电与电力系统配电二级网络互联建议草案。为分布式发电与电力系统配电二级网络互联提供指导。这项工作在燃料电池、光伏技术、分散发电以及储能 IEEE 标准委员会协调下进行，正在取得进展。其发展情况可以从 SCC21 网站了解。

（二）英德加等国标准

除了国际标准以外，许多国家都有自己的标准。英国目前主要有 BSEN50438：2007《微型发电设备接入低压配电网技术要求和嵌入式发电厂接入公共配电网标准》。其中英国 BSEN50438：2007 标准针对的微电源为接入 230、400V 配电网单相电流不超过 16A 的分散电源；英国嵌入式发电厂接入公共配电网标准是由电力协会制定的 G59/1 和 G75/1 工程推荐标准，G59/1 标准适用于接入 20kV 以下配电网，且容量不超过 5MW 的小型电源并网，G75/1 标准适用于接入 20kV 以上电压等级配电网，且容量大于 5MW 的电源并网。此外，ER G83/1 为单相 16A 以下小规模嵌入式发电设备接入公共低压配电系统标准。

德国先后于 2008 年 1 月和 2011 年 8 月发布了发电厂接入中压电网并网指南和发电系统接入低压配电网并网指南（VDE-AR-N 4105：2011），这两项指南都考虑了可再生能源发电的接入，适用于风电、水电、联合发电系统（如生物

质能、沼气或者天然气火力发电系统等)、光伏发电系统等一切通过同步电机、异步电机或变流器接入中低压电网的发电系统。此外,德国还发布了 DIN EN 50438—2008《与公共低压配电网并联运行的微型发电机的连接要求》。

加拿大目前有 2 个主要的互联标准,包括 C22.2NO.257《基于逆变器的微电源配电网互联标准》和 C22.3NO.9《分布式电力供应系统互联标准》,其中 C22.2NO.257 标准规定了基于逆变器的分布式电源与 0.6kV 以下的低压配电网互联要求,C22.3NO.9 适用于接入 50kV 以下配电网、并网容量不超过 10MW 的分布式电源。

(三)中国标准

国家电网公司先后于 2010 年和 2011 年发布了 Q/GDW 480—2010《分布式电源接入电网技术规定》、Q/GDW 666—2011《分布式电源接入配电网测试技术规范》、Q/GDW 667—2011《分布式电源接入配电网运行控制规范》和 Q/GDW 677—2011《分布式电源接入配电网监控系统功能规范》等 4 项企业标准,特别是包括 GB/T 19964—2012《光伏发电站接入电力系统技术规定》和 GB/T 29319—2013《光伏发电系统接入配电网技术规范》在内的多项国家标准的推出,光伏发电日益趋于完善,其中 GB/T 19964—2012 标准适用于通过 35kV 及以上电压等级并网,以及通过 10kV 电压等级与公共电网连接的光伏发电站,内容包括:有功无功输出、功率预测、电压控制、低电压穿越要求、电网适应性、电能质量、模型和二次系统等要求。GB/T 29319—2013 标准适用于通过 380V 电压等级接入电网,以及通过 10(6)kV 电压等级接入用户侧的光伏发电系统,内容包括:无功容量、电压调节、电网适应性、电能质量、防孤岛保护、逆功率保护、接地、电能计量、通信等要求。

第二节　分布式电源能量变换技术

一、分布式电源系统结构

分布式电源系统通常包括输入能源(即分布式电源)、能量装换装置、负荷以及控制系统,其结构如图 5-1 所示。

输入能源通过能量转换装置转换为电能,然后再将电能输送到本地负荷或者电网中。整体系统控制是分布式电源系统的重要组成部分,其控制任务可以被分为两个主要部分:

(1)输入侧控制。主要是控制输入源最大功率输出,同时对输入侧的转换装置进行保护。

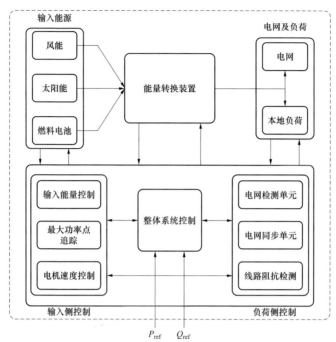

图 5-1　分布式电源系统结构

P_{ref}—有功功率参考值；Q_{ref}—无功功率参考值

（2）电网侧控制。主要有以下任务：控制输出的有功功率；控制输出的无功功率；控制直流侧电压；确保输出高质量的电能以及实现与电网同步。

电网侧控制任务只是对转换器最基本的要求，一般还要求电网调节器具有额外的辅助控制功能，如对本地电压与频率的调节，提供电网谐波补偿以及有源滤波等。

在分布式电源系统中，光伏发电与风能发电是近几年发展最迅速的可再生能源分布式电源，下面对光伏发电并网系统以及风能发电并网系统进行介绍。

（一）太阳能光伏发电并网系统

太阳能光伏发电并网系统一般由光伏阵列、逆变器、电网和控制系统4部分组成，如图 5-2 所示。

光伏阵列和电网通过作为并网系统的控制单元逆变器相连接。通过对逆变器的控制，可以实现所有并网转换装置的基本功能，如直流侧电压控制、电网同步和输出电流控制；可以实现在光伏系统中的特定功能如最大功率点追踪，以确保光伏阵列能够输出其最大功率和孤岛保护以及对电网和光伏阵列的检测；还可以实现辅助功能，如有源滤波控制、微电网控制以及对电网的支撑。同时

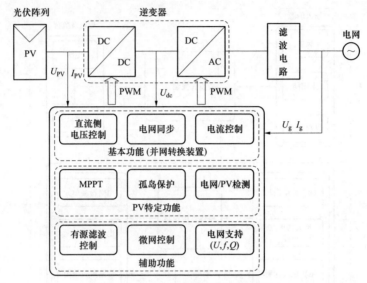

图 5-2　太阳能光伏发电并网系统

PV—Photovoltaic（光伏阵列）；PWM—Pulse Width Modulation（脉宽调制）；DC—Direct Current（直流）；
AC—Altering Current（交流）；U_{PV}—光伏阵列输出电压差；I_{PV}—光伏阵列直流电流值；
U_{dc}—逆变器直流母线电压值；U_g—电网交流电压瞬时值；I_g—电网交流电流瞬时值；
MPPT—Maximum Power Point Tracking（最大功率点跟踪）

为了使输出电流含有较少的谐波量，一般需要利用滤波器连接逆变器与电网，而根据使用滤波器的不同，控制器的环路设计也需随之变化。

（二）风能发电并网系统

风能发电并网系统如图 5-3 所示。

风能并网发电系统与太阳能光伏发电并网系统的结构相似，发电机也是通过系统控制单元逆变器与电网相连。通过对逆变器的控制，完成对直流侧电压的控制，实现电网同步以及控制输出的电流电压，同时控制功率，使其最大化，并通过控制螺距角实现功率限制。通过控制逆变器还可以实现电网的支持并电网故障时完成电压穿越；同时通过逆变器完成惯量模拟，能量存储以及电能质量管理。

二、电路拓扑

拓扑结构是逆变器的电路设计结构，它关系着逆变器的效率和成本。分布式电源系统所使用的并网逆变器拓扑结构要求成本低、效率高，而且能承受直流电压波动大、整体直流电压很低的实际情况。另外，逆变器的输出也要满足较高的质量要求，比如谐波值很小、功率因数为1、与电网电压同频同相等。根

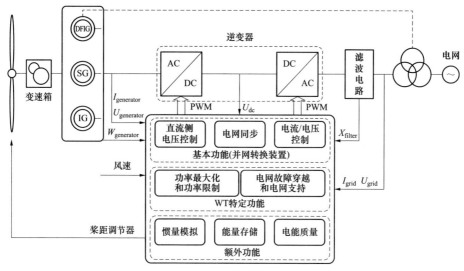

图 5-3 风能并网发电系统

PWM—Pulse Width Modulation（脉宽调制）；DC—Direct Current（直流）；AC—Altering Current（交流）；

DFIG—双馈感应发电机；SG—同步发电机；IG—感应发电机；$U_{generator}$—发电机电压；

$I_{generator}$—发电机电流；U_{dc}—风机逆变器直流母线电压值；X_{filter}—滤波器阻抗；

U_{grid}—电网电压；I_{grid}—电网电流

据逆变器的输入端和输出端是否隔离，可以将逆变器分为隔离型和非隔离型。隔离型逆变器又可以分为高频隔离型和工频隔离型。高频隔离型变压器即对应着多级逆变器的第一种形式；工频隔离型变压器则对应着第二种形式。使用隔离型变压器，可以抑制包括环流、漏电流等在内的多种问题，但给逆变器的成本、尺寸及效率的优化增加了阻碍。

由于光伏极板存在分布电容，从安全的角度考虑，如果没有隔离型变压器，漏电流会影响剩余电流检测装置（RCMU）的正常工作，导致人因为线路破损误接触光伏极板正极或负极时，电流回路无法得到跳脱，对人体保护失效。所以在有些国家的标准中规定，必须要在光伏逆变器中加入变压器。工频隔离型是最常用的结构，也是目前市场上使用最多的逆变器类型。工频隔离型变压器除了防止漏电流问题，还隔离了输入端与输出端，能有效抑制环流现象的发生。但工频变压器体积大和质量大，效率比较低。有些隔离型的光伏并网逆变器采用高频隔离，由于高频变压器的体积小、质量小，因而对系统的效率较高，大约提高 1%~2%左右。高频隔离变压器的逆变环节可以采用多种形式的隔离拓扑结构，一般用于功率等级较小的逆变器中，特别是在和光伏组件集成的逆变器中，因为高频变压器的变压比可以较大，这样直流侧的输入电压可以比较小。

但高频变压器对由交流电网、并联系统开关次序不匹配引起的环流并不能有效抑制，因此有一定的局限性。

下面介绍几种无变压器的逆变器拓扑结构以及几种 boost 升压逆变器。

（一）传统 H 桥拓扑

传统 H 桥拓扑结构如图 5-4 所示。

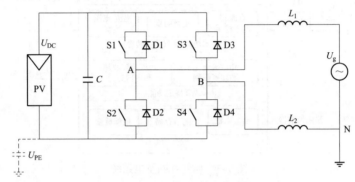

图 5-4　传统 H 桥拓扑结构

传统 H 桥拓扑工作情况随 PWM 调制方式的不同而不同，按 PWM 调制方式可以分为单极性调制和双极性调制。

在双极性调制时，当 S1，S4 导通时，A 点电位为直流母线电压 U_{DC}，B 点电位为 0，共模电压为 $U_{cm} = \frac{1}{2}(U_{AO} + U_{BO}) = \frac{1}{2}V_{DC}$；当 S2，S3 导通时，A 电位为 0，B 点电位为直流母线电压 V_{DC}，共模电压 $U_{cm} = \frac{1}{2}(U_{AO} + U_{BO}) = \frac{1}{2}V_{DC}$。因此，共模电压 U_{cm} 始终为 $U_{DC}/2$。其工作原理如图 5-5 所示。

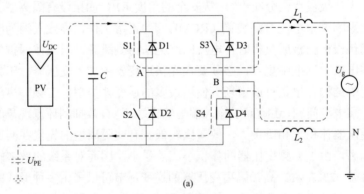

(a)

图 5-5　传统 H 桥双极性调制工作原理图（一）

(a) 正半周期

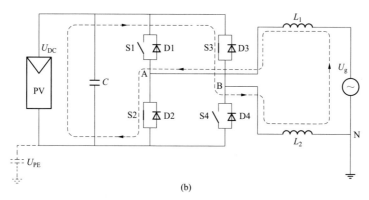

(b)

图 5-5　传统 H 桥双极性调制工作原理图（二）

（b）负半周期

在单极性调制时，在正半周期，S4 处于导通状态，S1、S2 以开关频率轮换导通，切换有源状态和零状态，如图 5-6 所示。在负半周期时，S2 始终

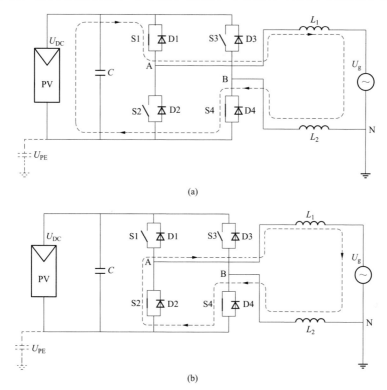

(a)

(b)

图 5-6　传统 H 桥单极性调制正半周期工作原理图

（a）有源状态；（b）零状态

处于导通状态，S3 与 S4 以开关频率轮换导通。以正半周期为例，处于有源状态时，A 点电位为直流母线电压 U_{DC}，B 点电位为 0，共模电压为 $U_{cm} = \frac{1}{2}(U_{AO} + U_{BO}) = \frac{1}{2}V_{DC}$；处于零状态时，A，B 点电位均为 0，共模电压为 0，因此共模电压 U_{cm} 以开关频率在 $U_{DC}/2$ 和 0 之间切换。

传统 H 桥拓扑结构主要有以下特点：

（1）传统 H 桥拓扑在双极性调制时输出电压只两电平：U_{DC}、$-U_{DC}$，与三电平相比，输出电感将增大，会降低效率，增大体积。在单极性调制时，输出电压波形有三级：U_{DC}、0、$-U_{DC}$，电感减小，开关损耗也降低，因此有较高的效率。

（2）双极性调制每次换流有四个开关器件参与动作，有四个开关器件承受开关损耗。单极性调制每次换流仅有两个，另两个以工频频率开关。

（3）在双极性调制时，共模电压基本为一常量，基本无漏电流产生；在单极性调制时，共模电压变化，产生较大的漏电流。

（二）直流侧旁路全桥拓扑

直流侧旁路全桥拓扑（Full Bridge with DC Bypass-FB-DCBP topology）由西班牙 Gonzalez，R 首先提出，此拓扑结构如图 5-7 所示。

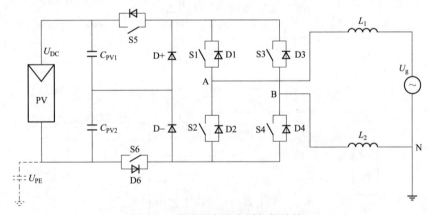

图 5-7　直流侧旁路全桥拓扑结构

直流侧旁路全桥拓扑正半周期换流图如图 5-8 所示。以半周期为例，在有源状态时，S1、S4、S5、S6 导通，A 点电位为直流母线电压 U_{DC}，B 点电位为 0，共模电压为 $U_{cm} = \frac{1}{2}(U_{AO} + U_{BO}) = \frac{1}{2}U_{DC}$；在续流状态时，S1、S2、S3、S4 同

时导通，S5，S6 关断。A、B 两点电位均为 $U_{DC}/2$，此时共模电压 $U_{cm} = \frac{1}{2}(U_{AO} + U_{BO}) = \frac{1}{2}U_{DC}$。因此，共模电压 U_{cm} 始终为 $U_{DC}/2$。负半周期工作原理与其类似。

该拓扑具有以下特点：

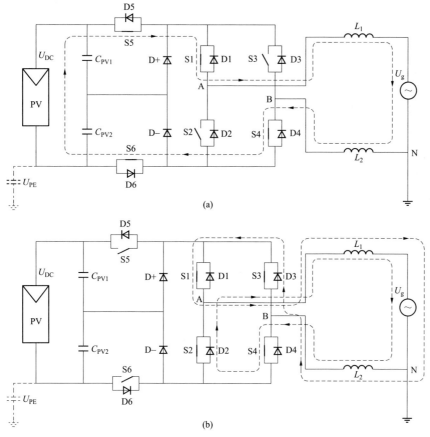

(a)

(b)

图 5-8　直流侧旁路全桥拓扑正半周期换流图

（a）有源状态；（b）续流状态

（1）直流侧旁路全桥拓扑输出电压波形有三级：U_{DC}、0、$-U_{DC}$；与单极性调制 H 桥拓扑类似。同双极性调制 H 桥相比，可以减小电感的使用量，提高逆变器效率。

（2）在直流侧旁路全桥拓扑中，只有 S5、S6 高频开关动作，虽然在正半周

期时，S2、S3 也在以开关频率动作，但其开关动作是在零电压下完成（仅靠反并联二极管亦可工作），因此 S1、S2、S3、S4 不承受开关损耗。

（3）共模电压基本为一常量，基本无漏电流产生。

（4）在续流过程中，有两条完全相同的通路可以使用，如果采用 MOSFET 作为开关器件，并联以后，可减小导通损耗，但由于光伏并网逆变器一般工作在功率因数为 1、调制度大于 0.9 的工作条件下，续流状态作用时间短，此点对效率提升作用并不明显。

（5）在此拓扑工作在有源状态时，有四个开关管承担导通损耗，使得逆变器的导通损耗增加。同时，由于加入了两个开关器件和两个钳位二极管，器件数量明显增加。

（三）H5 桥逆变

H5 桥逆变器的转换效率高达 98%，其拓扑结构图如图 5-9 所示。一般的单相光伏并网逆变器在空转（free-wheeling）时会向直流侧母线电容反向输入电流，导致电压与电流方向相反。H5 结构通过增加母线上的一个开关，防止电流由电网侧向母线电容回流，使得转换效率明显提升。同时由于在空转时母线开关断开，导致电压波动反应不到光伏阵列输入侧，因此可以防止产生漏电流。

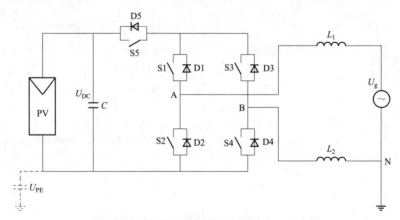

图 5-9　H5 桥拓扑结构

H5 桥拓扑正半周期换流图如图 5-10 所示。以半周期为例，在有源状态时，S1、S4、S5 导通，A 点电位为直流母线电压 U_{DC}，B 点电位为 0，共模电压为 $U_{cm} = \frac{1}{2}(U_{AO} + U_{BO}) = \frac{1}{2}U_{DC}$；在续流状态时，S1、S3 导通，S2、S4、S5 关断，此时 A、B 两点电位均为 $U_{DC}/2$，由于 D2、D4 与 D5 二极管的钳位作用，共

模电压 $U_{cm} = \dfrac{1}{2}(U_{AO} + U_{BO}) = \dfrac{1}{2}U_{DC}$。因此，共模电压 U_{cm} 始终为 $U_{DC}/2$。负半周期工作原理与其类似。

H5 拓扑工作主要有以下特点：

（1）H5 拓扑输出电压波形有三级：U_{DC}、0、$-U_{DC}$；与单极性调制 H 桥拓扑类似。同双极性调制 H 桥相比，可以减小电感的使用量，提高逆变器效率。

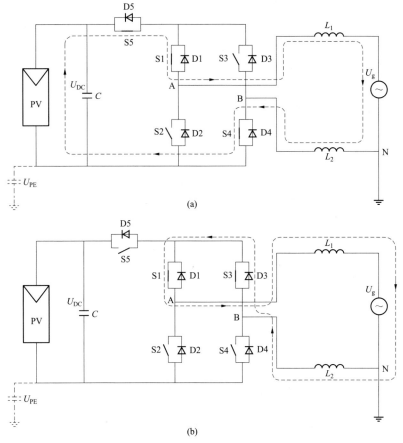

图 5–10　H5 桥拓扑正半周期换流图

（a）有源状态；（b）续流状态

（2）利用 H 桥下管 S2、S4 和直流正母线上的开关管 S5 三个开关管切断漏电流回路，利用 H 桥上管 S1、S3 续流，在续流过程中利用 D2、D4 与 D5 进行钳位。

（3）每次开关频率换流，只有一个器件承担开关损耗，开关损耗低。

（4）共模电压基本为一常量，基本无漏电流产生。

（5）有源状态有三个开关器件导通，续流状态有两个开关器件导通，导通损耗增加，但小于直流侧旁路全桥拓扑与前面统一。

（四）传统中性点钳位（NPC）拓扑

中性点钳位拓扑（Neutral Point Clamped-NPC topology）最早在上世纪 70 年代，由 Baker 以专利形式提出。由于该拓扑具有相对三相全桥拓扑更好 EMI 特性，目前该拓扑结构已广泛应用在电力传动领域，用以降低电机内部定子与转子之间高频 PWM 调制引起的轴向漏电流（轴向漏电流会严重影响电机寿命，并且造成更大的功率损耗，甚至击穿绝缘层）。同时，NPC 拓扑相比传统单相 H 桥拓扑或者三相全桥拓扑，降低了开关损耗，具有更高的效率。

传统单相半桥 NPC 拓扑结构如图 5–11 所示。

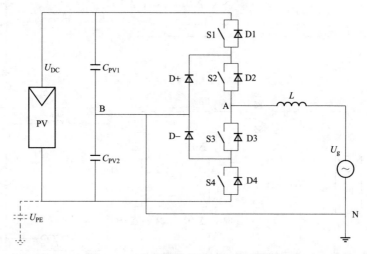

图 5–11　传统单相半桥 NPC 拓扑结构

传统单相半桥 NPC 拓扑正半周期换流图如图 5–12 所示。以正半周期为例，在有源状态时，S1、S2 导通；在续流状态时，S2、S3 同时导通，用以保证在功率因数不为 1 时，系统可以正常工作。另外，太阳能电池板与地电位之间电容上的电压始终为 $U_{DC}/2$，不再有漏电流产生。负半周期工作原理与其类似。

传统单相半桥 NPC 拓扑工作有以下特点：

（1）传统单相半桥 NPC 拓扑输出电压波形有三级：U_{DC}、0、$-U_{DC}$；与单极性调制 H 桥拓扑类似。同双极性调制 H 桥相比，可以减小电感的使用量，提

高逆变器效率。

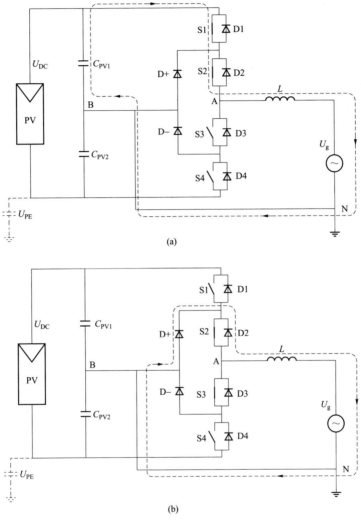

图 5-12　传统单相半桥 NPC 拓扑正半周期换流图

（a）有源状态；（b）续流状态

（2）传统单相半桥 NPC 拓扑最大缺点在于直流输入电压是传统 H 桥拓扑的两倍，这也是所有半桥电路拓扑共有的缺点。

（3）器件损耗不平衡。另外，器件损耗分布和调制度及功率因数有直接的联系。调制度决定了有源状态和续流状态的时间比，同时功率因数决定了电流

流经通道（开关管或反并联二极管）。这两点因素直接决定了导通损耗的分布情况。即当调制度和功率因数决定时，器件所承担导通损耗确定。

（五）Conergy NPC 拓扑

Conergy NPC 拓扑是 Conergy 公司的一种三电平拓扑结构，该拓扑改进了传统 NPC 拓扑利用钳位二极管连接地电位与中性点的方式，此拓扑利用两个开关管 S−与 S+来实现中性点对地钳位的功能。其拓扑结构与工作原理分别如图 5-13 和图 5-14 所示。

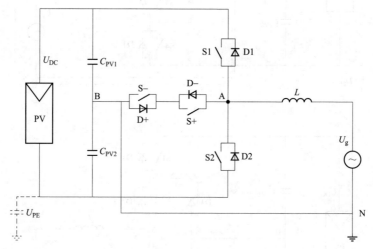

图 5-13 Conergy NPC 拓扑结构

其工作原理以正半周期为例：在有源状态时，S1 导通；在续流状态时，S+，S−同时导通，用以保证在功率因数不为 1 时，系统可以正常工作。负半周期工作原理与其类似。

Conergy NPC 拓扑工作有以下特点：

（1）ConergyNPC 拓扑输出电压波形有三级：U_{DC}、0、$-U_{DC}$；与单极性调制 H 桥拓扑类似。同双极性调制 H 桥相比，可以减小电感的使用量，提高逆变器效率。

（2）开关损耗低。

（3）减少了开关器件的使用，单相半桥逆变器只有四个开关管组成。

（4）正负周期内续流状态的导通损耗均由 S+和 S−承受，同时开关损耗全部由 S1，S2 承担。但是 S+和 S−由于要阻断正向电压，所承受的器件应力要大于传统 NPC 拓扑中的钳位二极管。

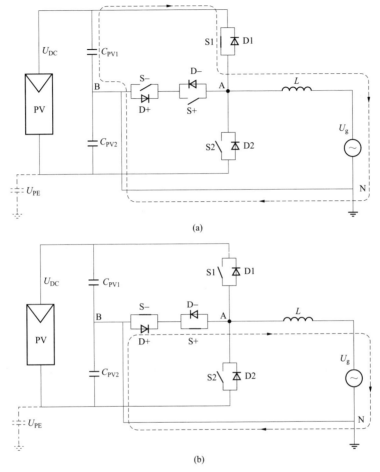

(a)

(b)

图 5-14　Conergy NPC 拓扑正半周期换流图

（a）有源状态；（b）续流状态

（六）Boost 升压逆变

Boost 升压式光伏并网逆变器相对单级式前面多了一个 Boost 升压电路，示意图如图 5-15 所示。

Boost 变换器特性如下。假定开关的开关周期为 T，开通时间为 $t_{on}=DT$，关断时间为 $t_{off}=(1-D)T$，而 $D=t_{on}/T, T=0\sim1$ 为开通占空比，$(1-D)=t_{off}/T$ 为关断占空比。Boost 变换器有两个工作过程：

（1）储能过程。在开关开通期间，t_{on} 为电感 L 的储能时间，通过 L 的电流上升。开关开通，输入电路被短路，输入电流 t_{in} 使电感 L 储能，加在 L 上的电

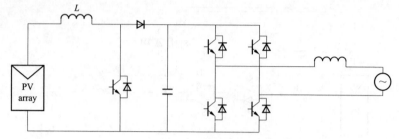

图 5-15　Boost 升压式光伏并网逆变器结构示意图

压为输入电压 U_{S}，电压方向与电流方向相同。由电磁感应定律得

$$U_{\mathrm{S}} = L\frac{\mathrm{d}i_{\mathrm{in}}}{\mathrm{d}t} \tag{5-1}$$

在 t_{on} 期间，L 中的电流增量 $\Delta i_{\mathrm{in\_on}}$ 为

$$\Delta i_{\mathrm{in\_on}} = \frac{U_{\mathrm{S}}}{L}\mathrm{d}t \tag{5-2}$$

（2）放能过程。在开关关断期间 t_{off}，为电感 L 的放能过程，通过 L 的电流下降。开关关断，二极管导通，电源与输出电路接通，电感 L 放能，加在 L 的电压为输出电压 U_{O} 与电源电压 U_{S} 之差（$U_{\mathrm{O}} - U_{\mathrm{S}}$），电压方向与电流 i_{in} 的方向相反。由电磁感应定律得

$$U_{\mathrm{O}} - U_{\mathrm{S}} = -L\frac{\mathrm{d}i_{\mathrm{in}}}{\mathrm{d}t};\ \mathrm{d}i_{\mathrm{in}} = -\frac{U_{\mathrm{O}} - U_{\mathrm{S}}}{L}\mathrm{d}t; \tag{5-3}$$

在 t_{off} 期间，L 中的电流减小量为

$$\Delta i_{\mathrm{in\_off}} = -\frac{U_{\mathrm{O}} - U_{\mathrm{S}}}{L}t_{\mathrm{off}} = -\frac{U_{\mathrm{O}} - U_{\mathrm{S}}}{L}(1-D)T \tag{5-4}$$

要使电路稳定，$\Delta i_{\mathrm{in\_on}} = |\Delta t_{\mathrm{in\_off}}|$。可以得到关系式

$$\frac{U_{\mathrm{O}}}{U_{\mathrm{S}}} - \frac{1}{1-D} \tag{5-5}$$

式中：U_{O} 为 Boost 电路输出电压，U_{S} 为电源电压，D 为调制度。Boost 升压式光伏并网逆变器有以下一些优点：① 由于加入了前级 Boost 升压电路，因此光伏电池阵列的直流输入电压范围变得很宽（以单相为例，电压范围可以在 150～450V 之间）；② MPPT 控制可以与逆变控制分开，减少了控制算法的复杂性。该拓扑结构不仅适用于常规电池，如单晶硅、多晶硅，同时也适合于目

前热门的薄膜电池及非晶电池电气特性（0.5～1V，电流可达几百安培）。

当然也如同单级光伏并网逆变器，存在隔离方面的问题，同时由于增加了高频 DC/DC 变换部分，导致 EMC 性能下降。

（七）Boost 双模式升压逆变

Boost 双模式升压逆变器结构示意图如图 5-16 所示。其工作原理如下：当光伏极板电压较低时，使用 Boost 电路升压后接入逆变电路，这时系统为两级结构；当光伏极板电压升高时，使用单级逆变器。这种双模式在一定程度上可以提高光伏发电的效率，而且前面两种模式的优点也基本继承，当然缺点也和上面的相似。此外，由于采用不同的模式，需要切换单级和双级的控制方式，因此在来回切换的临界状态时可能出现两次 MPPT 追踪，导致一定的不稳定，这对控制方式来说是一个较大的挑战。

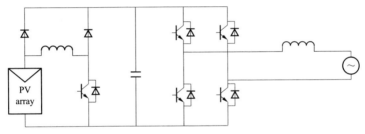

图 5-16　Boost 双模式升压逆变器结构示意图

使用双模式可以解决在光伏电池电压较低时的发电问题。类似地，使用多组串并联的方式则能够解决光伏电池电流过低问题。如图 5-17 所示，在光照不足，电流偏低的时候，使开关闭合，将各组串电池板进行并联，能提高光伏逆变器的直流输入电流，在清晨开机时能够使逆变器提前工作，从而增加了有效工作时间，提升光伏系统的效能。

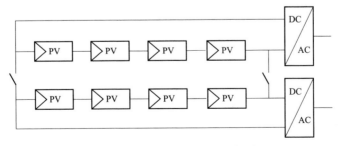

图 5-17　多组串并联方式示意图

（八）多支路 Boost 升压逆变

由于光伏建筑一体化（BIPV）的兴起，需要特定的适合于建筑的光伏并网逆变器。光伏建筑一体化主要需解决的是不同最大功率点的匹配问题，多数情况下是由于大楼间阴影遮挡及各个分阵列之间的倾角及方位角不同导致的。使用多支路 Boost 升压逆变器，如图 5-18 所示，可以使得各个光伏分阵列乃至光伏组件可以处于各自的最大功率点工作。

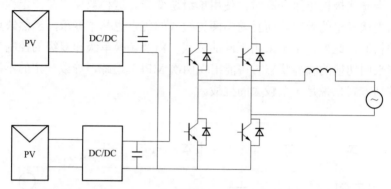

图 5-18　多支路 Boost 升压逆变式光伏并网逆变器结构示意图

多支路 Boost 升压逆变器的优缺点与 Boost 升压逆变式的基本相似，不过在成本方面有了额外的增加，相对的在光伏整体利用率方面有所提升。

第三节　分布式电源并网技术

一、电网同步与锁相技术

随着用户对电力电源的可靠性、稳定性以及对其发电质量的要求越来越高，电源转换器经常被用于高级电源转换和调控系统，如并网光伏发电、并网风力发电系统及静止型无功功率补偿装置、有源电力滤波器等。对于这些系统而言，则都需要实现对功率因数的调节，因此需要准确并快速地获得电网电压的相位角信息。为了快速获取准确的电网电压的相位角，则需要采用锁相环（PLL）技术。而对同步逆变器而言，相位检测技术是必要的，并且一个快速和稳定的相位检测器可以减少谐波并且可以增加系统的稳定性。因此，PLL 在并网功率设备的应用中起到了至关重要的作用。

（一）锁相环原理

锁相环的基本结构如图 5-19 所示。

PLL 由以下三个基本模块组成：

（1）鉴相器（PD）：鉴别输入信号 v 与输出信号 v' 之间的相位差，并输出误

图 5–19　PLL 基本结构

差信号 ε_{pd}。根据鉴相器的类型，误差信号除了直流相角误差信号外，还具有高频交流分量。

（2）环路滤波器（LF）：滤除鉴相器输出信号中的高频交流分量。该模块通常为一阶低通滤波器或是 PI 控制器。

（3）压控振荡器（VCO）：受环路滤波器输出电压控制，使输出交流信号的频率向参考信号频率接近，直至消除频率误差而锁定。

锁相环的每个模块都可以采用不同的技术，在此本文并不对其进行详细的论述，只通过简单的 PLL 来介绍其工作原理。基本的 PLL 方框图如图 5–20 所示。

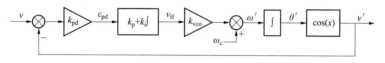

图 5–20　PLL 方框图

假设输入信号为

$$v = V\sin(\theta) = V\sin(\omega t + \phi) \tag{5-6}$$

式中　v——输入信号；

　　V——输入信号的幅值；

　$\sin(\theta)$——正弦信号；

　　ω——输入信号的角速度；

　　ϕ——输入信号的初始相位角。

压控振荡器输出信号

$$v' = V\cos(\theta') = V\cos(\omega't + \phi') \tag{5-7}$$

式中　v'——输出信号；

　$\cos(\theta)$——余弦信号；

　　ω'——输出信号的角速度；

　　ϕ'——输出信号的初始相位角。

则鉴相器输出的误差信号可以写成

$$\varepsilon_{pd} = Vk_{pd}\sin(\omega t + \phi)\cos(\omega' t + \phi')$$

$$= \frac{Vk_{pd}}{2}\{\sin[(\omega - \omega')t + (\phi - \phi')] + \sin[(\omega + \omega')t + (\phi + \phi')]\} \tag{5-8}$$

式中　　　　　　　　k_{pd}——鉴相器中的信号放大倍数；

$\sin[(\omega - \omega')t + (\phi - \phi')]$——低频部分；

$\sin[(\omega + \omega')t + (\phi + \phi')]$——高频部分。

因此，高频部分被环路滤波器滤除，误差信号只保留低频部分，即

$$\overline{\varepsilon}_{pd} = \frac{Vk_{pd}}{2}\sin[(\omega - \omega')t + (\phi - \phi')] \tag{5-9}$$

同时输出信号频率通过 VCO 调节，满足 $\omega \approx \omega'$，则低频分量误差信号可以写成

$$\overline{\varepsilon}_{pd} = \frac{Vk_{pd}}{2}\sin(\phi - \phi') \tag{5-10}$$

当相位误差足够小时，则 $\phi \approx \phi'$，此时 $\sin(\phi - \phi') \approx \sin(\theta - \theta') \approx \theta - \theta'$，因此当 PLL 被锁时，相位误差信号为

$$\overline{\varepsilon}_{pd} = \frac{Vk_{pd}}{2}(\theta - \theta') \tag{5-11}$$

此误差信号可以用于 PLL 小信号线性模型分析。在锁相状态下，PLL 小信号线性模型如图 5-21 所示。

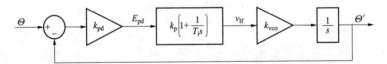

图 5-21　PLL 小信号模型

Θ—PLL 输入信号；Θ'—PLL 输出信号

通过拉普拉斯变换，将时域变换到频域，并假设 $k_{pd} = k_{vco} = 1$，则：

鉴相器输出

$$E_{pd}(s) = \frac{V}{2}[\Theta(s) - \Theta'(s)] \tag{5-12}$$

环路滤波器输出

$$V_{lf}(s) = k_p\left(1 + \frac{1}{T_i s}\right)E_{pd}(s) \tag{5-13}$$

压控振荡器输出

$$\Theta'(s) = \frac{1}{s} V_{\text{lf}}(s) \tag{5-14}$$

开环传递函数

$$G(s) = k_{\text{p}}\left(1 + \frac{1}{T_{\text{i}}s}\right) \cdot \frac{1}{s} = \frac{k_{\text{p}}s + \dfrac{k_{\text{p}}}{T_{\text{i}}}}{s^2} \tag{5-15}$$

闭环传递函数

$$H_{\theta}(s) = \frac{\Theta'(s)}{\Theta(s)} = \frac{k_{\text{p}}s + \dfrac{k_{\text{p}}}{T_{\text{i}}}}{s^2 + k_{\text{p}}s + \dfrac{k_{\text{p}}}{T_{\text{i}}}} \tag{5-16}$$

闭环误差传递函数

$$E_{\theta}(s) = \frac{E_{\text{pd}}(s)}{\Theta(s)} = 1 - H_{\theta}(s) = \frac{s^2}{s^2 + k_{\text{p}}s + \dfrac{k_{\text{p}}}{T_{\text{i}}}} \tag{5-17}$$

将闭环传递函数写成标准形式

$$H_{\theta}(s) = \frac{2\zeta\omega_{\text{n}}s + \omega_{\text{n}}^2}{s^2 + 2\zeta\omega_{\text{n}}s + \omega_{\text{n}}^2} \tag{5-18}$$

$$E_{\theta}(s) = \frac{s^2}{s^2 + 2\zeta\omega_{\text{n}}s + \omega_{\text{n}}^2} \tag{5-19}$$

其中

$$\omega_{\text{n}} = \sqrt{\frac{k_{\text{p}}}{T_{\text{i}}}}, \quad \zeta = \frac{\sqrt{k_{\text{p}}T_{\text{i}}}}{2} \tag{5-20}$$

闭环传递函数表明 PLL 为 2 阶系统，通过控制理论可知，该系统在阶跃输入作用以及斜坡输入作用下的稳态误差都为零，同时可以得到该系统的调节时间估算值

$$t_{\text{s}} = \frac{4.6}{\zeta\omega_{\text{n}}} \tag{5-21}$$

另外调节时间 t_{s} 与 k_{p}，T_{i} 之间的关系式为

$$k_{\text{p}} = 2\zeta\omega_{\text{n}} = \frac{2}{t_{\text{s}}}, \quad T_{\text{i}} = \frac{2\zeta}{\omega_{\text{n}}} = \frac{t_{\text{s}}\zeta^2}{2.3} \tag{5-22}$$

通过式（5–22）可以得到 PI 控制器参数，从而对 PI 控制器进行设计。

（二）同步坐标系锁相环设计

在三相系统中，一般使用同步坐标系锁相环（The synchronous Reference Frame PLL，SRF-PLL）。常规的 SRF-PLL 通过 Park 变换将三相电压矢量从 abc 坐标系转换到 dq 旋转坐标系，其基本的结构框图如图 5–22 所示，其中 $[T_\theta]$ 为 Park 变换公式。

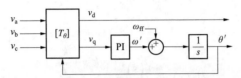

图 5–22　同步参考坐标系 PLL 方框图

$$\begin{bmatrix} v_d \\ v_q \end{bmatrix} = [T_\theta] \begin{bmatrix} v_a \\ v_b \\ v_c \end{bmatrix}, \quad [T_\theta] = \frac{2}{3} \begin{bmatrix} \cos(\theta) & \cos\left(\theta - \frac{2\pi}{3}\right) & \cos\left(\theta + \frac{2\pi}{3}\right) \\ -\sin(\theta) & -\sin\left(\theta - \frac{2\pi}{3}\right) & -\sin\left(\theta + \frac{2\pi}{3}\right) \end{bmatrix} \quad (5–23)$$

式中　v_d，v_q——dq 旋转坐标系 d 轴和 q 轴分量。

假设电网三相电压平衡，则电网电压可以表示为

$$V_{abc} = \begin{bmatrix} v_a \\ v_b \\ v_c \end{bmatrix} = V_m \begin{bmatrix} \cos(\theta + \varphi) \\ \cos\left(\theta - \frac{2\pi}{3} + \varphi\right) \\ \cos\left(\theta + \frac{2\pi}{3} + \varphi\right) \end{bmatrix} \quad (5–24)$$

式中　V_m——三相电压幅值；

　　　φ——三相电压初始相角，一般取 $\varphi=0$。

通过式（5–24）可以得到同步坐标系下 v_d，v_q 值

$$\begin{bmatrix} v_d \\ v_q \end{bmatrix} = [T_{\theta'}] \begin{bmatrix} v_a \\ v_b \\ v_c \end{bmatrix} = \frac{2}{3} V_m \begin{bmatrix} \cos(\theta') & \cos\left(\theta' - \frac{2\pi}{3}\right) & \cos\left(\theta' + \frac{2\pi}{3}\right) \\ -\sin(\theta') & -\sin\left(\theta' - \frac{2\pi}{3}\right) & -\sin\left(\theta' + \frac{2\pi}{3}\right) \end{bmatrix} \begin{bmatrix} \cos(\theta) \\ \cos\left(\theta - \frac{2\pi}{3}\right) \\ \cos\left(\theta + \frac{2\pi}{3}\right) \end{bmatrix}$$

$$= V_\mathrm{m} \begin{bmatrix} \cos(\theta' - \theta) \\ -\sin(\theta' - \theta) \end{bmatrix} = V_\mathrm{m} \begin{bmatrix} \cos(\Delta\theta) \\ -\sin(\Delta\theta) \end{bmatrix} \tag{5-25}$$

式中　θ'——反馈环输出信号；

　　　θ——电网三相电压的相位角；

　　　$\Delta\theta$——PLL 输出信号与三相电压相位角之差。

如果误差信号 $\Delta\theta$ 被设为 0，则 $v_\mathrm{d} = V_\mathrm{m}$，$v_\mathrm{q} = 0$，所以通过调节 v_q 为 0 可以实现对电网三相电压的相位锁定。

通过式（5-25）的推导以及图 5-23，可以得到同步坐标系下 PLL 系统的简化控制框图，如图 5-28 所示，其中 $v_\mathrm{q\_ref} = 0$。

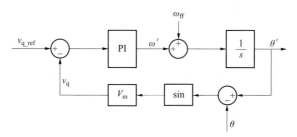

图 5-23　SRF-PLL 系统简化控制框图

（三）双同步坐标系锁相环设计

在电力系统中，任何三相不平衡向量都可以分解为三组对称分量：正序、负序以及零序，如图 5-24 所示。

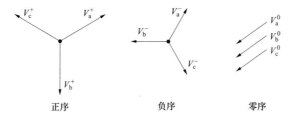

图 5-24　不平衡向量分解的正序、负序、零序分量

假设三相不平衡电压向量为 V_a、V_b、V_c，则三相不平衡向量可以写成

$$\begin{bmatrix} V_\mathrm{a} \\ V_\mathrm{b} \\ V_\mathrm{c} \end{bmatrix} = \begin{bmatrix} V_\mathrm{a}^+ \\ V_\mathrm{b}^+ \\ V_\mathrm{c}^+ \end{bmatrix} + \begin{bmatrix} V_\mathrm{a}^- \\ V_\mathrm{b}^- \\ V_\mathrm{c}^- \end{bmatrix} + \begin{bmatrix} V_\mathrm{a}^0 \\ V_\mathrm{b}^0 \\ V_\mathrm{c}^0 \end{bmatrix} \tag{5-26}$$

其中

$$V_b^+ = V_a^+ \angle 240° , \quad V_c^+ = V_a^+ \angle 120° \tag{5-27}$$

$$V_b^- = V_a^- \angle 120° , \quad V_c^- = V_a^- \angle 240° \tag{5-28}$$

$$V_a^0 = V_b^0 = V_c^0 \tag{5-29}$$

所以当三相电网电压不平衡时，其可以分解为正序，负序以及零序这三相电压，即

$$V_{sabc} = v_{abc}^+ + v_{abc}^- + v_{abc}^0 \tag{5-30}$$

其中

$$v_{abc}^+ = V^+ \begin{bmatrix} \cos(\omega t + \varphi^+) \\ \cos\left(\omega t - \dfrac{2\pi}{3} + \varphi^+\right) \\ \cos\left(\omega t + \dfrac{2\pi}{3} + \varphi^+\right) \end{bmatrix} ; \quad v_{abc}^- = V^- \begin{bmatrix} \cos(\omega t + \varphi^-) \\ \cos\left(\omega t + \dfrac{2\pi}{3} + \varphi^-\right) \\ \cos\left(\omega t - \dfrac{2\pi}{3} + \varphi^-\right) \end{bmatrix} \tag{5-31}$$

$$v_{abc}^0 = V^0 \begin{bmatrix} \cos(\omega t + \varphi^0) \\ \cos(\omega t + \varphi^0) \\ \cos(\omega t + \varphi^0) \end{bmatrix} \tag{5-32}$$

式中　V^+，φ^+ ——正序分量的幅值和初始角；

　　　V^-，φ^- ——负序分量的幅值和初始角；

　　　V^0，φ^0 ——零序分量的幅值和初始角。

为了将其三相静止坐标系变换到 dq 坐标系下的正序与负序分量，需要双同步坐标系：dq+，向正方向旋转，其角速度为 ω'，相角位置为 θ'；dq-，向负方向旋转，其角速度为 $-\omega'$，相角位置为 $-\theta'$。正负序双同步坐标系如图 5-25 所示。

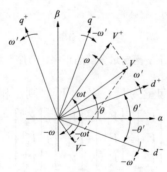

图 5-25　正负序双同步坐标系

三相静止坐标系到正序，负序 dq 坐标系的变换如下

$$v_{dq}^{+1} = \begin{bmatrix} v_d^{+1} \\ v_q^{+1} \end{bmatrix} = \begin{bmatrix} T_{dq}^{+1} \end{bmatrix} \cdot v_{\alpha\beta} = \begin{bmatrix} T_{dq}^{+1} \end{bmatrix} \cdot \begin{bmatrix} T_{\alpha\beta} \end{bmatrix} \cdot V_{abc} \tag{5-33}$$

$$v_{dq}^{-1} = \begin{bmatrix} v_d^{-1} \\ v_q^{-1} \end{bmatrix} = \begin{bmatrix} T_{dq}^{-1} \end{bmatrix} \cdot v_{\alpha\beta} = \begin{bmatrix} T_{dq}^{-1} \end{bmatrix} \cdot \begin{bmatrix} T_{\alpha\beta} \end{bmatrix} \cdot V_{abc} \tag{5-34}$$

其中

$$\begin{bmatrix} T_{dq}^{+1} \end{bmatrix} = \begin{bmatrix} T_{dq}^{-1} \end{bmatrix}^T = \begin{bmatrix} \cos(\theta') & \sin(\theta') \\ -\sin(\theta') & \cos(\theta') \end{bmatrix} \tag{5-35}$$

$$\begin{bmatrix} T_{\alpha\beta} \end{bmatrix} = \frac{2}{3} \begin{bmatrix} 1 & -\frac{1}{2} & -\frac{1}{2} \\ 0 & \frac{\sqrt{3}}{2} & -\frac{\sqrt{3}}{2} \end{bmatrix} \tag{5-36}$$

不考虑零序分量，将不平衡三相电压通过上述转换公式将其变换到正序以及负序 dq 坐标系：

正序 dq 坐标系

$$\begin{aligned} v_{dq}^{+1} = \begin{bmatrix} v_d^{+1} \\ v_q^{+1} \end{bmatrix} &= \begin{bmatrix} T_{dq}^{+1} \end{bmatrix} \cdot \begin{bmatrix} T_{\alpha\beta} \end{bmatrix} \cdot V_{abc} = \begin{bmatrix} T_{dq}^{+1} \end{bmatrix} \cdot \begin{bmatrix} T_{\alpha\beta} \end{bmatrix} \cdot v_{abc}^{+1} + \begin{bmatrix} T_{dq}^{+1} \end{bmatrix} \cdot \begin{bmatrix} T_{\alpha\beta} \end{bmatrix} \cdot v_{abc}^{-1} \\ &= V^{+1} \begin{bmatrix} \cos(\varphi^{+1}) \\ \sin(\varphi^{+1}) \end{bmatrix} + V^{-1} \begin{bmatrix} \cos(2\omega t) & \sin(2\omega t) \\ -\sin(2\omega t) & \cos(2\omega t) \end{bmatrix} \begin{bmatrix} \cos(\varphi^{-1}) \\ \sin(\varphi^{-1}) \end{bmatrix} \end{aligned}$$
$$\tag{5-37}$$

负序 dq 坐标系

$$\begin{aligned} v_{dq}^{-1} = \begin{bmatrix} v_d^{-1} \\ v_q^{-1} \end{bmatrix} &= \begin{bmatrix} T_{dq}^{-1} \end{bmatrix} \cdot \begin{bmatrix} T_{\alpha\beta} \end{bmatrix} \cdot V_{abc} = \begin{bmatrix} T_{dq}^{-1} \end{bmatrix} \cdot \begin{bmatrix} T_{\alpha\beta} \end{bmatrix} \cdot v_{abc}^{-1} + \begin{bmatrix} T_{dq}^{-1} \end{bmatrix} \cdot \begin{bmatrix} T_{\alpha\beta} \end{bmatrix} \cdot v_{abc}^{+1} \\ &= V^{-1} \begin{bmatrix} \cos(\varphi^{-1}) \\ \sin(\varphi^{-1}) \end{bmatrix} + V^{+1} \begin{bmatrix} \cos(2\omega t) & -\sin(2\omega t) \\ \sin(2\omega t) & \cos(2\omega t) \end{bmatrix} \begin{bmatrix} \cos(\varphi^{+1}) \\ \sin(\varphi^{+1}) \end{bmatrix} \end{aligned}$$
$$\tag{5-38}$$

通过式（5-37）与式（5-38）可知，在正序 dq 坐标系下，三相不平衡电压的正序分量变成直流量，负序分量变为 $2\omega t$ 频率的交流分量；在负序 dq 坐标系下，三相不平衡电压的负序分量变成直流量，正序分量变为 $2\omega t$ 频率的交流分量。为了获得其中的直流分量信号，可以使用传统的滤波技术对交流信号进行衰减，但是这些滤波技术有其局限性：只能检测得到近似的正序分量的相角，

不能得到相角的准确值；系统的动态响应会明显下降，所以使用传统的滤波技术并不理想。为了消除这些交流分量，可以在双同步坐标系下采用解耦网络来获取直流分量并同时确保系统良好的动态响应特性。

由式（5–37）与（5–38）可知，v_{dq}^{+1} 中含有的负序交流分量为 v_{dq}^{-1} 中直流分量乘以在 $2\omega t$ 频率处的旋转变换矩阵；v_{dq}^{+1} 中含有的负序交流分量为 v_{dq}^{-1} 中直流分量乘以在 $2\omega t$ 频率处的旋转变换矩阵。这些在 $2\omega t$ 频率处的旋转变换矩阵如下

$$\left[T_{dq}^{+2}\right] = \left[T_{dq}^{-2}\right]^{T} = \begin{bmatrix} \cos(2\omega t) & \sin(2\omega t) \\ -\sin(2\omega t) & \cos(2\omega t) \end{bmatrix} \tag{5–39}$$

因此，式（5–31）与式（5–32）可写成以下形式

$$v_{dq}^{+1} = \begin{bmatrix} v_{d}^{+1} \\ v_{q}^{+1} \end{bmatrix} = \bar{v}_{dq}^{+1} + \left[T_{dq}^{+2}\right]\bar{v}_{dq}^{-1} \tag{5–40}$$

$$v_{dq}^{-1} = \begin{bmatrix} v_{d}^{-1} \\ v_{q}^{-1} \end{bmatrix} = \bar{v}_{dq}^{-1} + \left[T_{dq}^{-2}\right]\bar{v}_{dq}^{+1} \tag{5–41}$$

$$\bar{v}_{dq}^{+1} = \begin{bmatrix} \bar{v}_{d}^{+1} \\ \bar{v}_{q}^{+1} \end{bmatrix} = V^{+1}\begin{bmatrix} \cos(\varphi^{+1}) \\ \sin(\varphi^{+1}) \end{bmatrix}$$

$$\bar{v}_{dq}^{-1} = \begin{bmatrix} \bar{v}_{d}^{-1} \\ \bar{v}_{q}^{-1} \end{bmatrix} = V^{-1}\begin{bmatrix} \cos(\varphi^{-1}) \\ \sin(\varphi^{-1}) \end{bmatrix}$$

式中　$\bar{v}_{dq}^{+1}$，$\bar{v}_{dq}^{-1}$——分别表示正序 dq 的直流分量和负序 dq 的直流分量。

通过式（5–40）与式（5–41）可知，可以采用解耦的方式将交流分量除去，即得到解耦的双同步坐标系方框图，如图 5–26 所示。

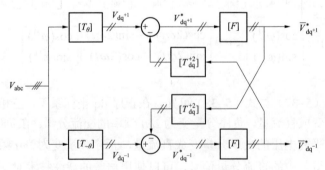

图 5–26　解耦的双同步坐标系（DDSRF）方框图

二、低电压穿越

（一）低电压穿越基本概念

当电网发生故障，电网电压发生跌落时，如果分布式电源发电站立即大量从电网断开，则会引起电网系统的潮流冲击，导致电网系统潮流的大幅变化，造成灾难性的损失。所以当电网故障或扰动在分布式电源站并网点引起电压波动时，分布式电源站或并网逆变器应当具有在一定的范围内能够不间断地并网运行的能力，这种能力被称为低电压穿越（Low Voltage Ride Through，LVRT）。

当电网电压出现跌落时，发电设备需要符合低电压穿越要求：① 如果线电压在限制曲线内，发电设备必须保持并网；② 帮助电力系统提高电压。为了满足低电压穿越需求，发电设备需要向电网注入一定量的无功，而需要注入电网的无功量则由电压跌落程度以及电力系统的额定电流决定。若电压跌落超过50%，则需向电网注入全部无功电流和少量有功电流。

（二）低电压穿越控制策略

在电网发生跌落的情况下，发电设备需要向电网注入一定的无功，因此此时需要逆变器实现无功控制。而对于逆变器控制而言，一般给定的参考信号为电流信号，所以为了实现逆变器的无功控制，需要通过给定功率量来计算参考电流信号。目前，最常用的控制策略为双矢量电流控制（DVCC），通过同步坐标系下电流、电压正负序分量与瞬时功率之间的关系式以及给定的功率控制目标，可以得到参考电流信号，从而实现电网电压跌落时的无功控制。

电流、电压正负序分量与电网的瞬时功率之间的公式如下

$$
\begin{aligned}
S_g &= \frac{3}{2} V_{sdq} I_{sdq}^{*} \\
&= \frac{3}{2} (v_{sdq}^{+} e^{j\omega t} + v_{sdq}^{-} e^{-j\omega t})(i_{sdq}^{+} e^{j\omega t} + i_{sdq}^{-} e^{-j\omega t})^{*} \\
&= \tilde{p} + j\tilde{q} \\
&= [P_0 + P_{c2}\cos(2\omega t) + P_{s2}\sin(2\omega t)] + j[Q_0 + Q_{c2}\cos(2\omega t) + Q_{s2}\sin(2\omega t)]
\end{aligned}
$$

$$(5\text{--}42)$$

式中　　　　　S_g——电网侧复功率；

V_{sdq}——电网侧电压在静止坐标系下的空间矢量；

I_{sdq}——电网侧电流在静止坐标系下的空间矢量；

I_{sdq}^{*}——I_{sdq} 的共轭复数；

v_{sdq}^{+}——电网侧电压在正序 dq 坐标系下的分量；

v_{sdq}^- ——电网侧电压在负序 dq 坐标系下的分量;

i_{sdq}^+ ——电网侧电流在正序 dq 坐标系下的分量;

i_{sdq}^- ——电网侧电流在负序 dq 坐标系下的分量;

Q_0 ——瞬时有功和无功功率的平均值;

P_{c2}、P_{s2}、Q_{c2} 和 Q_{s2} ——电网跌落时瞬时功率中的振荡分量幅值。

因此,在同步坐标系下,功率与正负序电压电流之间的关系式可以写成

$$
\begin{bmatrix} P_0 \\ P_{c2} \\ P_{s2} \\ Q_0 \\ Q_{c2} \\ Q_{s2} \end{bmatrix} = \frac{3}{2} \begin{bmatrix} v_d^+ & v_q^+ & v_d^- & v_q^- \\ v_d^- & v_q^- & v_d^+ & v_q^+ \\ v_q^- & -v_d^- & -v_q^+ & v_d^+ \\ v_q^+ & -v_d^+ & v_q^- & -v_d^- \\ v_q^- & -v_d^- & v_q^+ & -v_d^+ \\ -v_d^- & -v_q^- & v_d^+ & v_q^+ \end{bmatrix} \cdot \begin{bmatrix} i_d^+ \\ i_q^+ \\ i_d^- \\ i_q^- \end{bmatrix}
\tag{5-43}
$$

式中　v_d^+,　v_q^+ ——电压在正序旋转坐标系下 d 轴分量和 q 轴分量;

v_d^-,　v_q^- ——电压在负序旋转坐标系下 d 轴分量和 q 轴分量;

i_d^+,　i_q^+ ——电流在正序旋转坐标系下 d 轴分量和 q 轴分量;

i_d^-,　i_q^- ——电流在负序旋转坐标系下 d 轴分量和 q 轴分量。

对双矢量电流控制(DVCC)而言,具有两种不同的参考电流计算方法。

(1)第一种方法(DVCC1)通过设定有功和无功参考量(P_{ref},Q_{ref})并消除电网的振荡有功功率($P_{c2\_ref} = P_{s2\_ref} = 0$)计算电流参考值。在这种情况下,振荡有功功率在直流侧与滤波器之间流动。

通过式(5-43),令 $P_{c2\_ref} = P_{s2\_ref} = 0$,可得

$$
\begin{bmatrix} i_{d\_ref}^+ \\ i_{q\_ref}^+ \\ i_{d\_ref}^- \\ i_{q\_ref}^- \end{bmatrix} = \frac{2}{3} \begin{bmatrix} v_d^+ & v_q^+ & v_d^- & v_q^- \\ v_d^- & v_q^- & v_d^+ & v_q^+ \\ v_q^- & -v_d^- & -v_q^+ & v_d^+ \\ v_q^+ & -v_d^+ & v_q^- & -v_d^- \end{bmatrix}^{-1} \cdot \begin{bmatrix} P_{ref} \\ 0 \\ 0 \\ Q_{ref} \end{bmatrix}
\tag{5-44}
$$

通过式(5-44)可得

$$
\begin{bmatrix} i_{d\_ref}^+ \\ i_{q\_ref}^+ \\ i_{d\_ref}^- \\ i_{q\_ref}^- \end{bmatrix} = \frac{2P^*}{3D_1} \begin{bmatrix} v_d^+ \\ v_q^+ \\ -v_d^- \\ -v_q^- \end{bmatrix} + \frac{2Q^*}{3D^2} \begin{bmatrix} v_q^+ \\ -v_d^+ \\ v_q^- \\ -v_d^- \end{bmatrix}
\tag{5-45}
$$

$$D_1 = [(v_d^+)^2 + (v_q^+)^2] - [(v_d^-)^2 + (v_q^-)^2]$$

$$D_2 = [(v_d^+)^2 + (v_q^+)^2] + [(v_d^-)^2 + (v_q^-)^2]$$

式中　$i_{d\_ref}^+$，$i_{q\_ref}^+$——参考电流在正序旋转坐标系下 d 轴分量和 q 轴分量；

　　　$i_{d\_ref}^-$，$i_{q\_ref}^-$——参考电流在负序旋转坐标系下 d 轴分量和 q 轴分量。

（2）第二种方法（DVCC2）通过设定有功和无功参考量（P_{ref}，Q_{ref}）并设定输送到电网的振荡有功功率 $P_{c2\_ref} = -\Delta P_{c2}$；$P_{s2\_ref} = -\Delta P_{s2}$ 来计算电流参考值。在这种情况下，振荡有功功率被补偿，所以在直流侧与滤波器之间并无振荡有功功率流动。

通过式（5–43），令 $P_{c2\_ref} = -\Delta P_{c2}$；$P_{s2\_ref} = -\Delta P_{s2}$，可得

$$\begin{bmatrix} i_{d\_ref}^+ \\ i_{q\_ref}^+ \\ i_{d\_ref}^- \\ i_{q\_ref}^- \end{bmatrix} = \frac{2}{3} \begin{bmatrix} v_d^+ & v_q^+ & v_d^- & v_q^- \\ v_d^+ & v_q^- & v_d^+ & v_q^+ \\ v_q^- & -v_d^- & -v_q^+ & v_d^+ \\ v_q^+ & -v_d^+ & v_q^- & -v_d^- \end{bmatrix}^{-1} \cdot \begin{bmatrix} P_{ref} \\ -\Delta P_{c2} \\ -\Delta P_{s2} \\ Q_{ref} \end{bmatrix} \tag{5–46}$$

通过上述两种方法，可以实现在电网跌落情况下对逆变器的功率控制，从而实现低电压穿越。

三、孤岛检测

目前孤岛检测方法可分为电网端和逆变器端两大类检测法。其中逆变器端的检测法又分为被动和主动两类检测法。

（一）电网端的孤岛检测

电网端检测法（也称远程检测法或外部法）主要是采用无线通信手段来检测断路器的开断状态，并在电网侧发出载波信号，而安装在分布式发电侧的接收器将根据这些信号的变化来确定是否发生了孤岛，在电网断电时发送孤岛状态信号给并网逆变器使其断开与电网的连接。此方法的优点是：① 无非检测区（Non-Detection Zone，NDZ）、检测准确可靠；② 对于单个或多个逆变器的孤岛检测都有效；③ 它的性能与分布式发电装置的类型无关，也不会对电网的正常运行造成干扰，因此是非常可靠的孤岛检测方法。此方法的缺点是：需要添置设备，实现成本高，操作复杂，需要很多认证，经济性低。由于投入成本较高，此法未在小型的分布式发电中得到广泛应用，它适合于大功率分布式电站的并网。随着智能电网的发展，此方法会有很大的发展潜力。

1. 电力线载波通信方式（Power Line Carrier Communications，PLCC）

此方法的主要设备是一个连接在变电站母线二次侧的信号发生器，该设备通过 PLCC 系统不断地给所有的配电线路传送载波通信信号，每个分布式发电设备装有信号接收器，若接收器没有检测到该信号，则说明变电站和该分布式发电设备之间的任何一个断路器可能跳闸，也即该分布式发电设备处于孤岛状态。

此方法的优点是：① 在正常负荷范围内无 NDZ，孤岛检测非常有效；② 对逆变器的输出电能质量和系统的暂态响应均无影响，且某些情况下，还会提高系统运行特性；③ 不受分布式发电数量和拓扑结构变化的影响，很容易实现；④ 可使用已存在的电网载波信号，仅需要安置廉价的接收机就可以运行；⑤ 当配电网中分布式电源系统的密度增加时，不需要增加信号发生器，且信号接收器只是检测信号的连续性，因此非常可靠。

此方法的缺点是：① 需要安装一个比较昂贵的信号发生器，它需要有一个降压变压器来连接且必须安置于变电站，因此，在低密度小范围应用时受到限制，且审批和安装都较复杂；② 信号发生器发出的孤岛检测信号有可能干扰其他电力线路载波通信设备的信号；③ 通信信号的选取困难，且因电力载波信道的有限性，不易被电网公司所采用；④ 在特殊的非正常状态且非线性负荷时，也会存在 NDZ，孤岛中的负荷可能吸收 PLCC 信号。

2. 开信号传送法（Signal Produced by Disconnect，SPD）

此方法是监视配电网中所有能够使分布式发电与电网断开的断路器和自动重合闸的状态。SPD 法依赖于电网与逆变器之间的通信，发送器安装在继电器上，当开关动作时，通过微波、电话线或者其他方式发送信号检测孤岛，与分布式发电上的接收器进行通信。此方法需要采用连续载波信号，以防止因发送器、通道或接收机故障导致方法失效。

此方法的优点是：允许电网对分布式发电的附加控制，使分布式发电和电网电源相配合，有利于黑启动，且与电网的控制协调，也可以提升系统的启动特性。

此方法的缺点是：① 花费高，设计复杂，需要许多认证以及许可；② 对于多重网络拓扑，需要一个中央算法处理；③ 当自动重合闸和配电线路的拓扑结构发生变化时，运算算法需要最新的配电网拓扑信息。

3. 监控与数据采集方式（Supervisory Control And Data Acquisition，SCADA）

此方法通过检测每一个开关节点的辅助触点来监控系统状态，当孤岛产生以后，SCADA 系统能迅速判断出孤岛区域，将分布式发电和电网之间连接的断

路器的工作状态通过 SCADA 系统传输到分布式发电，将分布式发电与本地负荷断开。

此方法的优点是：① 检测方法较直接，电网也可对逆变器进行一些附加控制；② 若系统安装且通信方法恰当，可消除检测盲区，并可增加经济性。

此方法的缺点是：① 要求分布式电源系统与电网间要有紧密的联系；② 对于多逆变器，需要许多解列装置或通信装置，增加了投资成本；③ 监视大量的分布式发电侧的断路器也会增加复杂性；④ 需要繁琐的安装和许可，对于小型系统不实用。

（二）逆变器端的孤岛检测

逆变器端检测法（也称本地检测法或内部法）主要是依靠逆变器自身来判断是否发生孤岛状态，不需要增加额外的互感器和测量设备，一般是通过检测输出端电压的幅值和频率来判断是否发生了孤岛效应。它又可分为被动法（也称无源法）和主动法（也称有源法）两大类。

1. 被动法

被动法是通过检测电网断电时逆变器输出的端电压幅值、频率、相位、谐波是否出现异常来判断是否产生孤岛。

此方法的优点是：① 由于并网逆变器本身的控制策略就需要检测端电压，此法不需要增加额外的硬件电路或者独立的保护继电器；② 对电网无干扰，对电能质量无影响；③ 在多台逆变器下，检测效率不会降低。

此方法的缺点是：① NDZ 较大；② 门槛阈值难以设定，既要高于正常运行时的值，又要小于孤岛时的值。

为了减小 NDZ，常提高装置的灵敏度，但会引发设备无故障跳闸，影响系统的正常运行；在某些特定的情况下，NDZ 很大；某些参数不能直接测量，需要复杂的计算才能得到，其计算误差以及计算时间对检测效果也会产生影响。被动法一般与主动法结合起来运用，应用于负荷频率变化不大，且与逆变器的功率输出不匹配的场合。

（1）电压/频率检测法（Voltage/Frequency Detection，VFD）。此方法也称为过/欠压和过/欠频检测法，它是通过监测公共耦合点 PCC 的电压 U_a 和频率，来判断并网系统是否发生孤岛状态。当孤岛状态时，若逆变器的输出功率和本地负荷功率不平衡，则分布式电源系统输出电压或频率就会发生变化。若电压和频率变化超过了设定的正常阈值，则可检测到孤岛发生。

一般并网逆变器会配置过压保护（OVR）、欠压保护（UVR）、过频保护（OFR）、欠频保护（UFR）四种保护，这些保护是检测孤岛效应的最基本、最直

接的方法，一旦检测到电网电压、频率超过正常的范围时，即判断为孤岛发生，保护电路就将并网逆变器切离电网。

此方法的优点是：① 原理简单、容易实现、经济性最好，且对电能质量无影响；② 只需利用已有的检测参数进行判断，不需外加任何硬件电路。

此方法的缺点是：① 当电网发出的有功、无功功率较小时，电网断电后 PCC 点的电压和频率变化很小，这些变化量不足以启动 OVR/UVR 和 OFR/UFR，孤岛检测失败；② 为防止电网电压和频率的正常波动引起误动作，四种保护的门槛值不能设置太低，导致存在较大 NDZ。此方法一般不单独使用，需与其他检测方法结合起来。

（2）电压谐波检测法（Harmonics Detection，HD）。此方法通过监测检测点电压的总谐波失真 THD 来检测孤岛状态。在正常并网工作时，电网阻抗小，逆变器输出电流谐波主要流入电网，公共耦合点电压为电网电压钳制，电压的谐波含量通常很小。当电网断开后，由于变压器磁滞非线性特性，输出的电流在变压器上产生失真电压；逆变器产生的谐波电流流入非线性负荷，也会产生较大的谐波。通过监控输出端电压的谐波畸变就可判断是否发生孤岛。

此方法的优点是：① 简单易行，检测正确率高，检测范围较宽，对电能质量无影响；② 多台逆变器情况下检测效果基本不变；即使在功率匹配的情况下，也能检测到孤岛效应。

此方法的缺点是：① 存在检测 NDZ 盲区；② 由于非线性负荷等因素的存在，电网电压谐波很大，谐波检测的动作阈值难以确定，实际应用很困难。

（3）电压相位突变检测法（Phase Jump Detection，PJD）。此方法通过检测并网逆变电源输出电流与公共耦合点 PCC 电压之间的相位差来判断孤岛的发生。当并网正常运行时，由于并网逆变器中存在锁相环 PLL，确保系统工作在单位功率因数模式，并网逆变器的输出电流始终与电网电压保持同步。当电网断电后，公共耦合点电压由逆变器输出电流和负荷阻抗决定，由于分布式发电系统可视为一电流源，其输出电流为频率和相位不变的正弦波，因此，对于非阻性负荷，公共耦合点的电压相位发生突变，通过检测电压和输出电流之间的相位差变化便可确定是否产生孤岛。

此方法的优点是：① 算法简单，易于实现，逆变电源带有 PLL 来与电网同步，只需增加检测逆变器输出电流和端电压的相位差，且超过阈值时能关断逆变器；② 相位跳变不影响电能质量和系统暂态响应；③ 对于多台逆变器系统，孤岛检测不会产生稀释效应而减弱。

此方法的缺点是：① 当本地负荷呈阻性或阻抗角较小时，相位差无变化，

不能检测，存在检测盲区；② 相位差阈值难以确定，在容、感性负荷投切或电机负荷启动等时，会有较大瞬间相位突变，阈值过低会引起系统保护误动作。

2. 主动法

主动法是根据逆变器的输出电流公式 $I = I_m \sin(2\pi ft + \theta)$，通过在逆变器的控制信号中分别加入很小的幅值 I_m、频率 f、初始相 θ 三个变量可以分别对逆变器输出的电压、频率、功率产生小扰动，这些扰动在并网运行时受电网的平衡钳制，扰动信号作用不明显，但当孤岛发生时，这些扰动的作用就较明显，可通过检测 PCC 点系统响应，来判断是否有孤岛发生。

此方法优点：NDZ 较小，检测精度较高，能够准确地检测孤岛。

此方法的缺点是：① 由于引入了扰动量，逆变器输出谐波较大，引起电能质量下降，还引起电网不必要的暂态响应；② 控制算法较复杂，实际应用困难；③ 在不同的负荷性质下，检测效果存在很大差异，严重时甚至失效；④ 当逆变器输出功率和负荷功率接近时，电压和频率的变化量不足以被检测到，孤岛效应仍能发生，NDZ 依然存在；⑤ 在多个逆变器时，扰动可能不同步，检测效果下降甚至无效，主要适合于单逆变器的检测。

（1）阻抗测量法（Impedance Measurement，IM）。此方法相当于测量 dU_a/dI 值（即阻抗值）来判断孤岛的发生。它通过逆变器向电网周期性地注入电流幅值扰动，使其输出功率发生变化，进而使输出电压改变。当并网运行时，由于电网阻抗很小，由电流幅值变动产生的电压改变很小；当电网断开时，由于负荷阻抗较大，引入扰动后的电流与负荷阻抗相乘得到的电压 U_a 会明显地变化，触发过/欠压保护动作。

此方法的优点是：① 由于本地阻抗远大于配电网阻抗，NDZ 非常小；② 单逆变器时，若负荷与分布式电源系统间功率平衡，打破这一平衡并利用 OUV 检测出孤岛；③ 由于等效电阻值相差很大，不需要精确测量阻抗值。

此方法的缺点是：① 在多逆变器并列时，各逆变器引入的电流变化可能会因相互冲突而使总电流抵消减少，输出电压变化无法被检测，NDZ 增大；② 当电网阻抗很高或者输出同步时，会引起逆变器正常工作时电压波动大、电网不稳定及误动作等问题；③ 若逆变器输出异步时，可减小电压波动，但会增加系统的不稳定性；④ 逆变器输出一般要经过滤波器延时，I 波动经过延时才能引起 U_a 波动，使得 dU_a/dI 的实际值要比理论值小，从而增大 NDZ；⑤ 需要在每个分布式发电侧安装干扰信号发生器，增加了成本；⑥ 某些负荷的频率响应可能正好将此干扰信号滤除掉，而不能产生相应的电压和电流响应。因此，它不适用于多台小系统和单台大系统的场合。

（2）主动频率偏移法（Active Frequency Drift，AFD）。此方法是通过周期性地在逆变器输出电流的频率中引入微小变化 Δf，电网正常工作时，由于 PLL 作用，输出电流频率与电网电压进行同步，输出电流频率不会偏离额定值。当电网断电后，为了达到负荷电路的谐振频率和相角，逆变器的输出频率跟随电网电流和负荷的性质变化，会持续地增减，直至超越频率额定值，孤岛状态被检测出来。

此方法的优点是：① 只需对原逆变器的电流参考波形加入畸变，实现容易；② 效率较高且 NDZ 小；③ 对纯阻性负荷，无 NDZ。

此方法的缺点是：① 电流波形的畸变会造成系统供电的不稳定以及输出功率因数降低，降低电能质量；② 减小 Δf 可减小电流 THD，但会增大 NDZ；③ 对非阻性负荷，存在 NDZ；④ 在多逆变器并网时，若频率偏移方向不一致，输出会相互抵消，降低检测效率。

（3）滑模频率漂移（Slide-Mode Frequency Shift，SMS）。此方法与 AFD 法相似，但 SMS 是将输出电流的参考电压的相位偏移 θ 来改变频率。θ 被设为偏离电网频率的正弦函数，即为

$$\theta = \theta_{\mathrm{m}} \sin\left[\frac{\pi}{2}(f - f_{\mathrm{g}})/(f_{\mathrm{m}} - f_{\mathrm{g}})\right] \tag{5-47}$$

式中　θ_{m}——最大相移角；

　　　f_{m}——产生该相角时的频率；

　　　f_{g}——电网额定频率。

在正常并网时，由于 PLL 作用，电网通过提供固定的参考相角和频率，逆变器工作点稳定在工频；当孤岛形成后，引入相角偏移，公共耦合点电压频率增大，又会使偏移角进一步增大，形成正反馈，使公共耦合点的频率超出阈值，从而检测到孤岛发生。

此方法的优点是：① 只需在原逆变器的 PLL 基础上稍加改动，较易实现；② 检测效率很高，NDZ 很小；③ 检测效率不受多逆变器并联的影响。

此方法的缺点是：① 由于修正逆变器输出电流的相位，会影响输出电能质量，在设计时要折中考虑检测效率和输出电能质量；② 此法建立在外部扰动的基础上，孤岛发生后分布式电源系统所需的断开时间无法预测；③ 对阻性负荷以及大多数的负荷均有效，但是若负荷曲线的倾斜幅度大于 SMS 曲线，则可能在 OFR/UFR 的动作区内有稳定运行点，导致孤岛漏检。

（4）自动相位偏移法（Automatic Phase Shift，APS）。此方法是对 SMS 的

改进，也引入了参考电压的相位偏移 θ

$$\theta(k) = \frac{2\pi}{\alpha}[(f(k-1) - f_g)/f_g] + \theta_0(k) \tag{5-48}$$

$$\theta_0(k) = \theta_0(k-1) + \Delta\theta \, \text{sgn}(\Delta f_{ss}) \tag{5-49}$$

式中　　α——调节因子；

$f(k-1)$——上一周期的频率；

$\theta_0(k)$——附加相移；

$\Delta\theta$——常数；

$\text{sgn}(\Delta f)$——符号函数，它由上两周期的频差 Δf_{ss} 决定。

此方法也是利用正反馈检测孤岛的发生。在正常并网时，系统工作在电网电压额定频率以及相角为 0 处；当孤岛产生时，θ_0 有一个额外的相角增量 $\Delta\theta$，这打破系统的平衡，在达到新的平衡点过程中，由于负荷相角与频率成正比，系统输出电流为了跟上给定值，不断增大 f，导致 θ_0 幅值逐周期增大，增大的相角 θ 又导致 f 进一步增大，因此形成正反馈，最终到频率越限，检测到孤岛。反之，稳态频率有微小减小，最终导致欠频越限，检测到孤岛。

此方法的优点是：① SMS 法因未设置初始相位，理论上不能保证断网瞬间触发频率偏移；② APS 设置初始相位 θ_0，使得断网瞬间能可靠触发频率偏移，并使相位偏移随频率偏离单调上升，避免了稳定运行状态的发生，且加快了频率偏移速度。

此方法的缺点是：① 很难确保每个稳定运行点都在设定值之外；② 在一些稳定运行点加入附加的相位偏移，会使响应较慢，在某些负荷下甚至失效；③ 电流相位角引入了多个参数，检测效率评价和参数优化困难。

（5）Sandia 频率偏移法（Sandia Frequency Shift，SFS）。此方法为 AFD 的扩展，它是对逆变器输出电压频率应用正反馈检测方法，从而强化了频率偏差。为实现正反馈，斩波系数 c_f 定义为

$$c_f = c_{f_0} + K(f_i - f_0) \tag{5-50}$$

式中　　c_{f_0}——无频差时的斩波系数；

K——加速增益；

f_i——逆变器输出电压频率；

f_0——电网工频。

正常情况下，逆变器输出端电压频率即电网频率；当电网断电后，在正反馈的作用下，频差随 U_a 频率和增益 K 的增加而增加，c_f 也增加，f_i 加速偏移，

直至触发过频保护；反之，如果 f_i 减小，c_f 最后变为负数，逆变器输出电流的周期大于输出电压周期。

此方法的优点是：① 对于 DSP 控制的并网逆变器，易于实现；② NDZ 较小，与 SVS 结合使用，NDZ 很小。

此方法的缺点是：① 逆变输出的电能质量下降，对弱电网会影响系统的暂态响应，可通过降低 K 来调节，但会增加 NDZ；② 对于多分布式电源系统，扰动必须同步，否则降低有效性。

第四节　微电网技术

随着分布式发电的发展，分布式发电对电网产生的负面影响不容忽视。为了充分发挥分布式发电的优势，同时减少其对电网影响，有学者提出了微电网概念，并得到了一定程度发展。

一、微电网概述

（一）微电网的概念

目前，国际上对微电网的定义不尽相同，美国电气可靠性技术解决方案联合会（Consortium for Electric Reliability Technology Solutions，CERTS）给出的定义：微电网是一种由负荷和微型电源共同组成系统，可同时提供电能和热量；微电网内部的电源主要由电力电子器件负责能量的转换，并提供必需的控制；微电网相对于外部大电网表现为单一的受控单元，并可同时满足用户对电能质量和供电安全等的要求。典型的微电网结构如图 5-27 所示，它采用微型燃气轮机和燃料电池作为主要的电源，储能装置连接在直流侧与分布式电源一起作为一个整体通过电力电子接口连接到微电网。其控制方案相关研究重点是分布式电源的"即插即用"式控制方法。到目前为止，不允许微电网向大电网供电。

欧盟微电网项目给出的定义：充分利用一次能源，将小的、模块化的分布式电源互联，能实现冷热电三联供，配有储能装置，连接到低压配电网的系统。欧盟实验室微电网结构如图 5-28 所示，其中 MGCC 表示上层中央控制器，MG 表示微源控制器，LC 表示负荷控制器。在该微电网中，光伏、燃料电池和微型燃气轮机通过电力电子接口连接到微电网，中心储能单元被安装在交流母线侧。微电网系统采用分层控制策略，底层控制包括分布式电源控制和负荷控制。上层控制负责底层分布式电源和储能装置的参数设置和管理，维持微电网的最优运行，并且允许微电网作为一个整体向大电网供电。

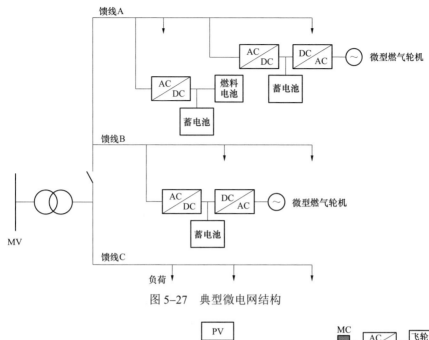

图 5-27 典型微电网结构

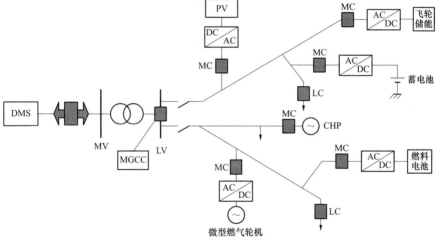

图 5-28 欧盟微电网结构

（二）微电网运行模式

微型网有两种不同的运行模式，即联网运行模式和孤岛运行模式。

1. 联网运行

当主电网无故障时，微电网与主网相连运行，此时分布式发电机也处于并网运行状态。为了充分地利用太阳能、风能等绿色清洁能源，在联网运行时期，

185

分布式发电机应以有功最大出力运行，若有无功补偿的需求，也应该考虑适当降低有功输出加大无功输出。当分布式电源系统容量足够大的时候，在联网运行时期应参与到电压和频率的调节当中。在风速、日光突变的时候，发电量也将随之而变化，其变化速度往往高过电力系统中传统大型发电设备的调节速度，若此类分布式发电所占比例过大，那么在风速、日光突变的时候必将引起电压的突然变化且主电网来不及调节，需要有动作速度快的储能设备，在这时候通过释放或吸收功率来辅助调节电网的电压和频率。飞轮、电池和超级电容都可以作为储能元件。

2. 孤岛运行

当微电网外部出现故障而主网不能为微电网供电，甚至其故障将要威胁到微电网的安全时，微电网将与电网断开形成孤岛，并独立运行。若此时分布式发电系统仍然按照联网运行下的工作方式，那么在输出功率小于负荷功率额定值时，微电网内的频率和电压将会降低；在输出功率大于负荷功率额定值时，频率和电压将会升高，均会造成负荷的不稳定运行，即使此时输出功率正好等于负荷的额定功率，那么之后负荷的增大或减少仍会造成系统的不稳定。因此分布式发电系统必须担负起微电网电压和频率的控制任务。

（三）微电网特点

由微电网的定义可知，微电网有如下几个特点：

（1）微电网集成了多种能源输入（太阳能、风能、常规化石燃料、生物质能等）、多种产品输出（冷、热、电等）、多种能源转换单元（燃料电池、微型燃气轮机、内燃机，储能系统等），是化学、热力学、电动力学等行为相互耦合的非同性复杂系统，具有实现化石燃料和可再生能源的一体化循环利用的固有优势。

（2）微电网中包含多种分布式电源，且安装位置灵活，一般通过电力电子接口接入，并通过一定的控制策略协调运行，共同统一于微电网这个有机体中。因此，微电网在运行、控制、保护等方面需要针对自身独有的特点发展适合不同接入点的分析方法。

（3）一般而言，微电网与外电网之间仅存在一个公共连接点（PCC）。因此，对外电网来说，微电网可以看作电网中的一个可控电源或负荷，这样可以充分利用微电网内各种分布式电源的互补性，能源的利用更加充分，并且减少各类分布式电源直接接入电网后对大电网的影响。

（4）微电网存在两种运行模式，正常状况下，与外电网联网运行，微电网与外电网协调运行，共同给微电网中的负荷供电；当监测到外电网故障或电能

质量不能满足要求时，则微电网转入孤岛运行模式，由微电网内的分布式电源给微电网内关键负荷继续供电，保证负荷的不间断电力供应，维持微电网自身供需能量平衡，从而提高了供电的安全性和可靠性；待外电网故障消失或电能质量满足要求时，微电网重新切换到联网运行模式。微电网控制器需要根据实际运行条件的变化实现两种模式之间的平滑切换。

（5）微电网一般存在上层控制器，通过能量管理系统对分布式电源进行经济调度和能量优化管理，可以利用微电网内各种分布式电源的互补性，更加充分合理地利用能源。

（6）微电网中的分布式电源互相之间一般有一定的地理距离。由于微电网中常采用多种分布式能源，而太阳能发电、风力发电等方式受天气条件制约，所以一般要根据其实际地理条件选择分布式电源安装位置，因地制宜是分布式电源安装的基本原则之一。

（7）微电网一般连接在低压配电网侧，其输电线路阻抗一般成阻性。在传统电网中，其线路阻抗特性的 X/R 的比一般大于 1。但在低压配网中，其线路阻抗特性的 X/R 的比一般小于 1。

（8）由于微电网惯性很小或无惯性，在能量需求变化的瞬间分布式电源无法满足其需求，所以微电网需要依赖储能装置来达到能量平衡。在现有的微电网结构中，储能装置是维持系统暂态稳定必不可少的设备。

二、微电网发展情况

微电网在分布式电源系统的高效应用以及灵活、智能控制方面表现出极大的潜能和优势，成为很多发达国家发展电力行业、解决能源问题的主要战略之一。目前，北美、欧盟、日本等已加快进行微电网的研究和调试，并根据各自的能源政策和电力系统的现有状况，提出了具有不同特色的微电网概念和发展规划。

（一）北美的微电网研究

美国北部电力系统承接的 Mad River 微电网是美国第一个微电网示范性工程，微电网的建模和仿真方法、保护和控制策略以及经济效益在此工程中得到了验证，关于微电网的管理条例和法规得到了完善，因此 Mad River 微电网成为美国微电网工程的成功范例。同时美国能源部制订了"Grid 2030"发展战略，即以微电网形式整合和利用微型分布式电源系统的阶段性计划，详细阐述了今后微电网的发展规划。此外，加拿大 BC 和 Quebec 两家水电公司已经开展微电网示范性工程建设，测试微电网的主动孤网运行状况，旨在通过合理地安置独立发电装置（Independent Power Producer，IPP）改善用户侧供电可靠性。

（二）欧盟的微电网研究

欧盟主要资助和推进"Microgrids"和"More Microgrids"2 个微电网群项目，目的是拓展和发展微电网概念，增加微型发电装置的渗透率，初步形成微电网的运行、控制、保护、安全以及通信等基本理论。此外，希腊、德国、西班牙等国家建立了不同规模的微电网实验室，德国太阳能研究所建成的微电网实验室的规模较大，容量达到 200kVA，该研究所还在其实验平台上设计安装了简单的能量管理系统。欧盟对微电网的研究主要集中在可再生微型发电系统的控制策略和微电网的规划、多微电网管理运行优化工具的研发和技术、商业化规范的制定、示范性微电网测试平台的推广、电力系统运行性能的综合评估等，这些可为分布式电源系统和可再生能源系统大规模并入微电网以及传统电网向智能电网过渡提供条件。

（三）日本的微电网研究

日本根据本国资源日益缺乏、负荷需求增长迅速的发展现状，开展了微电网研究。已在国内建立了多个微电网工程。日本在微电网的网架拓扑结构、微电网集成控制、热电冷综合利用等方面开展了一系列研究，为分布式电源系统和基于可再生电源的大规模独立系统的应用提供了较为广阔的发展空间。

三、微电网控制方法

相对主网而言，微电网可作为一个模块化的可控单元，对内部电网提供满足负荷用户需求的电能。实现这些功能必须具有性能良好的微电网控制和管理系统，主要控制设备有分布式电源系统控制器、可控负荷管理器、中央能量管理系统、继电保护装置。在运行控制过程中，微电网可以基于本地信息对电网中的事件做出快速独立的响应，当网内电压跌落、故障、停电时，微型分布式电源系统应该利用本地信息自动有效地转换到独立运行方式，不再接受传统方式的统一调度。微电网控制的主要目标：

（1）调节微电网内的馈线潮流，对有功和无功功率进行独立解耦控制；

（2）调节每个微型电源接口处的电压，保证电压的稳定性；

（3）孤网运行时，确保每个微型电源能快速响应，并分担用户负荷；

（4）根据故障情况或系统需要，平滑自主地与主网分离、并列或实现二者的过渡转化运行。

总体而言，微电网的运行控制主要包括局部的逆变电源控制策略和系统级的微电网控制模式两部分。

（一）逆变型电源控制策略

微电网的稳定运行依赖于各个分布式发电，微电网中的分布式发电按照并

网方式可以分为逆变型电源、同步机型电源和异步机型电源。其中，小型同步发电机的控制和并网技术已较为成熟，异步发电机的控制也较为简单，大部分微电网的主要电源是基于电力电子的逆变型分布式发电。目前，微电网中常见的分布式发电接口逆变器控制方法主要有三种：恒功率（PQ）控制；下垂（Droop）控制以及恒压恒频（V/f）控制。

1. 恒功率（PQ）控制

分布式电源接口逆变器采用 PQ 控制，其控制目的是使分布式电源输出的有功功率和无功功率等于其参考功率。通常 PQ 控制用于并网运行状态。微电源一般不参与电压、频率的调节，直接采用电网频率和电压作为支撑。PQ 控制方式主要有两种：① 通过设定微型电源原动机的有功参考值来进行有功功率调节，并通过直流电压控制器进行辅助调节，而无功功率按照参考值进行控制；② 通过逆变器的控制作用，按照给定参考值进行有功功率与无功功率输出。

逆变器 PQ 控制方式 1 框图如图 5-29 所示。

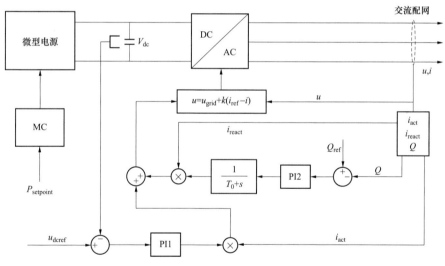

图 5-29　逆变器 PQ 控制方式 1 框图

在该 PQ 控制方式下，有功控制和无功控制对象不同。有功控制通过分布式电源控制器与逆变器直流电压控制器共同完成。首先给定原动机功率参考值 P_{Setpoint}，之后在原动机自身功率调节作用下按参考值进行有功功率输出，同时在逆变器直流侧电压控制器 $PI1$ 作用下，保障直流电压恒定，从而实现分布式电源的有功功率输出。无功功率控制主要通过逆变器进行。首先对逆变器端口电压和电流信号进行测量计算得到输出的无功功率 Q。然后在 $PI2$ 调节器作用

下，根据无功功率参考值 Q_{ref} 与实测逆变器输出无功功率 Q 之间的差值调节逆变器控制信号中无功电流幅值，从而实现恒定无功功率调节。

逆变器控制方式 2 是指通过直接控制逆变器实现 PQ 控制。在该控制方式下，通过选择合理的同步旋转坐标系在 Park 变换下将逆变器输出电压 abc 分量转化为 dq0 分量，并使 q 轴电压分量 $u_{\text{gq}}=0$，则逆变输出功率可表示为

$$\begin{cases} P_{\text{ref}} = u_{\text{gd}}i_{\text{gd}} + u_{\text{gq}}i_{\text{gq}} = u_{\text{gd}}i_{\text{gd}} \\ Q_{\text{ref}} = -u_{\text{gd}}i_{\text{gq}} + u_{\text{gq}}i_{\text{gd}} = -u_{\text{gd}}i_{\text{gq}} \end{cases} \quad (5\text{-}51)$$

由此可得电流内环的 dq 参考值

$$\begin{cases} i_{\text{dref}} = P_{\text{ref}}/u_{\text{gd}} \\ i_{\text{qref}} = -Q_{\text{ref}}/u_{\text{gd}} \end{cases} \quad (5\text{-}52)$$

通过给定输出电流参考值调节逆变器输出电流，从而实现 PQ 控制。

2. 下垂控制

下垂控制是模拟发电机组"功频静特性"的一种控制方法，既可以单独为电压和频率提供支持，也可以通过与其他的电网电压和频率支持单元并联协调运行。

为了便于分析，将微电网等效为含有一个发电单元的简化模型，如图 5-30 所示。

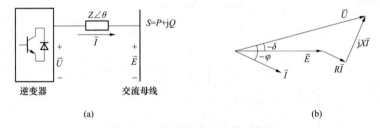

(a)　　　　　　　　　　　　　　　　(b)

图 5-30　微电网输送功率示意图

（a）并网示意图；（b）相位关系图

由电路关系可得注入交流母线的有功功率和无功功率如下

$$P = \left(\frac{EU}{Z}\cos\delta - \frac{E^2}{Z} \right)\cos\theta + \frac{EU}{Z}\sin\delta\sin\theta \quad (5\text{-}53)$$

$$Q = \left(\frac{EU}{Z}\cos\delta - \frac{E^2}{Z} \right)\sin\theta - \frac{EU}{Z}\sin\delta\cos\theta \quad (5\text{-}54)$$

对于高压电路，系统阻抗呈现感性，此时 R 可以忽略不计，$Z=X$，$\theta=90°$，

功率角一般很小即 $\sin\delta=\delta$，$\cos\delta=1$，所以式（5–53）与式（5–54）可以写成

$$P \approx \frac{EU}{X}\delta \tag{5-55}$$

$$Q \approx \frac{EU}{X} - \frac{E^2}{X} = \frac{E}{X}(U-E) \tag{5-56}$$

通过式（5–55）与式（5–56）可知，输出的有功功率决定于 δ，无功功率则决定于电压幅值 U。因此，通过 P–f, Q–U 控制策略控制分布式发电输出功率。图 5–31 为电压下垂和频率下垂控制曲线。

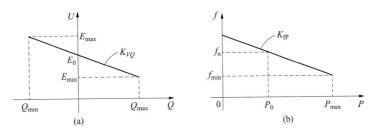

图 5–31　下垂控制特性曲线

（a）电压下垂控制曲线；（b）频率下垂控制曲线

该控制方法是基于本地测量的有功值和无功值对逆变器进行控制，分布式电源之间不需要通信联系，所以一般用于对等控制策略中。

3. 电压/频率（U/f）控制

逆变器的电压和频率控制主要是为微电网的孤网运行提供强有力的电压和频率支撑并具有一定负荷功率的跟随特性。通过设定电压和频率的参考值，在 PI 调节器作用下实时检测逆变器输出端口电压和频率，并作为恒压、恒频微型电源使用。U/f 控制方式如图 5–32 所示。

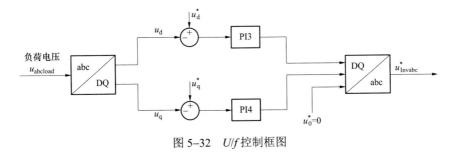

图 5–32　U/f 控制框图

由图 5–32 可知，电源在采用 U/f 控制时只采集逆变器端口电压信息，通

过调节逆变器调制系数进行电压调节。而其频率采用恒定参考值，即电源频率恒定。

由于下垂特性，随着微电网负荷的变化，将导致稳态频率和电压波动。这将取决于下垂特性和负荷的频率/电压敏感度。要使微电网的频率/电压恢复到额定值，则需要调节微型电源的输出。微电网的频率控制即是调节微型电源的输出使微电网频率恢复到额定值。通过向左或向右平行地移动频率下垂曲线保证频率在一个恒定值，如图 5-33（a）所示。类似地，电压控制通过向左或向右调节电压特性曲线维持微电网电压在一个恒定值，如图 5-33（b）所示。

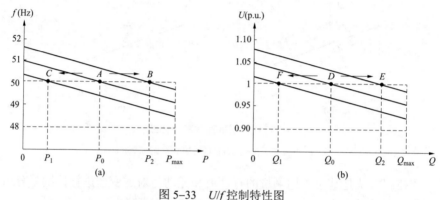

图 5-33　U/f 控制特性图

（a）$P-f$ 下垂特性；（b）$Q-U$ 下垂特性

（二）微电网控制模式

1. 主从控制模式

主从控制模式是指在微电网处于孤岛运行模式时，其中一个分布式发电或储能装置采取 U/f 控制，用于向微电网中的其他分布式发电提供电压和频率参考，而其他分布式发电则可采用 PQ 控制。

在采用主从控制的微电网中，如光伏发电系统、风力发电系统等微电源受自然气象影响，输出功率具有波动性、随机性、间歇性，一般采用恒功率控制，只发出恒定的有功或是执行最大功率跟踪，不参与网络电压和频率调节。适于采用主控制器控制的分布式发电需要满足一定的条件，以维持微电网的稳定运行。在微电网处于孤岛运行模式时，作为从控制单元的分布式发电一般为 PQ 控制，负荷的变化主要由作为主控制单元的分布式发电来跟随，因此要求其功率输出应能够在一定范围内可控，且在各个分布式发电之间无通信的前提下，能利用本地电压电流对网内扰动在数毫秒内做出合适反应，足够快的跟随负荷或

从控制分布式发电的功率波动变化。

2. 对等控制模式

对等控制模式是指微电网中所有的分布式发电在控制上都具有同等的地位，每个分布式发电都根据接入系统点电压和频率的就地信息进行控制。对于这种控制模式，分布式发电控制器一般采用 droop 控制方法。

在对等控制模式下，当微电网运行在孤岛模式时，微电网中每个采用 droop 控制策略的分布式发电都参与微电网电压和频率的调节。在负荷变化的情况下，自动依据 droop 下垂系数分担负荷的变化量，亦即各分布式发电通过调整各自输出电压的频率和幅值，使微电网达到一个新的稳态工作点，最终实现输出功率的合理分配。

与主从控制模式相比，在对等控制中的各分布式发电可以自动参与输出功率的分配，易于实现分布式发电的即插即用，便于各种分布式发电的接入，由于省去了昂贵的通信系统，理论上可以降低系统成本。同时，由于无论在并网运行模式还是在孤岛运行模式，微电网中分布式发电的 droop 控制策略可以不做变化，系统运行模式易于实现无缝切换。在一个采用对等控制的实际的微电网中，一些分布式发电同样可以采用 PQ 控制，在此情况下，采用 droop 控制的多个分布式发电共同担负起了主从控制器中主控制单元的控制任务：通过 droop 系数的合理设置，可以实现外界功率变化在各分布式发电之间的合理分配，从而满足负荷变化的需要，维持孤岛运行模式下对电压和频率的支撑作用等。同时，在对等控制中，分布式电源之间不需要通信联系就能实现功率共享，不同分布式电源之间地位相等，控制具有冗余性，且易扩展，上层控制简单。

第五节　典型案例分析

SMA 太阳能科技公司在南非的混合能源案例——将分布式太阳能发电结合柴油发电机组应用于铬矿区工业开采过程中，具有低碳环保、经济高效的特点。

一、混合能源电站概况

南非塔巴津比铬矿使用混合能源供电，如图 5-34 所示。该铬矿位于南非林波波省塔巴津比，矿区人烟稀少，地理坐标：南纬 24°36′，东经 27°23′。该矿区距离配电网较远，与电网的线路连接较少，接入能量有限，而主要发电原材料——柴油的运输费较昂贵。CRONIMET 铬矿业（PHY）有限公司负责运营。2012 年 11 月混合能源电站投产以来，每年减少柴油燃烧高达 45 万 L，显著降

低二氧化碳排放量。每年产生 1.8GWh 电能。

图 5-34 南非塔巴津比铬矿使用混合能源供电

二、混合能源电站构成

电站目前安装规模：1MW。发电设备：63 个 17kVA 三相逆变器；2 台 800kVA 柴油发电机；500kVA 电网连接。使用 4170 块 240W 多晶硅电池组件。混合能源电站示意图如图 5-35 所示。

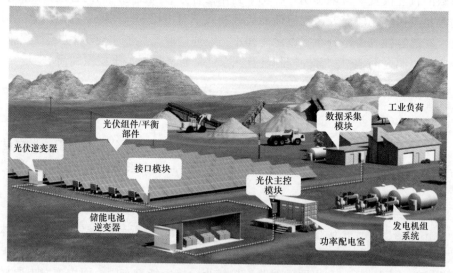

图 5-35 混合能源电站示意图

（1）光伏逆变器：将 SMA Tripower 17 000TL 型逆变器应用于混合能源

系统。

（2）光伏组件/平衡部件：包括组件、支架和线缆在内的光伏发电系统。

（3）接口模块：光伏数据采集中心，包括来自逆变器的通信信号。

（4）光伏主控模块：负责监控发电机组状态，并计算光伏可允许的最大功率。

（5）储能电池逆变器：用于增加光伏电站的渗透率。

（6）功率配电室：包括主要母线排，机组控制器等。

（7）数据采集模块：负责测量有功和无功负载。

（8）工业负荷：如挖矿设备，水泥工程，和金属切割等。

（9）发电机组系统：主要发电设备。

三、电站控制及管理系统

通过混合能源系统的数据采集、控制、接口模块，可以实现高达60%的光伏发电渗透率，同时还保证整个系统的稳定运行和对发电机组的协调控制。电站各关键组成连接情况如图5-36所示。

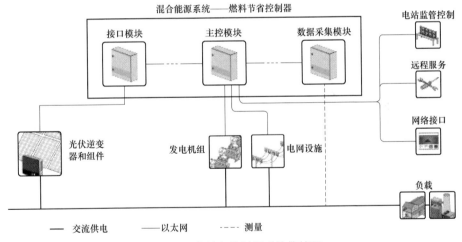

图5-36　电站各关键组成连接情况

此外，通过额外增加储能电池及电池逆变器，可以使混合能源系统中光伏发电的渗透率进一步提高，甚至实现100%的供能。

四、电站发电情况

在实际运行中，混合能源系统的发电情况如图5-37所示，在白天节省了大量的燃料使用。正常时每天：平均负荷350kW；光伏功率平均达到300kW；光伏发电量可达1440kWh；节省400L柴油。

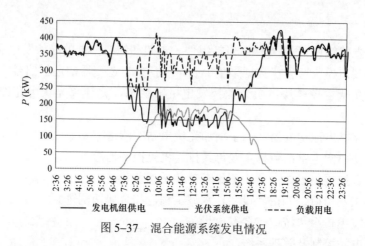

图 5-37　混合能源系统发电情况

相对常规柴油发电机组，带有分布式太阳能发电系统的混合能源电站不仅可以减少柴油的开支，降低 CO_2 的排放，还能有效利用矿区的开阔地势和丰富的太阳能资源。随着太阳能、风能等新能源的发电成本下降及石化能源价格的上涨，该类混合能源电站的优势将不断扩大。

参 考 文 献

[1] 丁明，王敏. 分布式发电技术 [J]. 电力自动化设备，2004（07）：31-36.

[2] 魏晓霞，刘士玮. 国外分布式发电发展情况分析及启示 [J]. 能源技术经济，2010，22（9）：58-61，65.

[3] 李琼慧，黄碧斌，蒋莉萍. 国内外分布式电源定义及发展现况对比分析[J]. 中国能源，2012（08）：31-34.

[4] 鲍薇，胡学浩，何国庆，李光辉. 分布式电源并网标准研究 [J]. 电网技术，2012，11：46-52.

[5] Q/GDW 480—2010 分布式电源接入电网技术规定 [S].

[6] IEEE Std 1547—2003 IEEE standard for interconnecting distributedresources with electric power systems [S].

[7] CAN/CSN-C 22.2 No.257—06 Interconnecting inverter-basedmicro-distributed resources to distribution systems [S].

[8] C 22.3 No.9—08 Interconnection of distributed resources and electricity supply systems [S].

[9] 李蓓，李兴源. 分布式发电及其对配电网的影响 [J]. 国际电力，2005，9（3）：45-49.

[10] 钱科军，袁越. 分布式发电技术及其对电力系统的影响[J]. 继电器，2007（13）：25-29.

[11] 程启明，王映斐，程尹曼，汪明媚. 分布式发电并网系统中孤岛检测方法的综述研究[J].

电力系统保护与控制，2011，06：147–154.

[12] 程华，徐政. 分布式发电中的储能技术 [J]. 高压电器，2003，03：53–56.

[13] 马琳. 无变压器结构光伏并网逆变器拓扑及控制研究 [D]. 北京交通大学，2011.

[14] 张建华，黄伟. 微电网运行控制与保护技术 [M]. 北京：中国电力出版社，2010.7.

[15] 肖朝霞. 微网控制及运行特性分析 [D]. 天津大学，2009.

[16] 杨占刚. 微网实验系统研究 [D]. 天津大学，2010.

[17] De Brabandere, K., et al. Control of microgrids. 2007.

[18] Lasseter, R.H., Smart Distribution: Coupled Microgrids. PROCEEDINGS OF THE IEEE, 2011. 99（6）: p. 1074–1082.

[19] Yu, B., M. Matsui and G. Yu, A review of current anti-islanding methods for photovoltaic power system. Solar Energy, 2010. 84（5）: p.745–754.

[20] Se-Kyo C. A phase tracking system for three phase utility interface inverters[J]. Power Electronics, IEEE Transactions on, 2000, 15（3）: 431–438.

[21] Kaura V, Blasko V. Operation of a phase locked loop system under distorted utility conditions[J]. Industry Applications, IEEE Transactions on, 1997, 33（1）: 58–63.

[22] Da Silva S A O, Tomizaki E, Novochadlo R, et al. PLL Structures for Utility Connected Systems under Distorted Utility Conditions [C]. IEEE Industrial Electronics, IECON 2006 – 32nd Annual Conference on, 2006.

[23] Arruda L N, Silva S M, Filho B J C. PLL structures for utility connected systems [C]. Industry Applications Conference, 2001.Thirty-Sixth IAS Annual Meeting.Conference Record of the 2001 IEEE, 2001.

[24] Afonso J L, Freitas M J S, Martins J S. p-q Theory power components calculations [C]. Industrial Electronics, 2003.ISIE '03.2003 IEEE International Symposium on, 2003.

[25] Rodriguez P, Luna A, Teodorescu R, et al. Fault ride-through capability implementation in wind turbine converters using a decoupled double synchronous reference frame PLL [C]. Power Electronics and Applications, 2007 European Conference on, 2007.

[26] Rodriguez P, Pou J, Bergas J, et al. Decoupled Double Synchronous Reference Frame PLL for Power Converters Control [J]. Power Electronics, IEEE Transactions on, 2007, 22（2）: 584–592.

[27] Hong-Seok S, Kwanghee N. Dual current control scheme for PWM converter under unbalanced input voltage conditions [J]. Industrial Electronics, IEEE Transactions on, 1999, 46（5）: 953–959.

[28] Jiabing H, Yikang H. Modeling and Control of Grid-Connected Voltage-Sourced Converters

Under Generalized Unbalanced Operation Conditions [J]. Energy Conversion, IEEE Transactions on, 2008, 23（3）: 903–913.

［29］Alepuz S, Busquets-Monge S, Bordonau J, et al. Control methods for Low Voltage Ride-Through compliance in grid-connected NPC converter based wind power systems using predictive control [C]. Energy Conversion Congress and Exposition, 2009. ECCE 2009.IEEE, 2009.

［30］Alepuz S, Busquets-Monge S, Bordonau J, et al. Control Strategies Based on Symmetrical Components for Grid-Connected Converters Under Voltage Dips [J]. Industrial Electronics, IEEE Transactions on, 2009, 56（6）: 2162–2173.

第六章

电网与用户互动服务技术

本章简要阐述高级量测系统支持下的互动用电服务概念，然后重点介绍需求响应使能技术、电网友好型电气控制技术、用户用能管理技术等。

第一节 高级量测系统支持下的互动用电服务技术

互动用电服务是指在先进量测技术、信息通信技术支持下，采集和分析用户用电、分布式电源发电等信息，基于网络化、人机交互和业务融合原则，提供缴费、用电策略、历史用电记录等信息查询和用电业务互动，指导用户科学用电。

一、高级量测系统支持下互动用电服务

高级量测系统支持下的互动用电概念图如图 6-1 所示。

互动用电服务主要有两种实现方式，一是通过电力公司的互动网站，二是通过现场智能电能表、智能采集终端或智能交互终端。网络化互动网站用电互动服务包括三个方面，即用户侧分布式电源、电动汽车与电网的双向互动，工商用户、居民用户与电网的信息互动，在线缴费、用电报装申请、需求响应等新型业务互动。

1. 通过互动网站方式

一般来说，通过电力公司互动网站提供的主要用电互动服务有：

（1）信息互动。用户通过计算机、手机、掌上智能设备等主要完成以下信息查询提交和结果反馈：① 日分时电量及历史日电量；② 剩余金额；③ 电价；④ 历史用电明细；⑤ 电压电流；⑥ 功率（三相）；⑦ 电能质量；⑧ 分布式电源上网电量；⑨ 历史负荷曲线；⑩ 缴费信息。

（2）业务互动。用户通过计算机、手机、掌上智能设备等主要完成：① 在

线购电及信息自动下发到智能电能表；② 在线用电申请及资料提交；③ 用户电器自动响应电价或激励信息实现需求响应控制。该过程一般包含需求响应方案下发、用户选择、方案执行、效果评估等。

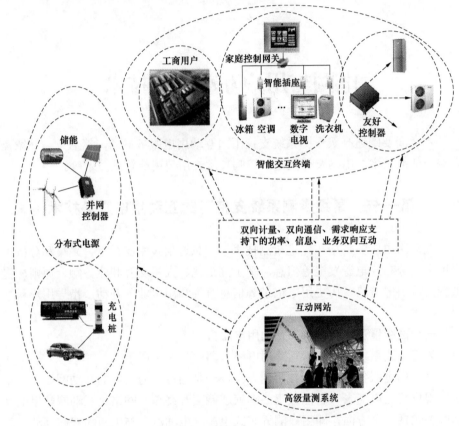

图 6-1　高级量测系统支持下的互动用电概念图

目前国内通过互动网站，已经不同程度实现多样化互动用电服务功能：

（1）手机查询和缴费。通过安装手机软件，可查询实时电量、用电曲线、电费使用情况、缴费记录、最近缴费网点查询，接收停限电通知、费控通知、电量跨档通知，了解用电常识。同时可以完成缴纳电费、故障报修。

（2）短信提示。通过调用短信服务平台，向用户发送电费预警短信温馨提示、用户用电异常提醒、电力信息告知、用电增容、有序用电方案通知、超负荷通知、有序用电任务投入、解除、负荷释放通知。

（3）95598 热线用电保障。在用户停电欠费后，通过拨打 95598 客户服务

热线方式申请用电保障服务，为其提供相应的复电功能，解决因短时间无法购电引起用户长时间欠费停电。

（4）95598网站查询和缴费。用户通过访问95598互动服务网站，可查询每日用电量、用电示数、电费详单并进行网上报装、服务预约。

（5）电子邮件提醒。以日为周期，应用采集系统数据对高压用户的用电量、电压、电流等进行监控，发现变压器超容、超载、电压异常时，向用户进行用电安全隐患预警，提醒用户控制负荷，尽快办理用电增容。

2. 通过智能交互终端或智能采集终端方式

通过智能交互终端实现用电互动服务，目前受限硬件成本、安全性等条件，一般能提供的互动用电功能要少一些。智能交互终端是实现智能用电服务的关键设备之一，通过利用先进的信息通信技术，对用电信息等数据进行采集和分析，具有处理、分析、显示等功能，引导用户进行合理用电。此外，通过智能交互终端或自动缴费终端，可为用户提供家庭安防、社区服务、互联网服务等增值服务。

二、电动汽车与电网互动 V2G 技术

V2G 的概念是由 Amory Lovins 在 1995 年提出的，美国特拉华大学 William Kempton 教授对其做了进一步发展。近年来由于电混合动力汽车（PHEV）和纯电动车（EV）的广泛使用以及电池技术的进步，V2G 越来越受到人们关注。但是，电动汽车作为日常负荷可能会增加电网负担，并需要增加基础设施投资。2005 年，美国特拉华大学的 Willett Kempton 研究了 V2G 的容量计算和净收益等基础问题。研究表明，V2G 的经济利益是引人注目的。同年，他还研究了 V2G 的实现问题。2009 年，德国的 Dirk 等人发表文章，重点关注的是 V2G 在移动存储中的可能影响。该研究结果表明，由电动汽车与控制系统相结合形成的移动存储系统能够部分替代静止存储系统。对于 V2G 的研究除了理论分析之外，还出现了很多实际系统的设计与尝试，其中比较著名的是特拉华大学等联合机构利用单台汽车进行 V2G 运行的试验。通过对 V2G 的评估可以看出，利用电动汽车电池作为电网储能是可行的，不论是从工程上还是从经济上，V2G 的效益都是引人注目的。

从直接效益来看，通过 V2G 可以：① 利用电动车电池作为电网的缓冲，为电网提供辅助服务，如调峰、无功补偿等；② 能为车主提供额外的收入，抵消购买电动汽车的部分花费，有利于清洁能源汽车的普及；③ 可以增加电网稳定性和可靠性，降低电力系统运营成本。此外，从长远来看，V2G 能减少对新发电基础设施的投资；还可以产生能量存储缓冲，从而为可再生能源提供支持；

电动汽车的大量使用可以减少温室气体的排放。

（一）V2G 实现方式

1. 集中式的 V2G 实现方法

所谓集中式的 V2G 是指将某一区域内的电动汽车聚集在一起，按照电网的需求对此区域内电动汽车的能量进行统一的调度，并由特定的管理策略来控制每台汽车的充放电过程，例如，修建供 V2G 使用的停车场。从文献来看，按此种方式进行研究的较多。对于集中式的 V2G，以将智能充电机建在地面上，这样能够节约电动汽车的成本。同时，由于此种方式采用统一的调度和集中的管理，可以实现整体上的最优，例如可通过先进的算法可以计算每台汽车的最优充电策略，保证成本最低及电力最优利用。

2. 自治式的 V2G 实现方法

自治式 V2G 的电动车分布在各处，无法进行集中的管理，因而一般采用车载式的智能充电器，它们可以根据电网发布的有功、无功需求和价格信息，或者根据电网输出接口的电气特征（如电压波动等），结合汽车自身的状态（如电池 SOC）自动地实现 V2G 运行。日本东京大学的 Yutaka Ota 等人就是采用这种方法，他们提出一种自主分布 V2G 方法，实现了能量的智能存储。自治式 V2G 一般采用车载智能充电机，充电方便，易于使用，不受地点和空间的限制，自动地实现 V2G。但是，每一台电动车都作为一个独立的结点分布在各处。由于不受统一的管理，每台电动车的充放电具有很大的随机性，是否能保证整体上的最优还需进一步研究，此外，车载充电机还会增加电动汽车的成本。

3. 基于微网的 V2G 实现方法

基于微网的 V2G 实现方法，实际上是将电动汽车的储能设备集成到微电网中，它与前边两种实现方法的区别在于，这种 V2G 方法作用的直接对象不是大电网，而是微电网。它直接为微电网服务，为微电网内的分布电源提供支持，并为相关负荷供电。新西兰奥克兰大学的 Udaya K. Madawala 等人将电动汽车集成到家庭住宅供电网络中，该网络包括风能、太阳能等分布式发电，并与外部大电网相连接。它能利用电动汽车支持可再生能源并向家庭和商业用户供电。

4. 基于更换电池组的 V2G 实现方法

此外，还有一种基于更换电池组的 V2G 实现方法，其源于更换电池组的电动汽车供电模式。它需要建立专门的电池更换站，在更换站中存有大量的储能电池，因而也可以考虑将这些电池连接到电网上，利用电池组实现 V2G。这种

方法的原理类似于集中式 V2G，但是管理策略上会有所不同，因为电池最终是要用来更换的，所以必须确保一定比例的电池电量是满的。它融合了常规充电与快速充电的优点，在某种意义上极大弥补了电动汽车续驶里程不足的缺陷，但是它迫切需要统一电池及充电接口等部件的标准。

（二）V2G 关键技术

V2G 作为面向未来的智能电网技术，包括统一调度技术、智能化充放电管理技术、电力电子变换技术等。

1. V2G 统一调度技术

研究表明，采用 V2G 的供电策略，可以使电网的发电量需求增加最少，并使基础设施投资最少。那么从电网的角度，该如何对电动汽车的储能进行规划与调度。这个问题的实质是如何对各个 V2G 单元以及电网其他发电单元进行调度的问题。电网发电单元的作用不相同：容量较大的发电单元价格便宜，但是响应速度慢，适用于提供基本负荷；容量较小的单元价格昂贵，但响应速度快，一般用于峰值负荷。因而规划的作用就是利用 V2G 尽可能减少电网对昂贵发电单元的依赖，并减少无功补偿装置的使用。这就需要电网根据自身的负荷状况、可再生能源的发电状况以及 V2G 单元可用容量等信息，事先计算出对各 V2G 单元的有功和无功需求，并给出合理的电价。对此问题的处理可以分为两种方式，第一种是由电网直接对接入的每台电动车连同其他发电单元进行统一调度，采用智能的算法来控制每台汽车的 V2G 运行。但是，这种方式会使问题变得异常复杂。此外，这种方式是从电网的角度来考虑的，并没有从用户的角度进行分析。针对上述问题，韩国 Konkuk 大学 Sekyung Han 等人研究了第二种方式，即在电网与电动汽车群之间建立一个中间系统，称为 Aggregator。该中间系统将一定区域内接入电网的电动汽车组织起来，成为一个整体，服从电网的统一调度。这样电网可以不必深究每台电动车的状态，只需根据自己的算法向各个中间系统发出调度信号（包括功率的大小、有功还是无功以及充电还是放电等），而对电动汽车群的直接管理，则由中间系统来完成。

2. V2G 智能充放电管理

电动汽车 V2G 的智能充放电管理策略描述是这样一个过程：中间系统根据电动汽车的充电需求对能量进行合理的供应，同时根据电网需求将电动汽车能量反馈给电网。对于每一台与电网相连的电动汽车而言，一方面要通过 V2G 来提供辅助服务，另一方面还要从电网获取能量为电池充电。但是，不论是提供辅助服务（放电）还是从电网获取能量（充电），其过程并不是随意地，毫无限

度的，它需要实时考虑电动汽车当前及未来的状况，如电池 SOC、未来行驶计划、当前的位置、当前电力价格以及联网时间等信息。这样做是为了在保证正常行驶的前提下使用户达到最优。针对这些问题，日本东京大学的 Sekyung Han 等人针对 V2G 参与频率调节服务，提出了一种最优的集成策略（Aggregator），它能够充分利用电动汽车的分布功率来供给电网。但该策略只是针对频率调节，如果应用于其他服务，还需要另外进行修改。美国密苏里理工大学的 Chris Hutson 等人提出了一种智能的方法来安排使用 PHEV 和 EV 的可用能量存储。采用二元粒子群最优的方法计算出一天内合适的充放电时间，并使用 California ISO 数据库的价格曲线来反映真实的价格波动。美国密苏里理工大学的 Ahmed 等人研究了在受限停车场内的 V2G 管理问题，采用现代智能控制方法对此问题进行解决，减少了运营成本，增加了旋转备用，提高了电网的可靠性。总之，对于电动汽车智能充放电管理策略的研究，主要涉及如何对各电动车进行协调充电；制定管理策略寻找最大化车主利益的最优方案，例如在电价便宜时为电动车充电，电价昂贵时向电网提供服务。

3. 电力电子双向变换技术

要使电动汽车实现 V2G，需要在电网和汽车间配备双向的智能充电机。此双向充电机必须具有为电动汽车电池充电的功能，同时产生最小的电流谐波，也应具有根据调节向电网回馈能量的能力。一般来讲，双向充电机由滤波器、双向 DC–DC 变换器以及双向 AC–DC 变换器组成。当充电机工作于电池充电模式时，交流电首先通过滤波器滤除不期望的频率分量，然后通过双向 AC/DC 变换器将交流整流成直流。由于双向 AC/DC 变换器的输出电压可能与直流储能单元的电压不匹配，还需要一个双向 DC/DC 变换器来保证合适的充电电压。当变换器工作于电池放电模式时，其过程则恰好相反。对于双向充电机的研究主要包括以下几个方面：① 变换器结构的研究，包括结构的选择以及双向 DC/DC、双向 AC/DC 变换器的集成，还有就是如何利用现有牵引驱动系统完成双向充电的功能。② 并网谐波的抑制问题，包括三电平结构的应用以及控制策略的研究。③ 充电机宽电压运行范围内的效率问题。

第二节　柔性负荷控制技术

电力用户中的工业负荷、商业负荷以及居民生活负荷中的空调、冰箱等传统负荷，以及储能、电动汽车等双向可控负荷，这些需求侧资源均可在一定条件下响应电网需求并参与电力供需平衡。以需求响应技术为基础实现用户电力

负荷的柔性控制，它是用户能量系统的依托，本节就使能技术、电网友好型电器控制技术等进行介绍。

一、需求响应终端使能技术（Enabling Technology）

随着需求响应的推广与普及，用户侧需配套的技术支撑来充分调动用户主动调整用电的积极性。使能技术是指帮助电力用户更方便灵活的以需求响应的形式参与电力系统运行的一系列关键技术。美国的需求响应起步较早，2003 年，加利福尼亚能源委员会与加州大学伯克利校区的跨学科研究团队签署合同，开展了需求响应使能技术开发项目（Demand Response Enabling Technology Development，DRETD），致力于恒温控制器、无线通信设备、计量和传感器等的研究与开发。这里介绍几种国外相对比较成熟的使能技术，它们已经应用在一些试点工程中，并且产生了较为突出的成效。

（一）中央空调循环切换开关（A/C switch）

1. 主要功能

中央空调循环切换开关，也即压缩机循环控制开关，是一种单向的远程控制开关。在尖峰电价时段，公用事业机构经由数字寻呼网络控制该装置的操作运行，当其被中央发送器激活后，就可以按照控制策略，以一定的时间间隔循环控制空调压缩机，并能保证用户的舒适度不发生较大改变。

不同的公用事业机构所采取的控制策略有所不同，一般在 33%～67%之间变化，即将传统空调的用电减少 33%～67%，基准平均值为 40%。

在实施需求响应期间，由于受多种因素的影响，用户不一定能及时响应电价的变化，而该项技术的运用可以帮助用户更加方便的参与需求响应项目，在不影响舒适度的前提下，减少用电成本。

2. 试点的应用情况及成效

目前，国内的 A/C switch 只是作为一种简单的压缩机开关，主要应用于汽车，开关开启时吹冷风，关闭时吹自然风，并且不能实现循环控制功能，需要人为的进行操作。

美国巴尔的摩天然气电力公司（Baltimore Gas & Electric Company，BGE）在 2006 年实施了一项智能能源电价试点工程（Smart Energy Pricing，SEP，Pilot），为 1500 户家庭用户中的 57 户安装了该装置，用以测试该项使能技术的成效。该试点工程用的是 50%循环控制策略，也就是说，在电价高峰期，将传统的空调用电量减少了 50%。数据结果显示，使用该技术的用户对电价的响应率明显提高，并且负荷削减率提高了 5%左右。

（二）可编程恒温控制器（Programmable communicating thermostat，PCT）

可编程恒温控制器如图 6-2 所示。

图 6-2　可编程恒温控制器

1. 主要功能

与传统的恒温控制器最大的不同在于，可编程恒温控制器可以接收并显示来自公共事业机构的电价信息，根据每小时的电价情况来调节温度设定值。例如，当电力公司发布一个较高的电价时，PCT 通过已经内置的程序将预先设置的温度提高 2～3℃，从而降低负荷。该项技术可以用在热水器、暖通、空调等设备上，如果跟前面提到的 A/C switch 联合使用，空调节能的成效将更为显著。

2. 试点的应用情况及成效

2003～2004 年，美国加利福尼亚的太平洋天然气电力公司（Pacific Gas & Electric，PG&E）、南加州爱迪生电力公司（Southern California Edison，SCE）、圣地亚哥天然气电力公司（San Diego Gas & Electric，SDG&E）三个公用事业机构与加州公共事业委员会、加州能源委员会合作开展了 Statewide Pricing Pilot（SPP）试点工程。实施机构将未使用该项使能技术的用户和使用该技术的用户进行了分组对比，在实施尖峰日峰时段长度可变动的尖峰电价的条件下，实验结果表明，未安装 PCT 的用户峰荷减少了 16%，安装 PCT 的用户峰荷减少了 27%。也就是说，使用该使能技术的用户峰荷减少量比另一组用户增加了约 10%。

2006～2007 年，公共服务电力与天然气公司（Public Service Electric and Gas Company，PSE&G）在新泽西开展了居民用户分时电价/尖峰电价试点工程，为 1148 户用户中的 319 户免费安装了已预先编好程的 PCT。在分时电价下，没有安装 PCT 的用户峰荷减少了 3%，安装 PCT 的用户峰荷减少了 21%；在尖峰电价下，没有安装 PCT 的用户峰荷减少了 17%，安装 PCT 的用户峰荷减少了 47%。这说明，安装可编程恒温控制器的用户移峰能力远高于没有安装相应控制器的用户，其中，实施分时电价的用户差距在 7 倍以上，实施实时电价的用户差距在 3 倍以上。

（三）户内电能显示器

1. 主要功能

户内电能显示器是向用户提供能源消耗及成本方面信息，显示用户用电情况及电费情况，将不透明的静态电费转变成透明的、动态的、可控的电费的一

种装置，用户可直接实时阅读。家庭用能显示器如图 6-3 所示。

该项技术为用户做出更高效率的用电计划提供了一种媒介，用户可以及时地获取电价信息以及当下的电费情况，及时地调整用电方式。因此，IHD 的推广与应用，在一定程度上对节约能源和错峰做出了贡献，并且能够帮助平滑负荷曲线，提高电力系统稳定性。

图 6-3　家庭用能显示器

2. 试点的应用情况及成效

该项使能技术发展较为成熟，美国、加拿大、英国、日本等国家的试点工程中均有实践，见表 6-1。

表 6-1　　　　　研究 IHD 对用户响应行为影响的试点项目概况

序号	试点工程名称	国家/地区	年份
1	Hydro One real-time feedback pilot	加拿大/安大略	2004~2005
2	BC hydro and Newfoundland power pilot	英国/哥伦比亚、加拿大/纽芬兰和拉布拉多	2005~2007
3	Power cost monitoring pilot program	美国/马萨诸塞州	2007
4	SDG&E In-Home Display Program	美国/加利福尼亚	2007
5	The Kyushu experiment	日本	1998
6	SRP M-Power conservation effect study FY04	美国/亚利桑那州	2004
7	Woodstock Hydro's Pay-As-You-Go	美国/伍德斯托克、加拿大/安大略	1989~至今
8	Hydro One time-of-use pilot	加拿大/安大略	2007
9	California information display pilot	美国/加利福尼亚	2004
10	Country energy's home energy efficiency trial	澳大利亚	2004~2005
11	TXU energy price guarantee 24 with energy monitor	美国/德克萨斯州	2006~至今
12	LG&E responsive pricing and smart metering program	美国/肯塔基州	2008~2011

2004~2005 年，加拿大 Hydro One 公司在安大略实施的 Hydro One real-time feedback pilot 试点项目征募了 400 多名参与者，并将其分为两组：一组没有任何使能技术，一组只具备 IHD 这一项使能技术。实验结果显示，参与用户对 IHD

的态度总体是积极的，拥有 IHD 的用户平均负荷削减约为 6.5%。在用户评分环节中，有 63%的用户给予了 3 分或更高的分数（最高 5 分）。

2005～2007 年，加拿大海德罗电力公司（BC Hydro）、纽芬兰电力公司（Newfoundland Power）、国家农村电力合作社（Electric Cooperative Association）和自然资源能效办公室（Natural Resources Canada Office of Energy Efficiency）携手开展了 BC Hydro and Newfoundland power pilot 试点工作。初步的结果显示，纽芬兰地区拥有 IHD 的用户平均负荷削减约为 18%，海德罗地区拥有 IHD 的用户平均负荷削减约为 2.7%。

2007 年，美国马萨诸塞州的三家公用事业机构开展了居民用户使用 IHD 的成效分析研究，实施机构向所在服务区域贡献了 3512 台家庭用能显示器，价格从 0～49.99 美元不等。实验结果表明，通过使用 IHD，63%的参与用户改变了自身的用电习惯，41%的用户关灯次数更为频繁，23%的用户在不看电视的时候会关掉电视机，23%的用户倾向于用体积小的荧光灯代替白炽灯，18%的用户在不用电脑时选择关机，17%的用户会拔去未使用的充电器。在对电费影响的调查研究上，60%的用户关注电费的减少，其中的 30%的用户认为他们节约了 5%～10%的电费。

另外，美国亚利桑那州的 SRPM-Power conservation effect study FY04 试点项目，美国伍德斯托克、加拿大安大略的 Woodstock Hydro's Pay-As-You-G、Hydro One time-of-use pilot 试点工程，美国加利福尼亚的 California information display pilot 试点工程，澳大利亚的 Country energy's home energy efficiency trial 试点工程等等，它们也对家庭用能显示器的影响做了试验。不同的是，这些试点还配合了其他使能技术的应用。结果显示，该项使能技术能与其他技术较好的配合使用，进一步扩大需求响应的实施效果，增强用户响应。

从上述案例可以看出，家庭用能显示器具有成本低、安装方便，但是节电效果好，试验地区节电效果高的地区用户平均负荷削减约为 18%，节电效果低的地区的用户平均负荷削减约为 2.7%。我国还缺少相应实证数据，今后可重点对城市居民用户的用电情况，特别是空调的用电情况分时显示给用户。

（四）能量球（Energy Orb）

1. 主要功能

与传统的 IHD 不一样，能量球不会提供大量的用电信息。当电价发生变化时，能量球（见图 6-4）会改变自身颜色，向用户提供视觉上的反馈信息。这项技术的优势在于，用户不用专门的靠近一些显示表计查看电价变化，而可以远距离直观地感知电价变化，及时地做出用电调整。

由于能量球不能数字化的显示各项信息，所以这项使能技术一般不会单独使用，会跟其他的一些技术相配合。例如，个性化的简报、互联网/电子邮件通信，以及上面提到的家庭用能显示器等等。

2. 试点的应用情况及成效

美国加利福尼亚著名的 California State-wide Pricing Pilot（SPP）试点工程中

图6-4 能量球

有一个子工程 California Information Display Pilot（IDP），该子工程的主要目的就是测试一系列的信息显示使能技术对需求响应实施效果的提升力度，其中就包括家庭用能显示器和能量球。在该试点中，电价处于非高峰时段时，能量球显示蓝色；高峰时段时能量球显示绿色；即将进入尖峰时段时能量球以一定的频率闪烁红光；当电价处于尖峰时段时能量球则稳定在红色。该试点项目无法明确地测量能量球带来的效益，但是有70%的调查用户认为，使用能量球以后，他们的用电行为得到了较大的改善，电费明显降低。

2008～2009年，美国巴尔的摩天然气电力公司实施的智能电价项目（Smart Energy Pricing，SEP）中，一部分参与用户没有使用任何使能技术，一部分用户安装了 Energy Orb，一部分用户同时安装了 Energy Orb 和 A/C switch。结果显示，未使用使能技术的用户负荷削减在18%～21%，只安装 Energy Orb 的用户负荷削减在23%～27%，同时安装 Energy Orb 和 A/C switch 的用户负荷削减在28%～33%，接近没有安装使能技术的用户负荷削减量的2倍。很明显，使能技术的应用能很大程度上增强用户的响应力度。

（五）智能插座

1. 主要功能

智能插座（见图6-5）是智能家庭及家居智能化的重要组成部分，是将计算机、通信、控制和测量技术应用于一体的新一代插座产品，具有智能化、节能化、便捷化等特点。与智能电能表最大的不同是，智能插座可以监控单台用电设备的用电情况。

传统的电源插座功能仅是分配多路电源，而智能插座除具备该功能外，还具有智能化的特点，可以集多项功能于一身，具有累计电能量、计算有功和无功功率、温度检测、过载保护、定时通断、状态提示、无线遥控等功能。

（1）测量功能。智能插座除了具备普通插座的功能外，还可以实现对家电用电的测量。智能插座能够测量电源电压、电流、功率，查看当前用电能量、

图6-5 智能插座

上一小时用电能量、上一天用电能量，查看当前电费，查看测量电器运行工作状况及电器使用时间，同时智能插座经设置后，可自动将电器用电能量按当地电价换算成电费让你轻松获知电器运行用了多少电，需支付多少电费。

（2）监控功能。智能插座能够实现对电器的全面监控，具有温度检测、过载保护、定时通断、自动报警、状态提示等功能，可用于对空调器、电冰箱及微波炉等家用电器的监控，有力地保障家庭用电安全。

（3）智能控制。对各种家用电器的简单控制是智能家居的特征之一。智能插座装置提供了一个更灵活的方式来实施远程控制功能，智能家居网络是无线传感器和驱动器网络的实际应用，它由几个传感器节点、几个智能插座模块和一个基站组成。每个电源插座被添加到家庭自动化网络的驱动器节点、传感器节点和驱动器节点，被部署在家庭环境中形成一种自主网状网络基站，可以为当地这个网状网络的用户提供多个接口和遥控网络管理，这样就可在家中或户外对家用电器实现轻松、方便的控制。

智能插座技术的常见控制方式包括无线电波方式、红外线方式、声控方式等。其中，声控是最简单的方式，其次是红外线方式，均较无线电方式简单且制造成本低。但在功能和性能上都远远低于无线电遥控方式。

无线电遥控方式可分为室内遥控和远程遥控两种类型。室内遥控一般使用ZigBee技术实现对室内电器设备的智能控制；远程遥控系统则是借助电话控制系统、无线公网技术等方式实现对家居设备的控制。

2. 应用情况

智能插座多用于智能家居系统中，与家用电器结合使用。将家中的电器与智能插座相连接，可以对家电产品的耗电量进行监控，每个电器的电压、电流、有功、无功、频率、功率因数等用电信息清晰可见，通过合理安排电器使用，就可以方便地优化家里的用电方案，提高用电效率。

二、电网友好型电器控制技术（Grid Friendly Appliance Technology）

用户的终端用电设备是实施需求响应的关键，智能用电设备是在传统用电设备的基础上加以改造，使其能够根据实际所需自动控制用电，主动参与需求响应、与电网灵活互动和高度协调的电网友好型设备。

商业负荷和居民用生活负荷中，空调、热水器、冰箱以及照明等用电设备

的使用频率越来越频繁，其负荷总量占电网负荷的比重也呈逐年增加的趋势，这些设备可以作为电网友好型技术的适用对象。

（一）蓄热式电热水器

电热水器是居民家用设备中最常见的一种，且不具备季节性特点，全年负荷曲线较为平滑，负荷占比较大，而且多数热水器设有储水箱，以减轻由于负荷控制给用户带来的不便。因此，电热水器终端比别的终端更能满足电网削峰填谷和负荷整形的目标。

1. 组成情况

传统电热水器分为容积式和即热式两种。容积式须先在固定容器中蓄水，然后再对水进行加热。即热式是利用大功率电热设备，在短时间内将进水加热到所需的出水温度。蓄热式电热水器是近年出现的一种电热水器，它兼备容积式与即热式的特点，同时又有所改进。

蓄热式电热水器同时具备一个蓄水水箱和两组发热装置。两组发热装置分别用于对水的预热和瞬时加热，通过对它们的配合使用，既可缩短加热时间，又可以降低加热功率。

2. 工作原理

蓄热式电热水器的工作原理是，电热元件先行提高储水容器中水的温度（预热环节），然后利用"快热式"工作原理，在具有较高初始水温的条件下，仅需要较低的输入功率即可将水进行二次加热以达到使用温度（二次加热环节）。

从传统容积式电热水器的角度来看，蓄热式电热水器的改进在于增容和缩短加热时间。所谓"增容"，即在原有容量的基础上，增加热水输出量；所谓"缩短加热时间"，即初次或再次把水加热到储存温度时间缩短，或当容器内水温不满足洗浴要求时，设法在容器内的局部形成一个快速提升水温的过程。在器具形态上，保持了原有容积式器具传统；在结构上，调整了电热元件的设计和内部热循环系统。

从传统即热式电热水器角度来看，蓄热式电热水器除发挥了即热式的优势外，还解决了大功率与家庭供电负荷不足的矛盾。在器具形态上，增加了水容器；在结构上，降低了电热元件功率和调整了内部循环系统。

3. 配合需求响应进行负荷整形的优越性

蓄热式电热水器对实现负荷形状可塑性目标是一个理想的终端，尤其适用于填"谷"，它们可以利用非峰时段的电力进行加热并存储，即使用户需要在峰时段使用该设备，在较高初始温度下，二次加热的用电量也要明显降低。停机

时热水器中水温变化曲线如图 6–6 所示。

一方面，蓄热式电热水器可以关掉很长一段时间而不影响用户，同时也不

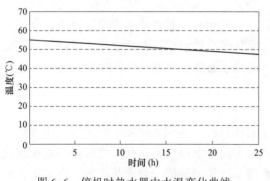

图 6–6　停机时热水器中水温变化曲线

会使售电量大量减少。不论采用实施机构直接控制、用户主动控制，或者其他为实现削峰填谷和负荷形状修正而选择的控制策略等方面都有很宽的适用范围。

另一方面，由于既可对热水器中两个加热元件分开控制，又可一起控制，因此负荷控制有可塑性，并能调整控制期和对负荷的平均影响以满足负荷形状目标，易为用户所接受。

（二）智能空调

空调具备比较明显的季节性特点，冬夏两季空调负荷在总用电负荷中所占的比重越来越大。据调查，城市夏季用电高峰期，空调制冷耗电量占总发电量的 30% 左右，某些地区甚至已经超过了 50%。空调负荷越集中，其启动对当地电网的冲击越大。因此，空调终端也可以作为电网削峰填谷和负荷整形的设备。

1. 组成情况及功能

与传统空调相比，智能空调增设了远程控制模块、传感器模块、与智能插座的友好接口模块、主控制模块等，能够感应外部温度进行自动开关，感知用电高峰电价上涨，并进行及时计算，自动调整使用时间，控制用电量及电费。

2. 工作原理

远程控制模块又分为短信收发、身份认证与信息识别及状态反馈模块。远程控制模块在接收一条短消息后，会按照事先的设置进行操作。当智能空调通过短信收发模块接收到用户发来的短信后，身份认证信息（比如密码）首先被送到身份认证模块进行认证，只有短消息中包含正确的密码时智能空调才会处理短信中的相关操作。身份认证功能保证了只有合法用户才能操作设备。身份认证通过后，短信中的控制信息参数将被提取出来，并送到主控制模块对空调进行控制。传感器模块负责采集外部温度，并将温度信息传送到主控制模块，主控制模块按照一定的控制策略，实现智能化自动开关。主控制模块负责设备的控制模型及控制算法，根据收到的远程控制信息、温度信息、电价信息等，调用相

应的算法，进行相关操作。智能空调系统框图如图6-7所示。

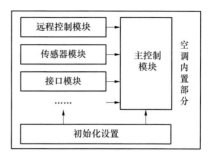

图6-7 智能空调系统框图

3. 配合需求响应进行负荷整形的优越性

空调负荷具有明显的季节性特点，对其进行控制，可以实现冬夏季峰荷的削减，并使负荷形状可塑。目前，国外不少电力公司的实践证明，许多用户允许公司深入实施空调循环控制，改善了负荷形状，带来相当大的潜在效益。例如，美国对电力公司实施负荷控制的一项调查表明，实施空调负荷控制所削减的峰荷范围是每个居民空调0.3~1.5kW。

（三）内置动态需求控制器的冰箱

冰箱也是居民日常生活中普及率较高的一款家用电器设备，受季节因素影响较小。正常运行时，冰箱的控制系统通过启动和关停压缩机来调整其内部的温度。一般说来，家用电冰箱内部温度可调范围为0~10℃，而食物保鲜所需的温度一般为4~5℃，这个温度决定了压缩机的工作状态。当电冰箱压缩机停止工作后15min左右，其温度将保持在5.3℃左右，基本上不影响食物保鲜，只有停机时间达3h后，其内部温度才会逐渐升至8℃左右，超出正常食物保鲜温度范围。因此，短时间内对冰箱的运行参数进行微调，将不会影响食物的保鲜要求，即不影响用户的用电需求。因此，冰箱终端可以作为平衡电网需求的友好设备。压缩机停止后运行温度变化曲线如图6-8所示。

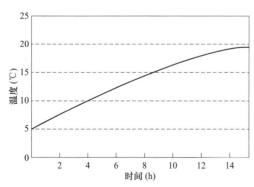

图6-8 压缩机停止后运行温度变化曲线

研发带内置动态需求控制器的冰箱的目的是为了应对由可再生能源间歇供能的自然变化所引起的电网频率波动。

1. 组成情况

带内置动态需求控制器的冰箱是在传统冰箱的基础上增加一个动态的需求控制器，可感知电网频率变化，自动改变冰箱运行模式和运行状态。

2. 工作原理

带内置动态需求控制器的冰箱可以根据预置程序在电网负荷高峰和负荷低

谷运行时段采用不同的运行模式。例如，在电网负荷高峰时段，在满足各区域必要温度要求的前提下尽量避免压缩机运行，类似除霜之类的高耗能运行则推迟到电网负荷低谷时段运行。

3. 配合需求响应进行负荷整形的优越性

需求响应型冰箱可以对电网突然出现的异常情况做出及时响应。当频率发生非预期波动时，冰箱的内置控制器侦测到这种变化，核对冰箱温度，计算在完全不耗电的情况下，它能保持多长时间较低的温度。然后，冰箱可以马上改变运行状态，降低电力消耗甚至停机，只要冰箱温度一直在安全的恒定低温区，冰箱会一直关闭，等待供电正常后再恢复原先的状态。需求响应要求撤销后，由响应运行状态恢复至正常运行状态。通常此过程需要采取相应的回调措施，以防止用电器具同时恢复运行形成新的尖峰负荷。

（四）带需求控制的荧光灯镇流器

晚间大量居民的集中照明用电可能是形成电网晚高峰负荷的重要原因。因此，对居民照明终端实施需求响应，对于电网的削峰填谷也有一定作用。

1. 组成情况

带需求控制的荧光灯镇流器一般包括需求控制模块、功率因数校正控制模块及调光镇流控制模块等。需求控制模块包括声控传感器、光传感器等，功率因数校正控制模块包括有源升压变换器、桥式镇流器等，调光镇流控制模块主要包括电流放大器、振荡器、调光器、保护电路、图腾输出级及内部电源等电路。

2. 工作原理

调光镇流控制模块可通过反馈实现软启动，并具有对荧光灯的预热启动功能，利用 $0\sim2V$ 的调光电压，通过反馈控制，可以实现宽范围的软调光，即在调光方向上使灯光柔和变化，同时具有开关关断控制、无灯保护和异常保护等比较完善的保护功能，当检测到灯的异常连接时，保护电路驱动锁存器并停止输出低电平。

功率因数校正控制模块是通过控制电路强迫输入电流跟踪输入电压，实现输入电流正弦化并与输入电压同步，其作用相当于一个纯电阻，其能够对变化的谐波进行迅速的动态跟踪校正，而且校正特性不受电网阻抗、负载阻抗的影响。

3. 配合需求响应进行负荷整形的优越性

需求控制模块可以根据声控传感器或光传感器感知外界环境，对需求进行控制，以实现对照明的自动控制。在负荷高峰期，如果检测周围有人经过，并

且周围光线达不到基本要求，需求控制模块将发出指令、触发电路、点亮荧光灯，调光控制模块通过反馈控制，可以实现亮度的调节，达到满足需求的最低亮度。

三、工商用户智能交互终端技术

1. 智能交互终端功能

一般认为，智能交互终端具有双向通信、信息采集、负荷控制、需求响应、双向互动等功能，主要包括：

双向通信：灵活可靠的双向通信，实现通信网关功能，支持与电网企业实时通信，支持智能电器的接入、控制。

信息采集：① 分时段双向电能量采集，测量电流、电压、功率及功率方向，分时段记录数据采集。② 定时或召唤抄表功能。③ 支持用于光伏发电、风电、电动汽车充放电、其他分布式电源设备净用电量计量信息的抄收。

监测控制：实现远程控制，本地选择控制，分时段功率控制，电量控制，电费控制，分布式电源、储能等协调控制等。

需求响应：需求响应方案接收；需求响应方案管理；需求响应方案确认与上报；执行过程管理。

双向互动：当地交互界面实现供用电信息发布，用能建议，用电和电费信息查询，客户报修、投诉等业务。

参数显示：支持重要参数显示，包括分时双向电能、费率、负荷、电压、功率方向、需量、负荷曲线等。

事件报告：① 实现用户计量表计初装或换表、欠费、功率或需量越限、紧急状态的远方断电及上电等功能。② 实现交流失电、停电恢复、停电通知等事件记录和报告功能。③ 实现异常用电事件记录及报告，包括表计数据篡改、异动、未授权访问、定值修改等。

电能质量监测：谐波、不平衡、畸变等电能质量监测、告警功能。

其他功能包括实现时钟同步、数据压缩、安全传输、远程诊断、远方编程等。

智能交互终端功能实现主要分为核心功能层、交互功能层和扩展功能层这三个层次，如图6-9所示。

核心功能层主要实现用电信息的量测、采集、监控和数据信息发布等核心功能，也就是基础服务层。

交互功能层主要实现与用户、其他用电设备的交互，并提供相关服务接口，也就是数据展示层。

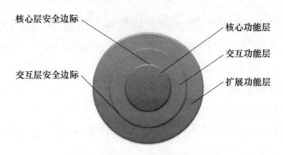

核心层安全边际　　　　　　　　核心功能层
　　　　　　　　　　　　　　　　交互功能层
交互层安全边际　　　　　　　　　扩展功能层

图 6-9　智能设备功能层次图

　　扩展功能层主要随着智能电网的发展和应用深入，逐步将其他的和用电相关功能通过交互层进行实现，达到了系统功能扩展的效果。

　　智能交互终端的主要功能见表 6-2。

表 6-2　　　　　　　　　　　　智能交互终端功能表

序号	功能层次	功能类别	描　述
1	核心功能层	数据采集	对用电现场数据实时采集、监测
2		数据存储	保存现场及其他相关数据信息
3		数据统计分析	实现对数据的整理、分析
4		远程通信	多种通信信道、通信协议支持
5		功率、电量、电费控制	通过电力公司设定实现负荷控制
6		需求响应	通过用户设定自主参与负荷控制
7		参数设置和查询	终端运行参数的设置和查询
8		事件监测和告警	监测异常用电和相关事件
9		终端维护	包括终端远程下载、自检、远程维护功能等
10		核心安全	提供数据传输和存储的加密，确保安全
11	交互功能层	信息输出	终端数据和信息的图文显示、声光提示等
12		信息输入	数据信息的接收和输入
13		数据备份	实现智能设备核心层数据备份
14		信息提示	根据实时事件情况，进行声光提示
15		交互安全	通过用户口令等实现终端访问安全
16	扩展功能层	互联网信息服务	提供基于互联网的信息服务和查询
17		远程遥控	根据远程中心指示或者用户通过短信网络等通信方式，让智能设备对用户设备进行直接控制
18		家庭安防	由网络等通信方式进行远程传递，提供家庭用电安全

2. 智能交互终端远程编程技术

（1）远程硬件编程模式。目前适应远程硬件编程的系统一般在片内或片外有 Flash 存储器，远程硬件编程主要是对 Flash 存储器的数据进行擦除及下载，目前可以采取多种方式对 Flash 进行远程编程。

1）无 IAP 功能的远程编程模式。目前有部分单片机不支持 IAP 功能，也不带片内 Flash。对于由这种单片机构成的嵌入式系统，为了实现远程硬件编程，一般采用两片（或多片）片外 Flash 作为程序存储器，在两片程序存储器的适当位置均放有程序升级监控模块。这两片程序存储器除了在系统复位启动时固定从其中一片启动外，其他功能完全一样。系统在任何时刻只运行其中一片程序存储器上的程序，另外一片作为备用。要实现远程编程，首先将上位机下传的程序代码写到当前备用程序存储器，待程序代码全部下传写好并校验通过后，便可以启动新程序运行。

2）基于 IAP 功能的远程编程模式。在应用编程 IAP（In-Application Programming）是应用在 Flash 程序存储器的一种编程模式。简单地说就是在应用程序控制下，对程序某段存储空间进行读取、擦除或写入操作。它可以在应用程序正常运行的情况下对另外一段程序 Flash 进行读 / 写操作，甚至可以控制对某段、某页甚至某个字节的读 / 写操作。要实现远程编程时，上位机将新程序代码下传到系统，全部接收完成并通过校验后，用 IAP 功能完成程序的更新。

3）基于嵌入式操作系统的远程编程模式。对于带操作系统的系统，一般都会设计一个独立的 boot loader 程序，对系统进行初始化并引导嵌入式操作系统，该部分相对稳定，一般不需要更新。要实现远程编程时，上位机将新程序代码下传到系统，全部接收完成并通过校验后，系统重新启动，调用新的程序文件运行即可。

（2）远程硬件编程的安全性。对于具有远程硬件编程的系统，为防止系统代码被非法修改，需采用适当的安全措施加以防护。

（3）远程硬件编程的可靠性。主要受两个方面的影响：一是更新数据远程传输的可靠性；另一方面是系统更新过程中启动的可靠性。为保证整个编程过程的正常进行，一般可以采用如下措施：

1）终端掉电及异常复位处理。由于终端的停电及电网波动等干扰引起的终端复位都将中止终端的编程过程，导致编程失败。可以采用代码传输过程、程序更新等过程完全分离的方式，并且系统中备份最新版本终端应用程序，这样任何阶段操作失败都能保证终端的正常工作。另外，也可以在终端配备蓄电池

和充电电路，在终端主电源来电时对蓄电池充电，使得终端掉电时也可正常运行，这样远程编程过程更为可靠。

2）远程通信的误码处理。有效解决数据传输过程产生误码的办法就是用 CRC 循环冗余校验和重传机制。数据校验码校验正确后存入，错误时返回错误编码和帧序号请求重发，直到检测到结束帧。结束帧数据长度不够，用 00 或 FF 填充，不影响校验码。

3）更新过程及启动过程中的异常处理。为了保证程序更新过程中的安全性，在烧写 Flash 的时候，操作系统将关闭所有的中断，并且给操作系统的任务调度器上锁，以防止程序更新任务被中断服务程序或其他任务打断。系统重启后，程序是从 Flash 的起始地址开始运行的，所以在烧写 Flash 时，须从它的起始地址开始烧写。Flash 烧写完成后，将对 Flash 烧写的正确性进行验证。将烧写到 Flash 的数据读出，与接收缓冲区里的数据进行比对，如果不一致，说明 Flash 烧写出错，重新烧写 Flash 直到正确为止；如果完全一致，则程序更新完成，将系统重启允许字置为 FFH，重启系统就可以运行新版本的程序。

为了确保软件更新后系统启动的稳定性，通过设计异常处理程序来加载代码备份存储区的文件防止系统瘫痪。当 boot loader 引导更新后的镜像文件失败后，系统进入异常处理函数，在此函数中将启动地址指向代码备份区，并设置标识位。代码备份区保存的是设备出厂时最初版本的 image 文件，具有非常高的稳定性，这样就保证系统功能正常运行，并确保服务器端与客户端正常通信。

当软件更新过程中遇到致命异常时，通过异常处理程序，系统能够重新启动备份的软件版本，有效地提高了嵌入式系统自更新机制的安全性，避免了系统彻底崩溃。

（4）程序代码传输过程的测试验证方法。

1）每帧（段）程序代码都采用 CRC 校验。当智能终端收到程序代码后计算的 CRC 校验和上位机计算的一致时才接收处理，并返回给上位机确认信息。并根据帧（段）序号置相应的标志。

2）上位机在传完所有的程序代码帧（段）后，召测智能终端保存帧（段）序号标志，对没有成功的帧（段）重新下传，并再次召测，直到所有的帧（段）全部被智能终端正确接收。

（5）程序更新过程的测试验证方法。

1）在程序更新前，上位机召测智能终端正确接收的帧（段）数量和所有下传程序代码的 CRC 校验码及相关状态。

2）在以上都测试验证正确后可以启动新程序。

（6）程序启动过程的测试验证方法。

1）上位机发送启动新程序命令后，召测智能终端的程序启动状态，若启动状态都正确，在召测程序的当前版本号看是否正确。

2）对于有备用程序版本的情况，上位机发送启动原来程序命令，并召测启动状态和程序版本号看是否正常。

第三节　用户能源管理技术

由于用户侧在节能减排以及转移电能方面的巨大潜力，且技术门槛相对较低，用户侧越来越受到人们的关注。同时，随着用户的服务需求及能源利用形式变化，电力用户逐渐从电网的被动参与者向主动参与者转变，对电网公司的服务水平将提出更高的要求。用户能源管理（Energy Management System，EMS）越来越频繁出现在人们的视野中，主要功能是监测、控制和优化能源的使用。用户能源管理系统包括家庭能源管理系统（Home Energy Management System，HEMS）、楼宇能源管理系统（Building Energy Management System，BEMS）、园区能源管理系统（Community Energy Management System，CEMS）等。HEMS、BEMS 和 CEMS 目前得到快速的发展，需求响应、需求侧管理、峰荷削减、负荷转移等方法通过 EMS 来控制负荷。

一、家庭能源管理系统（Home Energy Management System）

HEMS 借力前面叙述的使能技术和智能用电设备，智能用电技术也不可或缺。本节将从智能用电技术的典型代表出发，将对 HEMS 中的家庭负荷调节控制、家庭用电信息反馈、家庭用电优化管理、家庭需求响应型电器、智能家电和智能建筑进行介绍。

1. 家庭负荷调节控制

随着 HEMS 的发展，用户可以更方便地获取家庭用电信息和调节、控制家庭用电负荷。用户可以积极地、自动地控制家庭用电负荷，节约电能和电费，享受舒适、绿色的家庭用电环境。对电网企业而言，可以提高电网电能效率、电网可靠性，削减峰荷。下面介绍一些国外常用的方式：

（1）自动调温器（Smart Thermostat）：显示实时电价和通过改变屏幕颜色发出用能警报；通过编程，可以基于动态电价、电能使用情况、需求响应请求命令，自动地调节暖通空调（Heating Ventilation Air Conditioning，HVAC）温度，在不牺牲舒适度的基础上实现节能；应对峰值负荷的削减，制定和改变负荷使用计划。

（2）户内电能显示器：显示电力使用情况和通过改变屏幕颜色发出用能警报；基于电价、用户用电使用习惯等，提供负荷使用计划编程功能，并自动控制设备的启停；控制自动调温器。

（3）家庭能源中心（Home Energy Hub）：开发家庭能源网络平台和家庭能源智能手机平台。不管在何时何地，用户可以在电脑和手机上查看电能使用情况，并能控制电能的使用。

（4）负荷控制继电器（Load Control Relays）：支持需求响应负荷控制和负荷使用计划控制，电力公司和家庭用户通过控制负荷控制继电器来控制用电设备的开断；支持远程无线控制。

在试点工程应用方面，国外实施的比较好。美国能源部西北太平洋国家实验室（PNNL）提出了"电网友好技术"，它包括电网友好的频率响应、电压响应和价格响应技术，其研制的"电网友好控制器（grid friendly appliance）"可安装在冰箱、空调等家用设备中。还协助建立电网智能化联盟并进行实地示范，通过英维思控制器（Invensys Controls）将家庭网关设备连接到装有软件的新型高级仪表和可编程恒温器上，将112户家庭与实时电力价格信息联系起来。最终结果表明，参与者节约了约10%的能源费用，需求响应效果良好。

2. 家庭用电信息反馈（information feedback on electricity consumption，IFEC）

家庭用电信息反馈，即向用户提供用电量、电费数据及其趋势、比对分析结果等信息。它属于需求响应的一种，在高级量测系统发展的各个阶段都可建立不同形式的信息反馈机制，起到不同程度的需求响应效果，并且IFEC对用户干扰小，被认为是特别适用于挖掘居民节电潜力的一类技术手段。

反馈的信息可以概括为四大类：

（1）基础信息。告知用户当期的用电总量信息，即一个家庭在1个月、1天、1h（视信息反馈的周期而定）内的总用电量（kWh）和用电成本（元）。

（2）细分信息。包括2类，一是细分为单个房间/单个设备的用电信息；二是将用电时间细分，告知用户不同时段的用电量和电费。

（3）对比信息。包括2种，一是自对比，即提供历史用电数据，使用户能将当期数据与自身历史同期数据对比，进而从发展趋势中发现不合理因素；第二种称作社会性对比，即提供其他用户（参照组）当期的用电量和电费数据。

（4）附加信息。包括3类，第一是对用户当期节电效果的整体性评价；第二是指导用户节电的措施；第三，户内电能显示器还可能提供一些提示信息，如进入尖峰电价时段时给出提示音。

用电信息反馈的媒介包括纸质和电子两大类：纸质文档主要通过邮寄方式

传递；电子媒介包括 Email、智能手机或平板电脑（需运行一定的脚本软件）、网页或 IHD。

从国外一些居民用电信息反馈项目中可见：① 各类信息反馈项目都或多或少地起到了促进节电的作用；② 整体趋势是信息反馈越及时、节电作用越明显，同样反馈周期情况下，分解反馈形式较总量反馈形式的节电效果明显；③ 节电率不单纯随信息反馈的及时性而上升，这说明节电效果还受信息内容、信息表达方式、参与人群等多种因素的影响。

3. 家庭用电优化管理

家庭用户往往在接受来自电网侧的电价信息和激励信息后，自主地改变用电习惯和用电方式。为了更好地提高用电效率，实现合理用电，近年来在用电优化管理方面取得了很大的突破。具体措施是在用户侧的智能用电终端嵌入智能算法程序，结合用户的要求、动态电价、用电习惯等生成最佳的用电方案，自动控制及管理家用智能电器的使用，指导用户用电。同时，智能电网的发展鼓励用户采用分布式电源来补充电能的供应。在家庭用电优化中考虑分布式电源和储能技术，将使系统用电更加高效、环保和可靠，但是使得用电优化管理更加复杂。因此，家庭用电优化管理不仅要制定各用电器的最佳用电计划，确定好各用电器的最佳运行时段，而且要在最小化目标的基础上建立电网、分布式电源、储能设备的供用电平衡。

Nikhil Gudi 开发了一个仿真平台，平台以设备最优选择模型和综合考虑光伏、风能、储能电池、电网侧电能供应的优化模型为核心，既制定用电设备的最优选择和最优使用计划，又制定了分布式电源的发电计划和储能电池的充放电计划，仿真结果显示实现节约家庭总用电量的 20%。智能云家庭能量管理系统（intelligent cloud home energy management system，iCHEMS），iCHEMS 根据设备类型和实时运行状态给家庭每个用电设备动态的分配优先级值，根据优先级值、分布式能源、储能电池制定家庭设备的使用计划。实验结果表明，用电优化管理后可以平均削减总用电量的 7.3%。

4. 家庭需求响应型电器

需求响应型家用电器具备与电网控制中心直接或间接的通信功能，可以根据电网运行的要求，主动调节产品的运行状态，尤其是在电网频率因电力供需不平衡而导致异常降低时，及时降低产品的功率消耗水平甚至暂时停止运行。用户由于家用电器按电网的运行要求做出积极的响应而获得电费优惠，电力部门则因此可以减少应急电力设施的投资，同时提高了电网运行的稳定性和能源利用效率，尤其是有利于降低可再生能源并网电力比例日益提高而导致电网运

行不稳定的风险。

在欧洲，需求响应型家用电器的技术开发工作已经进行数年。可持续能源系统的智能家用电器（SMART-A）开发项目中，欧洲研究智能化能源系统，通过家用电器的智能化响应实现全社会的低碳化。

通用电气公司的需求响应型冰箱可以根据预置程序在电网负荷高峰和负荷低谷运行时段采用不同的运行模式。在负荷高峰时段，尽量避免压缩机运行，除霜之类的高耗能运行；还具备对电网突然出现的异常情况做出及时响应的功能，当频率发生非预期的波动时，冰箱降低电力消耗甚至停机，等待供电正常后再恢复原先的状态。

5. 智能家电

智能电器是相对于传统家用电器而言的，它的出现与发展是与智能用电技术的发展步伐息息相关的。智能电器技术集信息技术、控制技术、网络技术、计算机技术为一体，旨在为用户提供更为有效、便捷、舒适的家居生活，同时还能够与智能用电终端实现信息的双向交互，优化家居生活的电源管理。智能家用电器具备如下功能：

（1）接受电力企业或者智能用电终端多种方式的智能化远程控制；

（2）具备家电设备高效的节能技术，并可实现家电设备的高度信息化；

（3）能够实时显示、分析电器设备用电信息，通过与电力企业的信息交互，获取分时电价的信息，从而实现智能化用电管理。

智能家电产品分为两类：一是采用电子、机械等方面的先进技术和设备；二是根据家庭中熟练操作者的经验进行模糊推理和模糊控制。随着智能控制技术的发展，各种智能家电产品不断出现，而具有即时节电功能的空调、冰箱、洗衣机及烤炉等家电新科技，也将使家庭更环保省电。

2010 年 4 月，海尔就推出全球首台具有智能安防、远程运行监控、管理等功能的无氟变频物联网空调；2012 年 7 月中国消费电子博览会上，海尔实现手机语音控制、Wi-Fi 模块控制的全套物联网空调系统解决方案；2012 年 10 月，在第 112 届广交会上，海尔推出的语音遥控器代替了人们传统使用的手动操作遥控器，通过语音交互实现了空调多项功能操作。

松下（Panasonic）推出了一种变频微波炉。传统微波炉的输出功率是不可调节的，而松下的变频微波炉则通过导入变频电源，可以自如地调节输出功率，烧烤与微波可以同时进行，使得烹饪时间缩短了近 50%，效率大大提高。它还具有"智能感应功能"，不需人为设定时间和火力，炉内感应器根据食物的实际烹调状况，自动选择食物最佳的烹调时间和火力，烹调更简单。

6. 智能家居

智能家居系统提供面向家庭设备的网络平台，将各种与信息相关的通信设备、家用电器设备和安防装置等通过有线或无线方式连接成网络，进行集中监视与控制、异地监视与控制和家庭事务管理，并通过设置各种组合条件控制，保持这些家庭设施与住宅环境的和谐与协调。其核心技术是家庭智能控制器、网络家电与各种传感器的接口及各种控制模块。该系统向用户提供家电统一管理、照明控制、供电控制、室内无线遥控、三表自动抄送、防盗报警、家居安全保障、温度光照检测与调节、电话远程控制及 Internet 远程监控等功能。

智能家居平台系统通过其核心设备——家庭智能终端来实现家庭智能化的功能。家庭智能终端是智能家居的心脏，通过它实现系统信息的采集、信息输入、信息输出、集中控制、远程控制、联动控制等功能。

智能家庭网络随着集成技术、通信技术、互操作能力和布线标准的发展而不断改进。它涉及到对家庭网络内所有的智能电器、设备和系统的操作、管理，以及集成技术的应用。其技术特点表现如下：

（1）通过家庭智能终端及其系统软件建立家居智能平台系统。智能终端是智能家庭局域网的核心部分，主要完成家庭内部网络各种不同通信协议之间的转换和信息共享，以及同外部通信网络之间的数据交换功能，同时，其还负责家庭智能设备的管理和控制。用计算机技术、微电子技术、通信技术，家庭智能终端将家庭智能化的所有功能集成起来，使智能家居建立在一个统一的平台之上。

（2）通过外部扩展模块实现与家电的互联。为实现家用电器的集中控制和远程控制功能，家庭智能终端通过有线或无线的方式，按照特定的通信协议，借助外部扩展模块控制家电或照明设备。

（3）嵌入式系统的应用。以往的家庭智能终端绝大多数是由单片机控制。随着新功能的增加和性能的提升，将处理能力大大增强的具有网络功能的嵌入式操作系统和单片机的控制软件程序做了相应的调整，使之有机地结合成完整的嵌入式系统。

7. 一种用户能源管理互操作通信协议——SEP2.0

ZigBee 是一种结构简单、低功耗、低速率、低成本和高可靠性的无线网络通信技术，现已广泛应用于家庭和楼宇自动化、医用设备控制、能源管理等领域。为推进 ZigBee 技术在智能电网中用户侧能源管理系统的研究与应用，ZigBee 联盟和 HomePlug 联盟共同制定了 ZigBee Smart Energy 2.0（以下简称 SEP2.0），即面向智能电网家庭的新一代能源管理互操作通信协议。该标准为电

力公司、第三方服务提供商及消费者多主体之间如何通过不同网络形式进行信息安全交互提供了行为规范和准则。SEP2.0 规范在 ZigBee 协议体系中所处的位置如图 6-10 所示。

应用规范	ZigBee Remote Control	ZigBee Input Device	ZBA	ZBC	ZBA	ZRS	ZigBee SmartEnergy 1.x	ZRS	ZigBee Smart Energy 2.0
网络层	ZigBee RF4CE		ZigBee PRO						ZigBee IP
MAC层	IEEE 802.15.4-MAC								IEEE 802.15.4-MAC
物理层	IEEE 802.15.4 Sub-GHz			IEEE 802.15.4-2.4 GHz					IEEE 802.15.4 2006-2.4 GHz, 其他

图 6-10　ZigBee 协议体系示意图

从图 6-10 中可以看出，ZigBee 联盟较早推出的 ZigBee Smart Energy 1.x 规范是基于传统的 Zig-Bee PRO 网络构架，而新推出的 SEP2.0 规范则是一种基于 ZigBee IP 技术的全新体系架构。SEP2.0 规范的网络层采用的 ZigBeeIP 技术，可实现无线 Mesh 网络与互联网的无缝连接以及与其他网络之间的互通互联。与 ZigBee Smart Energy 1.x 相比，SEP2.0 在系统架构、安全机制、传输效率等方面有了显著的提升。此外，SEP2.0 在应用上更关注能源管理系统中通信效率、互操作方法、价格互动、需求响应和平抑负荷、预付费等。

ZigBee IP 是一种基于标准互联网协议的低功耗、低成本的无线网络，其中采用的互联网协议包括：6LoWPAN、IPv6、PANA、R PL、TCP /UDP、TLS 等。这些协议标准分布在适配层、网络层、传输层、应用层。其中，IPv6 标准用于网络寻址、IP 数据包封装，R PL 标准用于网络路由，6LoWPAN 标准用于将 IPv6 数据包适配到 IEEE 802.15.4 无线网络上进行传输，PANA 标准用于节点接入网络时的身份认证，TCP /UDP 为传输层规范，TLS 标准为传输层安全协议。

二、智能楼宇能源管理系统（Building Energy Management System）

智能楼宇能源管理系统是将建筑物或者建筑群内的变配电、照明、电梯、空调等能源使用状况，实行集中监视、管理和分散控制的计算机管理与控制系统，是实现建筑能耗在线监测和动态分析功能的硬件系统和软件系统的统称。由计量装置、数据采集器和能耗数据管理软件系统组成。BEMS 通过实时的在线监控和分析管理，找出低效率运转的设备，找出能源消耗异常；降低峰值用电水平。

1. 现场数据采集与分析

数据采集功能是能源管理系统的重要基础环节。通过数据采集获得能源设

备系统及设备服务环境的数据，直接或间接了解设备的运行状态。工作环境数据采集了包括室内外温湿度采集，环境与工作面的照度采集，变电站电量参数采集，冷冻站热能参数采集等。对所采集到的数据存入数据库，以进行实时设备运行状态建筑物能耗分析。在长期运行数据积累的基础上，可以进一步分析建筑物的营运效益与设备老化情况等。

2. 设备状态监测

设备状态监测是指能源管理系统能够实时监测各能源单元的运行状态，在特定的场合还能对各设备做出运行状态的评估，供管理与操作人员参考。系统实时监测每个设备的各种报警信息和状态；提供统一的报警显示窗口，实时显示每个子系统的报警信息；用户可定制的多媒体报警信息界面，形象生动；不同级别的报警分类显示（不同颜色、闪烁速度、声音）；报警时，可自动切换到报警发生和设备监控画面；及时发布报警（手机短信、电子邮件等）。

3. 设备故障诊断与报警

故障诊断功能是指能源管理系统能够在故障算法和专家经验的规则下，通过传感器数据融合、模糊识别、人工神经网络等技术，在各能源单元偏离正常运行状态时在线实时地找出故障，并及时地通知操作管理人员。

4. 最优节能控制

节能控制是能源管理系统的重点。它的涵盖面很广，包括暖通空调最优启停的管理、通风率管理、峰值需求控制、轮循控制。

（1）最优启停管理分为最优启动和最优停止。最优启动控制是指在启动暖通空调（HAVC）系统工作时，在最短的时间内能够达到所需要的舒适度。而最优停止控制则是最优启动的逆过程，它是指在工作区域停止使用前的合适时刻停止 HAVC 设备的运转，仍能够达到最低的舒适度要求，其目标是使设备系统工作时间最短，能耗最低。

（2）夜间能源管理是指建筑物在进入夜间运转时为了维持最基本的需求而对各能源单元进行的管理。夜间能源管理在保证建筑物最低照度和通风率的同时，仍要确保安防、消防等系统的正常运行。又如，为了降低变压器组夜间无谓的空载损耗，将负荷集中切换到一台变压器上；为了充分利用低谷电价，夜间启动蓄热型能源设备（冰蓄冷或电蓄热等）。

（3）通风管理是控制通风系统每小时送排风量的大小从而达到节能管理。系统往往根据室。内空气质量与焓值（如 CO_2、温度、湿度等）来控制送排风量。在夏季，由于在黎明前室外空气比室内空气温度低，空气品质也较好，能源管理系统自动适时地控制引入较为凉爽的室外新风，最大限度利用自然能量

和清洁的大气来置换建筑物内污浊的空气。

（4）峰值需求控制是在能源使用高峰时期（一般是电能使用），由于能源供给有限使得系统不得不暂时关闭或者在一定的时间段内切换一些设备的使用，在最大可能的满足建筑物正常运行的同时，使得建筑物的能源负荷不超过设计或契约所规定的峰值。

智能楼宇能源管理系统结构如图6-11所示。

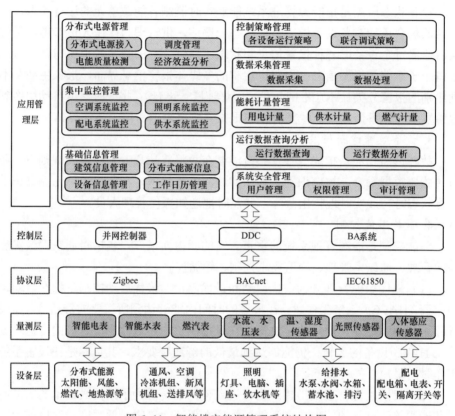

图6-11　智能楼宇能源管理系统结构图

三、智能园区能源管理系统（Community Energy Management System）

一般来说，智能园区是综合运用通信、测量、自动控制及能效管理等先进技术，通过搭建用能服务平台，采集企业内部用能信息、开展能效测评与分析、引导企业参与需求响应，实现供电优质可靠、服务双向互动、能效优化管理的现代工业园区或工业企业集群。

智能园区能源管理系统通过交互网络将用户侧网络接入电力公司侧网络，

在电力公司和园区/企业之间建立起一个基于 TCP/IP 协议的数据通道，确保信息互动的可行性。考虑到园区企业的实际情况，交互网络可以是专有的电力光纤网络（从变电站延伸到用户端），也可以是互联网。在使用互联网接入时，用户实际接入到电力公司侧网络的外网区，在隔离装置的保护下进行数据访问和交互。

智能园区能源管理系统可分为智能用能信息采集控制平台、智能用电信息互动平台及智能用电信息共享平台三个部分。其中智能用能信息采集控制平台主要负责完成用户内部各类实时与非实时用电相关信息的采集、控制和管理；智能用电信息互动平台主要负责园区智能用电系统多方用户之间的信息互动，提供各方开展信息交互的基础手段；智能用电信息共享平台主要用于支持系统的应用功能扩展，为其他业务应用提供数据服务。

智能园区能源管理系统与营销业务支持系统、95598 客户服务系统、生产管理系统等现有电力业务支撑系统有效衔接，立足于现有系统的完善和延伸，减少了不必要的系统建设。应用软件和采集终端等硬件设备的设计和部署，突出了通用性并具备同其他系统进行数据交换的功能。

智能园区能源管理系统结构如图 6-12 所示。

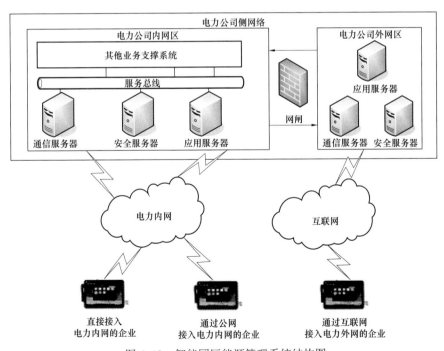

图 6-12　智能园区能源管理系统结构图

参 考 文 献

［1］ 林弘宇，田世明. 智能电网条件下的智能小区关键技术［J］. 电网技术，2011，35（12）：1-7.

［2］ 刘晓飞，张千帆，崔淑梅. 电动汽车 V2G 技术综述.电工技术学报［J］. 电工技术学报，2012（2）：121-127.

［3］ Arens E, Auslander D, Culler D, et al. Demand Response Enabling Technology Development [EB/OL]. (2006-07-27) [2013-09-28].
http://www.cbe.berkeley.edu/research/pdf_files/DR-Phase1Report_April24-2006.pdf.

［4］ Arens E, Auslander D, Huizenga C. Demand Response Enabling Technology Development–ThermostatPhase_II[EB/OL]. (2008-03-11)[2013-09-28].
http://www.cbe.berkeley.edu/research/pdf_files/DRThermostatPhase_II.pdf.

［5］ Faruqui A, Hledik R. BRINGING DEMAND-SIDE MANAGEMENT TO THE KINGDOM OF SAUDI ARABIA [EB/OL]. (2011-05-27)[2013-09-28].
http://www.brattle.com/system/publications/pdfs/000/004/695/original/Bringing_Demand-Side_Management_to_the_Kingdom_of_Saudi_Arabia_Faruqui_Hledik_May_27_2011.pdf?1378772121.

［6］ Faruqui A, Sergici S. Moving Toward Utility-Scale Deployment of Dynamic Pricing in Mass Markets [EB/OL]. (2009-06-30)[2013-09-28].
http://www.brattle.com/system/publications/pdfs/000/004/790/original/Moving_Toward_Utility-Scale_Deployment_Faruqui_Sergici_IEE_June_2009.pdf?1378772130.

［7］ Faruqui A, Sergici S, Sharif A. The impact of informational feedback on energy consumption—A survey of the experimental evidence[J]. Energy, 2010, 35（4）：1598-1608.

［8］ Dynamic pricing of electricity and its discontents[EB/OL]. (2011-08-30) [2013-09-28].
http://www.brattle.com/system/publications/pdfs/000/004/681/original/Dynamic_Pricing_of_Electricity_and_its_Discontents_Faruqui_Aug_3_2011.pdf?1378772119.

［9］ 王思彤，周晖，袁瑞铭，等. 智能电表的概念及应用［J］. 电网技术，2010（04）：17-23.

［10］ Rogai S. Keynote I. Telegestore Project Progresses And Results：Power Line Communications and Its Applications, 2007. ISPLC '07. IEEE International Symposium on, 2007[C].2007_x000d__x000a_26-28 March 2007.

［11］ Harrison S. Supplier Requirements for Smart Metering Project [EB/OL]. (2009-07-30) [2013-09-28].
http://www.openmeter.com/documents/SH%20To%20Open%20Meter%20Project%20090709.

pdf.

[12] 徐伟，姜元建，王斌. 智能插座在智能家居系统中的设计和应用 [J]. 中国仪器仪表，2010（10）：45–47.

[13] 梁波，高宁. 智能插座在智能家居中的应用 [J]. 农村电工，2013（07）：50.

[14] 王锴，刘晔. 严寒地区冬季蓄热式电热水器应用分析[J]. 吉林建筑工程学院学报，2012（02）：52–54.

[15] 张亚晨. "多模式"电热水器的消费需求分析 [J]. 家电科技，2013（08）：34–36.

[16] 朱丽，陈雷. 新型智能空调系统初探 [J]. 制冷空调与电力机械，2006（05）：76–77.

[17] 阿茂. 平衡电网的智能冰箱 [J]. 中国新闻周刊，2008（44）：58.

[18] 章鹿华，王思彤，易忠林，等. 面向智能用电的家庭综合能源管理系统的设计与实现[J]. 电测与仪表，2010（09）：35–38.

[19] Asare-Bediako B, Kling W L, Ribeiro P F. Home energy management systems: Evolution, trends and frameworks：Universities Power Engineering Conference (UPEC), 2012 47th International, London, 2012[C].4–7 Sept. 2012.

[20] Jeong I L, Chang-Sic C, Wan-Ki P, et al. A study on the use cases of the smart grid home energy management system: ICT Convergence (ICTC), 2011 International Conference on, Seoul, 2011[C].28–30 Sept. 2011.

[21] 李同智. 灵活互动智能用电的技术内涵及发展方向 [J]. 电力系统自动化，2012（02）：11–17.

[22] 韩跃峻，辛洁晴，高亦凌. 基于信息反馈的需求响应[J]. 电力需求侧管理，2012（05）：9–14.

[23] Shimizu M, Yotsukura S, Takahashi T. Proposal of a simulation platform to evaluate rescue robots in active disaster environment：SICE Annual Conference 2010, Proceedings of, Taipei, 2010 [C]. 18–21 Aug. 2010.

[24] Jinsung B, Insung H, Sehyun P. Intelligent cloud home energy management system using household appliance priority based scheduling based on prediction of renewable energy capability [J]. Consumer Electronics, IEEE Transactions on, 2012, 58（4）：1194–1201.

[25] 潘小辉，王蓓蓓，李扬. 国外需求响应技术及项目实践[J]. 电力需求侧管理，2013（01）：58–62.

[26] 黄逊青. 家用制冷器具需求响应技术的发展 [J]. 制冷与空调，2010（05）：6–11.

[27] 陈辉，余南华，陈炯聪. 探讨智能用电技术的应用 [J]. 2011.

[28] 安井，健治，北泉武，等. 松下的变频微波炉 [J]. 家电科技，2004（10）：43–44.

[29] 朱晓红. 智能建筑设备节能优化运行控制技术研究 [D]. 重庆大学，2005.

［30］奥理·塞佩宁，张磊华，陆海璇. 欧洲建筑节能优化措施与政策［J］. 暖通空调，2013（07）：2-9.

［31］Koch E L. Automated demand response&#x2014；from peak shaving to ancillary services：Innovative Smart Grid Technologies (ISGT), 2012 IEEE PES, Washington, DC, 2012[C]. 2012 16-20 Jan. 2012.

［32］Samad T, Koch E. Automated demand response for energy efficiency and emissions reduction：Transmission and Distribution Conference and Exposition (T&D), 2012 IEEE PES, Orlando, FL [C]. 7-10 May 2012.

［33］冯威，程大章. 智能建筑与城市信息［J］. 2005（6）：38-41.

［34］江苏电力公司. 智能园区用能服务管理系统［R］. 2011，6.

第七章

智能电网用电信息通信技术

本章主要阐述了用电领域的通信技术、信息技术及典型应用案例，也对大数据和移动互联网技术在用电服务领域应用做了简要介绍。

第一节 通 信 技 术

一、有线通信技术

（一）电力线载波通信技术

电力线载波（Power Line Carrier，PLC）通信技术可以说是一种具有电力特色的通信技术，它利用电力线这种介质来进行载波传输。其主要原理是利用载波机将低频话音信号调制成 40kHz 以上的高频信号，通过专门的设备耦合到电力线上，使信号沿电力线传输，到达对方终端后，采用滤波器很容易将高频信号和工频信号分开；而对应于 40 kHz 以上的工频谐波电流，是 50Hz 电流的 800 次以上谐波，其幅值已很小，对话音信号的干扰已减至可接受的程度，从而实现利用电力线既传送电力电流又传送高频载波信号的目的。

电力线载波通信技术可分为低压载波通信技术（0.4kV 及以下）、中压载波通信技术（10kV）和高压载波通信技术（35kV 及以上）。目前低压和中压载波通信技术相对成熟，速率最高可达百兆（实际应用的速率大多在 2Mbit/s 以内），在电力通信中应用十分广泛，而高压通信技术稳定性相对较差，而传输速率方面最高也只能达到 1Mbit/s 左右，实际应用中大多为几百 kbit/s 的传输速率。

电力线载波通信技术的优点为：① 这种通信方式可以沿着电力线路传输到电力系统的各个环节，而不必考虑另外架设专用线路；② 电力线载波通信不受地形、地貌的影响，投资少，施工期短，设备简单，可以同其他通信手段一起实现网络互联；③ 具有等时性，只要高压输电线一架通，载波通道就开通了，

输电线架设到哪里，载波通信线路就可以延伸到那里。

电力线载波通信技术存在如下缺点：① 数据传输速率较低，不适合高带宽传输要求；② 容易受到干扰、非线性失真和信道间交叉调制的影响；③ 无中继传输距离较短，大多在 1km 以内，若要延长传输距离，需要在传输线路中增加中继设备；④ 配电线载波通信系统采用的电容器和电感器的体积较大、价格也较高。

电力线载波通信曾经是电力专网中最主要的通信方式，承载着继电保护、安全稳定、变电站综合自动化、调度电话和用电信息采集等重要的电力业务，后来随着电力光纤通信网的发展，逐渐被光纤通信技术所替代，目前仍有部分载波通信系统在电网应用，主要用于光纤通信难以覆盖的地方，以及作为光纤通信的备用通信手段来使用。

电力载波通信方式主要采用线型网络和环网拓扑结构。线型网络主要应用于辐射式网络中，这种方式结构简单，如图 7-1 所示。

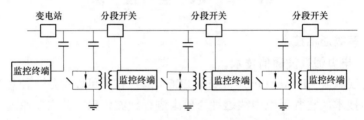

图 7-1　电力载波通信线型网络拓扑结构

环网拓扑结构主要用于手控式多点连接的网络中，在每个开关的两侧均安装耦合设备，这样即使某一开关断开，信号信道畅通，保持系统在线监控。只是多了一套信号耦合设备，如图 7-2 所示。

就电力线载波通信技术发展而言，第一代电力线载波通信技术，即传统窄带低速 PLC（20 世纪 80 年代～2000 年），主要采用 ASK、FSK、PSK 等单载波调制方式，通信速率低于 10kbit/s，适应能力低、可靠性不高，在实际应用中存在通信盲点。第二代电力线载波通信技术，即高速 PLC（2000 年至今），是指采用先进的 OFDM 调制及编码技术实现的宽带电力线载波通信技术，具有高速、适应能力强等特点。新一代电力线载波通信技术，即智能 PLC，具有跨频带（150kHz～10MHz）频率自感知、自适应、自组网、协同通信的载波通信技术，它突破了传统载波窄带低频与宽带高频的技术局限，集成了两者的优势，提高了频谱利用率，增强了通信性能（覆盖率、通信速率、稳定性等），能更好支撑智能电网业务需求。电力线载波通信技术未来发展趋势如图 7-3 所示。

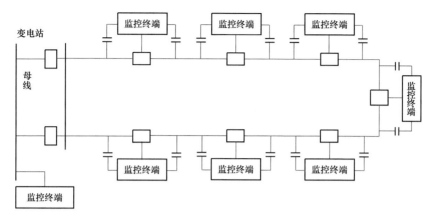

图 7-2　电力载波通信环网拓扑结构

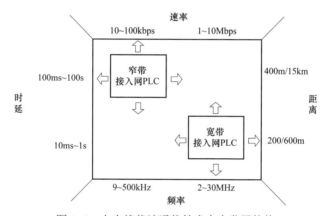

图 7-3　电力线载波通信技术未来发展趋势

（二）光纤通信技术

光纤通信是以光波作为信息载体，以光导纤维作为传输介质的先进通信手段。光纤通信的原理是：在发送端首先要把传送的信息（例如话音）变成电信号，然后调制到激光器发出的激光束上，使光的强度随电信号的幅度（频率）变化而变化，并通过光纤经过光的全反射原理传送；在接收端，检测器收到光信号后把它变换成电信号，经解调后恢复原信息，具体如图 7-4 所示。

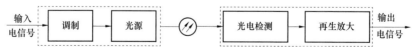

图 7-4　现行光纤通信系统基本构成

与其他通信方式比较，光纤通信具有传输频带宽、通信容量大、传输衰耗

小、适合于长距离传输、信号不受电磁干扰等特点。正因为光纤通信具有上述特点，基于光纤的通信网层次结构示意图如图 7–5 所示。图中也从一个侧面，反映了光纤通信的地位和作用。

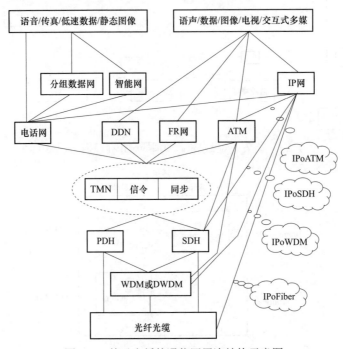

图 7–5　基于光纤的通信网层次结构示意图

由于电力通信骨干网架大多随着一次网架敷设，电力通信光缆结合自身特点主要使用一些专用特种光缆，主要有如下几种类型：

（1）地线复合光缆（OPGW），即架空地线内含光纤。它使用可靠，不需维护，但一次性投资额较大，适用于新建线路或旧线路更换地线时使用。此种光缆主要用于 110kV 及以上线路使用。

（2）无金属自承式光缆（ADSS）。这种光缆光纤芯数多，安装费用比 OPGW 低，一般不需要停电施工，还能避免雷击。因为它与电力线路无关，而且质量轻、价格适中，安装维护都比较方便，但易产生电腐蚀。此种光缆主要用于 220kV 及以下的架空线路，适用于新建线路或不停电情况下通信线路的更换。

（3）相线复合光缆（OPPC）。在电网中，有些线路可不设架空地线，但相线是必不可少的。为了满足光纤联网的要求，与 OPGW 技术相类似，在传统的相线结构中以合适的方法加入光纤，主要用于 0.4kV 及以下的架空线路。

光纤通信系统分类详见表 7-1。

表 7-1   光纤通信系统分类表

分类准则	类 别	特 点
按光波长划分	短波长光纤通信系统	系统工作波长为 $0.8\sim0.9\mu m$，中继距离短
	长波长光纤通信系统	系统工作波长为 $1.0\sim1.6\mu m$，中继距离长
	超长波长光纤通信系统	系统工作波长为 $2\mu m$ 以上，中继距离很长，非石英系列光纤
按光纤特点划分	多模光纤通信系统	石英多模光纤，传输容量较小
	单模光纤通信系统	石英单模光纤，传输容量大
按传输信号形式划分	光纤数字通信系统	传输数字信号，抗干扰能力强
	光纤模拟通信系统	传输模拟信号，适合于短距离传输，成本低
按光电检测方式划分	直接检测光纤通信系统	光作为粒子来处理，设备简单
	相干检测光纤通信系统	光作为波来处理，光接收机灵敏度高，中继距离长，通信容量大，设备复杂
按复用方式划分	光时分复用通信系统	按照时间分割进行光信号多路复用
	光频分复用通信系统	按照频率分割进行光信号多路复用
	光波分复用通信系统	按照波长不同进行光信号多路复用
	光空分复用通信系统	按照空间波面分割进行光信号多路复用
	光码分复用通信系统	按照正交码序列不同进行光信号多路复用
其他	光孤子通信系统	利用光纤的非线性通信模式，容量大，距离长
	量子光通信系统	利用光的量子性通信模式，容量大，距离长
	全光通信系统	不需要光电、电光转换，通信质量高

光纤通信技术目前是电力骨干传输网中最主要的通信方式，随着光缆技术的提高和生产成本的不断下降，光缆的性价比将继续提高，光纤通信技术除了在骨干传输网广泛应用外，在未来的智能用电系统的通信信道建设中，光纤通信也将被广泛地采用。

在目前的技术基础上，可通过采用各种复用技术，来进一步扩展带宽、提高传输速率。可通过相干检测光通信、孤子光通信和量子光通信技术，及光电集成技术来提高传输速率和传输距离，推动全光网络和全光通信的发展。相对于某种光纤通信技术而言，传输距离和速率所受到的限制范围如图 7-6 所示。目前，商用光纤绝大部分是硅玻璃（SiO_2）光纤，工作波长在 $0.8\sim1.6\mu m$ 的红

外区域, 损耗值制造水平已接近 0.14dB/km（理论值），因此再无多大潜力可挖。进一步降低损耗, 需要向红外光纤通信发展。而波长在 2～10μm 远红外区域的一些卤族元素化合物光纤材料，光纤损耗值可低于 10^{-3}dB/km（理论值），而结晶材料可达 10^{-5}dB/km（理论值）。

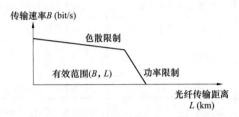

图 7-6　光纤传输距离和传输速率受到的色散和功率限制示意图

二、无线通信技术

（一）近程无线通信技术

1. RFID

射频识别（Radio Frequency Identification，RFID）技术，又称电子标签、无线射频识别，是一种通信技术，可通过无线电信号识别特定目标并读写相关数据，而无需识别系统与特定目标之间建立机械或光学接触。常用的有低频（125～134.2kHz）、高频（13.56MHz）、超高频、微波等技术。RFID 读写器也分移动式的和固定式的，目前 RFID 技术应用很广。

RFID 系统包括应答器（Transponder）、阅读器（Reader）和应用软件系统。应答器由天线、耦合元件及芯片组成，一般来说都是用标签作为应答器，每个标签具有唯一的电子编码，附着在物体上，标识目标对象。阅读器由天线、耦合元件、芯片组成，读取（有时还可以写入）标签信息的设备，可设计为手持式 RFID 读写器（如：C5000W）或固定式读写器。应用软件系统是应用层软件，主要是把收集的数据进一步处理，并为人们所使用。RFID 系统工作原理是：Reader 发射一特定频率的无线电波能量给 Transponder，用以驱动 Transponder 电路将内部的数据送出，此时 Reader 依序接收解读数据，送给应用程序做相应的处理。

射频识别系统最重要的优点是非接触识别，它能穿透雪、雾、冰、涂料、尘垢、油渍和条形码无法使用的恶劣环境阅读标签，并且阅读速度极快，大多数情况下不到 100ms。RFID 技术中所衍生的产品大概有三大类：无源 RFID 产品、有源 RFID 产品、半有源 RFID 产品。其不同的特性，决定了不同的应用领域和不同的应用模式，也有各自的优势所在。

无源 RFID 产品发展最早，也是发展最成熟、市场应用最广的产品。比如，公交卡、食堂餐卡、银行卡、宾馆门禁卡、二代身份证等。其产品的主要工作频率有低频 125kHz、高频 13.56MHz、超高频 433MHz 和超高频 915MHz。RFID 标签为被动式标签，没有内部供电电源。其内部集成电路通过接收到的电磁波进行驱动，这些电磁波是由 RFID 读取器发出的。当标签接收到足够强度的信号时，可以向读取器发出数据。这些数据不仅包括 ID 号（全球唯一标识 ID），还可以包括预先存在于标签内 EEPROM 中的数据。由于被动式标签具有价格低廉、体积小巧、无需电源的优点。市场的 RFID 标签主要是被动式的。

有源 RFID 产品是最近几年慢慢发展起来的，其远距离自动识别的特性，决定了其巨大的应用空间和市场潜质。在远距离自动识别领域，如智能监狱、智能医院、智能停车场、智能交通、智慧城市、智慧地球及物联网等领域有重大应用。有源 RFID 主要工作频率有超高频 433MHz、微波 2.45GHz 和 5.8GMHz。RFID 标签为主动式，与被动式和半被动式不同的是，主动式标签本身具有内部电源供应器，用以供应内部 IC 所需电源以产生对外的信号。一般来说，主动式标签拥有较长的读取距离和较大的记忆体容量可以用来储存读取器所传送来的一些附加信息。

半有源 RFID 技术，也可以叫做低频激活触发技术，利用低频近距离精确定位，微波远距离识别和上传数据，来解决单纯的有源 RFID 和无源 RFID 没有办法实现的功能。简单地说，就是近距离激活定位，远距离识别及上传数据，在低频 125kHz 频率的触发下，让微波 2.45G 发挥优势。RFID 标签为半被动（也称作半主动），半主动式类似于被动式，不过它多了一个小型电池，电力恰好可以驱动标签 IC，使得 IC 处于工作的状态。这样的好处在于，天线无需管接收电磁波的任务，充分作为回传信号之用。比起被动式，半主动式有更快的反应速度，更好的效率。

低频、高频与超高频 RFID 系统特性举例见表 7–2。

2. ZigBee

ZigBee 是基于 IEEE 802.15.4 标准的低功耗个人域网协议。根据这个协议规定的技术是一种短距离、低功耗的无线通信技术。其特点是近距离、低复杂度、自组织、低功耗、低数据速率和低成本。主要适合用于自动控制和远程控制领域，可以嵌入各种设备。简而言之，ZigBee 就是一种便宜的，低功耗的近距离无线组网通信技术。

ZigBee 网络中设备的可分为协调器（Coordinator）、汇聚节点（Router）、传感器节点（EndDevice）等三种角色。

表 7–2 低频、高频与超高频 RFID 系统特性举例

	低 频	高 频	超高频
特性	（1）工作在低频的感应器的一般工作频率从 120kHz 到 134kHz，它的工作频率为 134.2kHz。该频段的波长大约为 2500m。 （2）除了金属材料影响外，一般低频能够穿过任意材料的物品而不降低它的读取距离。 （3）工作在低频的读写器在全球没有任何特殊的许可限制。 （4）低频产品有不同的封装形式，好的封装形式就是价格太贵，但是有 10 年以上的使用寿命。 （5）虽然该频率的磁场区域下降很快，但是能够产生相对均匀的读写区域。 （6）相对于其他频段的 RFID 产品，该频段数据传输速率比较慢。 （7）感应器的价格相对于其他频段来说要贵	（1）工作频率为 13.56MHz，该频率的波长大概为 22m。 （2）除了金属材料外，该频率的波长可以穿过大多数的材料，但是往往会降低读取距离；标签需要离开金属 4mm 以上距离，其抗金属效果在几个频段中较为优良。 （3）该频段在全球都得到认可并没有特殊的限制。 （4）感应器一般以电子标签的形式。 （5）虽然该频率的磁场区域下降很快，但是能够产生相对均匀的读写区域。 （6）该系统具有防冲撞特性，可以同时读取多个电子标签。 （7）可以把某些数据信息写入标签。 （8）数据传输速率比低频要快，价格不是很贵	（1）在该频段，全球的定义不是很相同，欧洲和部分亚洲定义的频率为 868MHz，北美定义的频段为 902～905MHz，在日本建议的频段为 950～956MHz。该频段的波长大概为 30cm 左右。 （2）该频段功率输出没有统一的定义（美国定义为 4W，欧洲定义为 500mW，可能欧洲限制会上升到 2W）。 （3）超高频频段的电波不能通过许多材料，特别是金属、液体、灰尘、雾等悬浮颗粒物质，可以说环境对超高频段的影响是很大的。 （4）电子标签的天线一般是长条和标签状。天线有线性和圆极化两种设计，满足不同应用的需求。 （5）该频段有好的读取距离，但是对读取区域很难进行定义。 （6）有很高的数据传输速率，在很短的时间可以读取大量的电子标签
主要应用	（1）畜牧业的管理系统。 （2）汽车防盗和无钥匙开门系统的应用。 （3）马拉松赛跑系统的应用。 （4）自动停车场收费和车辆管理系统。 （5）自动加油系统的应用。 （6）酒店门锁系统的应用。 （7）门禁和安全管理系统	（1）图书管理系统的应用。 （2）瓦斯钢瓶的管理应用。 （3）服装生产线和物流系统的管理和应用。 （4）水表、电能表、燃气表三表预收费系统。 （5）酒店门锁的管理和应用。 （6）大型会议人员通道系统。 （7）固定资产的管理系统。 （8）医药物流系统的管理和应用。 （9）智能货架的管理。 （10）珠宝盘点管理	（1）供应链上的管理和应用。 （2）生产线自动化的管理和应用。 （3）航空包裹的管理和应用。 （4）集装箱的管理和应用。 （5）铁路包裹的管理和应用。 （6）后勤管理系统的应用
国际标准	ISO 11784 RFID 畜牧业的应用—编码结构。 ISO 11785 RFID 畜牧业的应用—技术理论。 ISO 14223-1 RFID 畜牧业的应用—空气接口。 ISO 14223-2 RFID 畜牧业的应用—协议定义。 ISO 18000-2 定义低频的物理层、防冲撞和通信协议。 DIN 30745 主要是欧洲对垃圾管理应用定义的标准	ISO/IEC 14443 近耦合 IC 卡，最大的读取距离为 10cm。 ISO/IEC 15693 疏耦合 IC 卡，最大的读取距离为 1m。 ISO/IEC 18000-3 该标准定义了 13.56MHz 系统的物理层，防冲撞算法和通信协议。 13.56MHz ISM Band Class 1 定义 13.56MHz 符合 EPC 的接口定义	ISO/IEC 18000-6 定义了超高频的物理层和通信协议；空气接口定义了 Type A 和 Type B 两部分；支持可读和可写操作 EPCglobal 定义了电子物品编码的结构和甚高频的空气接口以及通信的协议。例如：Class 0，Class 1，UHF Gen2。 Ubiquitous ID 日本的组织，定义了 UID 编码结构和通信管理协议

ZigBee 的性能特点如下。

（1）数据速率比较低。在 2.4GHz 的频段只有 250kbit/s，而且这只是链路上的速率，除掉信道竞争应答和重传等消耗，真正能所利用的速率可能不足 100kbit/s，并且余下的速率可能要被邻近多个节点和同一个节点的多个应用所瓜分，因此不适合做视频之类事情。适合的应用领域主要是传感和控制。

（2）可靠性方面。ZigBee 有很多方面进行保证。物理层采用了扩频技术，能够在一定程度上抵抗干扰，MAC 应用层（APS 部分）有应答重传功能。MAC 层的 CSMA 机制使节点发送前先监听信道，可以起到避开干扰的作用。当 ZigBee 网络受到外界干扰，无法正常工作时，整个网络可以动态的切换到另一个工作信道上。

（3）时延方面。由于 ZigBee 采用随机接入 MAC 层，且不支持时分复用的信道接入方式，因此不能很好地支持一些实时的业务。

（4）能耗特性。能耗特性是 ZigBee 的一个技术优势。通常 ZigBee 节点所承载的应用数据速率都比较低。在不需要通信时，节点可以进入很低功耗的休眠状态，此时能耗可能只有正常工作状态下的千分之一。由于一般情况下，休眠时间占总运行时间的大部分，正常工作的时间还不到百分之一，因此达到很高的节能效果。

（5）组网和路由特性。ZigBee 大规模的组网能力——每个网络 65 000 个节点，而每个蓝牙网络只有 8 个节点。

因为 ZigBee 底层采用了直接序列扩频（Direct Sequence Spread Spectrum，DS）技术，如果采用非信标模式，网络可以扩展得很大，因为不需同步而且节点加入网络和重新加入网络的过程很快，一般可以做到 1s 以内，甚至更快。蓝牙通常需要 3s。在路由方面，ZigBee 支持可靠性很高的网状网的路由，所以可以布置范围很广的网络，并支持多播和广播特性，能够给丰富的应用带来有力的支持。

3．Wi-Fi

Wi-Fi 是一种能够将个人电脑、手持设备（如 Pad、手机）等终端以无线方式互相连接的技术，属于在办公室和家庭中使用的短距离无线技术。Wi-Fi 是一个无线网路通信技术的品牌，由 Wi-Fi 联盟（Wi-Fi Alliance）所持有。目的是改善基于 IEEE 802.11 标准的无线网络产品之间的互通性。一般人会把 Wi-Fi 及 IEEE 802.11 系列协议的局域网混为一谈，甚至把 Wi-Fi 等同于无线局域网。实际上 Wi-Fi 是无线局域网（WLAN）的重要组成部分。Wi-Fi 其实并不存在英文全称，Wireless Fidelity（无线保真技术）是错误的解读，仅仅是为了便于推广而

借鉴了 Wi-Fi 的写法。

Wi-Fi 技术由澳洲政府的研究机构 CSIRO 在 20 世纪 90 年代发明并于 1996 年在美国成功申请了无线网技术专利（US Patent Number 5，487，069），在 1999 年 IEEE 官方定义 802.11 标准的时候，选择并认定了 Wi-Fi 技术作为其核心技术标准。

由于 Wi-Fi 的频段在世界范围内是无需任何电信运营执照的，因此 WLAN 无线设备提供了一个世界范围内可以使用的，费用极其低廉且数据带宽极高的无线空中接口。

（二）远程无线通信技术

1. 230MHz 专网超短波无线通信

230MHz 专网超短波无线通信是利用 223～231MHz 超短波频段的电磁波进行的无线电通信。超短波通信的主要特点是，由于地面吸收较大和电离层不能反射，只能靠直线方式传输，称为视距通信，传输距离约 50km，远距离传输时需经中继站分段传输，即中继接力通信。

（1）工作频点。为了满足电力系统建设负荷管理系统的需要，国家无线电管理委员会 1991 年以《关于民用超短波遥测、遥控、数据传输业务频段规划的通知》（国无管〔1991〕5 号）明确将 223～231MHz 频段（简称 230MHz）共 15 个双频频点和 10 个单频频点分配给电力专用。

（2）传输速率。十多年前电力负荷控制系统刚刚出现的时候使用过 300bit/s 的速率，后来逐步上升，曾经用过 4800bit/s、9600bit/s 和 19.2kbit/s，目前最大速率可达到 38.4kbit/s，今后在提高性价比后会采用更快的通信速率。

（3）误码率。考验无线数据传输的首要指标就是误码率，不论多快的传输速率，如果误码很多其实际效率是非常低的，通常 2400bit/s 速率电台在−110dBm 时的误码应优于 1×10^{-5}，当速率进一步提高后误码也会相应增多，这可以通过加入纠错冗余编码改善误码率。

230MHz 终端每个数据包含增加纠错编/解码：1 个字节长度、每 11 字节需 4 个字节的纠错编/解码。

230MHz 通信各类用户终端的带宽要求见表 7–3。

根据上述带宽要求计算，集中抄表终端采集 C、D、E、F 四类用户的数据，230MHz 无线通信难以满足其接入的带宽要求。对于 A、B 类用户专变采集终端，可以满足接入带宽要求。

用户终端	A 类	B 类	C 类	D 类	E 类	F 类
标准模式	46.049	46.049	41.681	20.404	1.566	42.473
基本模式	9.956	9.956	10.482	6.299	0.776	8.358

2. 第二代（2G）移动通信技术

第二代（2nd Generation，2G）移动通信技术主要包括两种：全球移动通信系统（Global System for Mobile Communication，GSM）和窄带码分多址移动通信系统（Code Division Multiple Access，CDMA），其技术体制分别由欧洲和北美主导。

在 2G 中，GSM 技术体制系列主要包括 GSM、通用分组无线业务（General Packet Radio Service，GPRS）和增强型数据速率 GSM 演进技术（Enhanced Data Rate for GSM Evolution，EDGE），其特性见表 7–4 所示。典型的 GPRS 应用系统的组建方案如图 7–7 所示。

表 7–4   GSM 技术体制系列特性

技术系列	数据传输速率（kbit/s）	应用场景	不　足
GSM	9.6	短信业务。可支撑电力短信服务平台。可提供的服务包括：电费信息，如营销系统提供的客户电量电费情况、缴费记录、欠费情况等；停电信息，如停电预告、计划检修、有序用电限电、临时故障停电等；用电信息，如通过负荷管理系统采集的电压、电流、有功功率、无功功率、功率因数，负载情况等；服务信息，如服务承诺、电价调整、业务流程、业务咨询、有序用电、安全用电知识宣传等	通信网络覆盖存在盲区，通信网络存在拥塞而中断情况，故不能 100%通达
GPRS	171	分组数据业务。可支撑电力远程抄表系统和电力监控系统等。电力监控系统可提供的服务包括：输电线的绝缘子的监控、变电站（所）变压器的监控等、能效监测、防窃电等	通信网络覆盖存在盲区，通信网络存在拥塞而中断或降速情况，存在数据丢失、大时延情况
EDGE	384	同上	同上

在 2G 中，窄带 CDMA 技术体制系列主要包括窄带 CDMA 和 CDMA1x，其特性见表 7–5。在智能用电领域，主要以 GSM 技术为主来支撑智能用电业务通信。

表 7-5 CDMA 技术体制系列特性

技术系列	数据传输速率（kbit/s）	应用场景	不　足
窄带 CDMA	64	短信业务。可支撑电力短信服务平台。可提供的服务包括：电费信息，如营销系统提供的客户电量电费情况、缴费记录、欠费情况等；停电信息，如停电预告、计划检修、有序用电限电、临时故障停电等；用电信息，如通过负荷管理系统采集的电压、电流、有功功率、无功功率、功率因数，负载情况等；服务信息，如服务承诺、电价调整、业务流程、业务咨询、有序用电、安全用电知识宣传等	通信网络覆盖存在盲区，通信网络存在拥塞而中断情况，故不能100%通达
CDMA1x	316.8（前向信道空中理论最高速率），163.2（反向空中理论最高速率可达）	分组数据业务。可支撑电力远程抄表系统和电力监控系统等。电力监控系统可提供的服务包括：输电线的绝缘子的监控、变电站（所）变压器的监控等、能效监测、防窃电等	通信网络覆盖存在盲区，通信网络存在拥塞而中断或降速情况，存在数据丢失、大时延情况

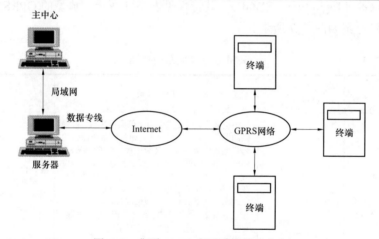

图 7-7　典型 GPRS 应用系统组建方案

　　GPRS 一般运行 PPP 协议，每个数据包含增加协议开销：PPP 包头：5 字节；IP 包头：20 字节；TCP 包头：20 字节。

GPRS/CDMA 通信下各类用户终端的带宽要求见表 7-6。

表 7-6　　　　GPRS/CDMA 通信下各类用户终端的带宽要求　　　　单位：bit/s

用户终端	A	B	C	D	E	F
标准模式	61.231	61.231	54.870	30.227	1.539	55.721
基本模式	12.691	12.691	13.554	9.724	0.716	9.783

C、D、E、F 类用户通过统一个集中抄表终端接入到主站层，假设一个公用配电变电变压器下有 20 个低压三相一般工商业（C 类用户）、20 个低压单相一般工商业（D 类用户）、200 个居民用户（E 类用户）。

总通信速率要求=20×54.870+20×30.227+200×1.539+55.721=2065.557bit/s

GPRS/CDMA 公网接入带宽大于 20kbit/s，因此满足 A、B 用户的专变采集终端、集中抄表终端的接入要求。

参照 DL/T 698.41—2010《第 4−1 部分：通信协议−主站与电能信息采集终端通信》，终端与主站间的通信方式为半双工方式，上述计算未考虑报文接收后的确认及终端、主站处理的时延开销。考虑到上述开销，也应能满足要求。

3. 第三代（3G）移动通信技术

第三代移动通信技术（3rd-generation，3G），是指支持高速数据传输的蜂窝移动通信技术。3G 服务能够同时传送声音及数据信息，速率一般在几百 kbit/s 以上。目前 3G 存在四种技术标准：CDMA2000、WCDMA、TD-SCDMA 和 WiMAX。

（1）WCDMA。全称为 Wideband CDMA，也称为 CDMA Direct Spread，意为宽带码分多址，这是基于 GSM 网发展出来的 3G 技术规范，是欧洲提出的宽带 CDMA 技术，它与日本提出的宽带 CDMA 技术基本相同，目前正在进一步融合。该标准提出了 GSM（2G）—GPRS-EDGE-WCDMA（3G）的演进策略。这套系统能够架设在现有的 GSM 网络上，对于系统提供商而言可以较轻易地过渡。在 GSM 系统相当普及的亚洲，对这套新技术的接受度会相当高。因此 WCDMA 具有先天的市场优势。WCDMA 已是当前世界上采用的国家及地区最广泛的，终端种类最丰富的一种 3G 标准，占据全球 80%以上市场份额。主要技术参数为带宽：5MHz、码片速率：3.84Mcps、中国频段：1940～1955MHz（上行）与 2130～2145MHz（下行）。

（2）CDMA2000。由窄带 CDMA（CDMA IS95）技术发展而来，也称为 CDMA Multi-Carrier，它是由美国高通北美公司为主导提出，摩托罗拉、Lucent 和后来加入的韩国三星都有参与，韩国成为该标准的主导者。这套系统是从窄带 CDMAOne 数字标准衍生出来的，可以从原有的 CDMAOne 结构直接升级到 3G，建设成本低廉。但使用 CDMA 的地区只有日本、韩国和北美，所以 CDMA2000 的支持者不如 WCDMA 多。该标准提出了从 CDMA IS95（2G）、–CDMA20001x、CDMA20003x（3G）的演进策略。CDMA20003x 与 CDMA20001x 的主要区别在于应用了多路载波技术，通过采用三载波使带宽提高。中国电信采用这一方案向 3G 演进，并已建成了 CDMA IS95 网络。标准参数：RTT FDD，

同步 CDMA 系统：有 GPS，带宽：1.25MHz，码片速率：1.2288Mcps，中国频段：1920～1935MHz（上行）、2110～2125MHz（下行）。

（3）TD-SCDMA。全称为 Time Division Synchronous CDMA（时分同步CDMA），该标准是由中国大陆独自制定的 3G 标准，具有辐射低的特点，被誉为绿色 3G。该标准将智能无线、同步 CDMA 和软件无线电等当今国际领先技术融于其中，在频谱利用率、对业务支持具有灵活性、频率灵活性及成本等方面的独特优势。另外，由于中国内地庞大的市场，该标准受到各大主要电信设备厂商的重视，全球一半以上的设备厂商都宣布可以支持 TD-SCDMA 标准。该标准提出不经过 2.5G 的中间环节，直接向 3G 过渡，非常适用于 GSM 系统向3G 升级。军用通信网也是 TD-SCDMA 的核心任务。主要技术参数为带宽：1.6MHz、码片速率：1.28Mcps、中国频段：1880～1920MHz、2010～2025MHz与 2300～2400MHz。

（4）WiMAX。全称为微波存取全球互通（Worldwide Interoperability for Microwave Access），又称为 802.16 无线城域网，是又一种为企业和家庭用户提供"最后一英里"的宽带无线连接方案。将此技术与需要授权或免授权的微波设备相结合之后，由于成本较低，将扩大宽带无线市场，改善企业与服务供应商的认知度。主要技术标准参数为带宽：1.5～20MHz，最高接入速度：70Mbit/s、最大传输距离：50km。

4. 第四代（4G）移动通信技术

第四代（4th Generation，4G）移动通信技术又称为高级国际移动通信（International Mobile Telecommunications-Advanced，IMT-Advanced）技术，是集3G 与无线局域网于一体并能够传输高质量视频图像的技术。支持从低到高的移动性的应用和很宽范围的数据速率，满足多种用户环境下用户和业务的需求，具有在广泛服务和平台下提供显著提升服务质量（Quality of Service，QoS）的高品质多媒体应用的能力。主要包括分时双工长期演进（Time Division Duplexing Long Term Evolution，TDD-LTE，国内亦称 TD-LTE）和频分双工长期演进（Frequency Division Duplexing Long Term Evolution，FDD-LTE）技术，两者的相似度达 90%，分别应用于非成对频谱和成对频谱。

主要移动通信技术传输速率对比见表 7–7。

表 7-7　　　　　　　　　　主要移动通信技术传输速率对比

技术制式	GSM（EDGE）	CDMA 2000（1x）	CDMA 2000（EVDO RA）	TD-SCDMA（HSPA）	WCDMA（HSPA）	TD-LTE	FDD-LTE
下行速率	384kbit/s	153kbit/s	3.1Mbit/s	2.8Mbit/s	14.4Mbit/s	100Mbit/s	150Mbit/s
上行速率	118kbit/s	153kbit/s	1.8Mbit/s	2.2Mbit/s	5.76Mbit/s	50Mbit/s	40Mbit/s
应用场景举例	用电信息采集	用电信息采集	用电信息采集、电力监控系统	用电信息采集、电力监控系统	用电信息采集、电力监控系统	用电信息采集、电力监控系统、多媒体监控	用电信息采集、电力监控系统、多媒体监控

第二节　信　息　技　术

一、信息模型

信息模型，是一种用来定义信息常规表示方式的方法。通过使用信息模型，可以使用不同的应用程序对所管理的数据进行重用、变更以及分享。使用信息模型的意义不仅仅存在于对象的建模，同时也在于对对象间相关性的描述。除此之外，建模的对象描述了系统中不同的实体以及他们的行为以及他们之间（系统间）数据流动的方式。这些将帮助我们更好的理解系统。对于开发者以及厂商来说，信息模型提供了必要的通用语言来表示对象的特性以及一些功能，以便进行更有效的交流。

信息模型的建立关注建模对象的一些重要的、不变的、具有共性的性质，而对象间的一些不同的性质（比如说一些厂商特定的性质）可以通过对通用模型框架的扩展来进行描述。如果缺少信息模型，对一个新对象的描述将会增加很多重复的工作。建立一个放之四海而皆准的信息模型是不切实际的，因为不同对象间性质的区别较大，需要不同领域的专家知识。因此，在多数情况下，信息模型是以"层"的形式来表示。"层"化的信息模型包括一个用来支持不同领域信息的通用框架。

信息模型的基本构件包括对象、对象视图和对象关系。对象是实体的抽象和泛化，它是具有代表性的概念，并且可以提供确定的一组属性来描述。对象视图就是现存的各种报表和资料，它在功能模型中表现为伴随事件发生的信息。

对象视图的描述包括三个方面：文字描述和说明数据的特性、相关的对象以及数据的属性。对象视图是信息建模的基础，是现状数据的直接反映。对象关系用来定义对象之间的语义联系。这里主要使用两种抽象机制：继承和类聚。对象关系又分为聚合关系和产生关系，产生关系分为强关系和弱关系。

公共信息模型（Common Information Model，CIM）是一个抽象模型，与具体实现无关，描述电力企业的所有主要对象，特别是与电力运行有关的对象。通过提供一种用对象类和属性及他们之间关系来表示电力系统资源的标准方法。CIM 分为两部分：CIM 规范（CIM Specification）和 CIM 模式（CIM Schema）。CIM 规范提供了模型的正式定义，它描述了语言、命名、元模式和到其他管理模型（如 SNMP MIB）的映射技术；CIM 模式则给出了实际模型的描述。CIM 模型由核心模型、公共模型和扩展模型三层构成。核心模型是一系列类、连接和属性的集合，该对象组提供了所有管理域通用的基本信息模型；公共模型提供特定管理域的通用信息模型，这些特定的管理域包括如系统、应用程序、网络和设备等；扩展模型代表通用模型的特定技术扩展。

由于完整的 CIM 的规模较大，所以将包含在 CIM 中的对象分成了几个“逻辑包”，每个“逻辑包”代表整个电力系统模型的某一部分。这些包的集合发展成为独立的标准。

各个逻辑包的简介如下。

（1）核心包（Core）：包含所有应用共享的核心的命名（Naming）、电力系统资源（Power System Resource）、设备容量器（Equipment Container）和导电设备（Conducting Equipment）实体，以及这些实体的常见的组合。并不是所有的应用都需要所有的 Core 实体。这个包不依赖于任何其他的包，而其他包中的大部分都具有依赖于本包的关联和普遍化。

（2）拓扑包（Topology）：这个包是 Core 包的扩展，它与 Terminal 类一起建立连接性（Connectivity）的模型，而连接性是设备怎样连接在一起的物理定义。另外，它还建立了拓扑（Topology）的模型，拓扑是设备怎样通过闭合开关连接在一起的逻辑定义。拓扑的定义与其他电气特性无关。

（3）电线包（Wires）：这个包是 Core 和 Topology 包的扩展，它建立了输电（Transmission）和配电（Distribution）网络的电气特性的信息模型。这个包用于网络应用，例如状态估计（State Estimation）、潮流（Load Flow）及最优潮流（Optimal Power Flow）。

（4）停运包（Outage）：这个包是 Core 和 Wires 包的扩展，它建立了当前及计划网络结构的信息模型。这些实体在典型的网络应用中是可选的。

（5）保护包（Protection）：这个包是 Core 和 Wires 包的扩展，它建立了保护设备，例如继电器的信息模型。这些实体用于培训模拟和配电网故障定位应用。

（6）量测包（Meas）：这个包包含描述各应用之间交换的动态测量数据的实体。

（7）负荷模型包（Load Model）：这个包以曲线及相关的曲线数据的形式为能量用户及系统负荷提供模型。这里还包括影响负荷的特殊情况，例如季节与日类型。这一信息由负荷预测（Load Forecasting）和负荷管理（Load Management）使用。

（8）发电包（Generation）：这个包分成两个子包——Production 包和 Generation Dynamics 包。

（9）电力生产包（Production）：这个包提供了各种类型发电机的模型。它还建立了生产成本信息模型，用于发电机间进行经济需求分配及计算备用量大小。这一信息用于机组组合（Unit Commitment）、水力和火力发电机组的经济调度（Economic Dispatch）、负荷预测及自动发电控控制（Automatic Generation Control）等应用。

（10）发电动态包（Generation Dynamics）：这个包提供原动机，例如汽轮机和锅炉的模型，这些模型在模拟和培训应用中需要用到。这一信息用于动态培训仿真器（Dynamic Training Simulator）应用的机组建模。

（11）域包（Domain）：这个包是量与单位的数据字典，定义了可能被其他任何包中的任何类使用的属性的数据类型。此包包含原始数据类型的定义，包括量测的单位和允许的值。每一种数据类型包含一个值（Value）属性和一个可选的量测单位（Unit），这个单位指定为一个被初始化为该量测单位文字描述的静态变量。枚举型数据的允许值在该属性的文档（Documentation）中用 UML约束句法在大括号（{}）内列出。字符串长度在文档中列出，并被指定为长度属性。

（12）财务包（Financial）：这个包与结算和会计有关。这些类表达了参与正式和非正式协议的法律实体。

（13）能量计划包（Energy Scheduling）：这个包提供了对公司之间的电力交易进行计划和考核的能力。它包括电力产生、消费、损失、输送、出售和采购的交易。这些类应用在电能的考核结算、发电容量、电能传输、辅助服务中。

（14）备用包（Reservation）：这个包包含了用于电能交易计划、发电容量、电能传输、辅助服务中的信息。

（15）SCADA（Supervisory Control And Data Acquisition）包：这个包描述

了用于数据采集和控制应用的模型信息，涉及量测、电压互感器、电流互感器、远程测控终端（Remote Terminal Unit，RTU）、扫描装置、通信电路等设备。控制应用支持对设备的控制操作，例如断开/合上断路器；数据采集应用从多个来源采集遥测数据，遥测实体的子类型有意遵照 IEC 61850 标准的定义。SCADA 包也支持报警的表达，但是不希望被其他应用使用。

二、通信协议

（一）ISO / OSI 参考模型

通信协议（communications protocol）是指双方实体完成通信或服务所必须遵循的规则和约定。协议定义了数据单元使用的格式，信息单元应该包含的信息与含义、连接方式、信息发送和接收的时序，从而确保网络中数据顺利地传送到确定的地方。

通信协议主要由以下 3 个要素组成：① 语法——如何讲，数据的格式、编码和信号等级（电平的高低）；② 语义——讲什么，数据内容、含义以及控制信息；③ 定时规则（时序）——明确通信的顺序、速率匹配和排序。

通信协议具有层次性、可靠性和有效性等特点。

将网络体系进行分层就是把复杂的通信网络协调问题进行分解，再分别处理，使复杂的问题简化，以便于网络的理解及各部分的设计和实现。每一层实现相对独立的功能，下层向上层提供服务，上层是下层的用户；有利于交流、理解、标准化；协议仅针对某一层，为同等实体之间通信制定；易于实现和维护；灵活性较好，结构上可分割。

国际标准化组织（ISO）于 1981 年正式推荐了一个网络体系的分层结构，即开放系统互联参考模型（Open System Interconnect Reference Model）如图 7-8 所示。由于这个标准模型的建立，使得各种计算机网络向它靠拢，大大推动了网络通信的发展。

（1）第 7 层——应用层：与其他计算机进行通信的一个应用，它是对应用程序的通信服务的。这是 OSI 参考模型的最高层，它解决的也是最高层次，即程序应用过程中的问题，它直接面对用户的具体应用。应用层包含用户应用程序执行通信任务所需要的协议和功能，如电子邮件和文件传输等，在这一层中 TCP/IP 协议中的 FTP、SMTP、POP 等协议得到了充分应用。示例包括 Telnet、HTTP、FTP、WWW、NFS、SMTP 等。

（2）第 6 层——表示层：用于数据管理的表示方式，功能主要有：数据语法转换、语法表示、表示连接管理、数据加密和数据压缩。例如，FTP 允许你选择以二进制或 ASCII 格式传输。如果选择二进制，那么发送方和接收方不改

变文件的内容。如果选择 ASCII 格式，发送方将把文本从发送方的字符集转换成标准的 ASCII 后发送数据。在接收方将标准的 ASCII 转换成接收方计算机的字符集。示例包括加密、ASCII 等。

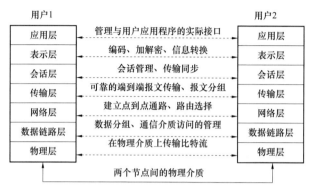

图 7-8　开放式系统互联基本参考模型

（3）第 5 层——会话层：他定义了如何开始、控制和结束一个会话，包括对多个双向的控制和管理，以便在只完成连续消息的一部分时可以通知应用，从而使表示层看到的数据是连续的，在某些情况下，如果表示层收到了所有的数据，则用数据代表表示层。示例包括 RPC、SQL 等。会话层利用传输层来提供会话服务，会话可能是一个用户通过网络登录到一个主机，或一个正在建立的用于传输文件的会话。会话层的功能主要有：会话连接到传输连接的映射、数据传送、会话连接的恢复和释放、会话管理、令牌管理和活动管理。

（4）第 4 层——传输层：解决的是数据在网络之间的传输质量问题，它属于较高层次。传输层用于提高网络层服务质量，提供可靠的端到端的数据传输，如常说的 QoS 就是这一层的主要服务。这一层主要涉及的是网络传输协议，它提供的是一套网络数据传输标准，如 TCP、UDP、SPX 协议。传输层的功能包括映像传输地址到网络地址、多路复用与分割、传输连接的建立与释放、分段与重新组装、组块与分块。根据传输层所提供服务的主要性质，传输层服务可分为以下三大类：

A 类：网络连接具有可接受的差错率和可接受的故障通知率（网络连接断开和复位发生的比率），A 类服务是可靠的网络服务，一般指虚电路服务。

C 类：网络连接具有不可接受的差错率，C 类的服务质量最差，提供数据报服务或无线电分组交换网均属此类。

B 类：网络连接具有可接受的差错率和不可接受的故障通知率，B 类服务

介于 A 类与 C 类之间，在广域网和互联网多是提供 B 类服务。

网络服务质量的划分是以用户要求为依据的。若用户要求比较高，则一个网络可能归于 C 型，反之，则一个网络可能归于 B 型甚至 A 型。例如，对于某个电子邮件系统来说，每周丢失一个分组的网络也许可算作 A 型；而同一个网络对银行系统来说则只能算作 C 型了。

（5）第 3 层——网络层：这层对端到端的包传输进行定义，它定义了能够标识所有结点的逻辑地址，还定义了路由实现的方式和学习的方式。为了适应最大传输单元长度小于包长度的传输介质，网络层还定义了如何将一个包分解成更小的包的分段方法。示例包括 IP、IPX 等。它解决的是网络与网络之间，即网际的通信问题，而不是同一网段内部的事。网络层的功能包括：建立和拆除网络连接、路径选择和中继、网络连接多路复用、分段和组块、服务选择和流量控制。

（6）第 2 层——数据链路层：是建立在物理传输能力的基础上，以帧为单位传输数据，它的主要任务就是进行数据封装和数据链接的建立。这些协议与被讨论的各种介质有关。封装的数据信息中，地址段含有发送节点和接收节点的地址，控制段用来表示数据连接帧的类型，数据段包含实际要传输的数据，差错控制段用来检测传输中的帧出现的错误。数据链路层的功能包括：数据链路连接的建立与释放、构成数据链路数据单元、数据链路连接的分裂、定界与同步、顺序和流量控制和差错的检测和恢复等方面。

（7）第 1 层——物理层：是整个 OSI 参考模型的最底层，它的任务就是提供网络的物理连接。所以，物理层是建立在物理介质上（而不是逻辑上的协议和会话），它提供的是机械和电气接口。主要包括电缆、物理端口和附属设备，如双绞线、同轴电缆、接线设备（如网卡等）、RJ–45 接口、串口和并口等在网络中都是工作在这个层次的。OSI 的物理层规范是有关传输介质的特性标准，这些规范通常也参考了其他组织制定的标准。连接头、针、针的使用、电流、编码及光调制等都属于各种物理层规范中的内容。物理层常用多个规范完成对所有细节的定义。物理层提供的服务包括：物理连接、物理服务数据单元顺序化（接收物理实体收到的比特顺序，与发送物理实体所发送的比特顺序相同）和数据电路标识。

其中，第 7、6、5、4 层定义了应用程序的功能，第 3、2、1 层主要面向通过网络的端到端的数据流。

（二）TCP/IP 协议

TCP/IP（Transmission Control Protocol/Internet Protocol）协议，中译名为传

输控制协议/因特网互联协议，又名网络通信协议，是 Internet 最基本的协议、Internet 国际互联网络的基础。TCP/IP 协议不是 TCP 和 IP 这两个协议的合称，而是指因特网整个 TCP/IP 协议族。

从协议分层模型方面来讲，如图 7–9 所示，TCP/IP 由四个层次组成：网络接口层、网络层、传输层、应用层，每一层都呼叫它的下一层所提供的网络来完成自己的需求。

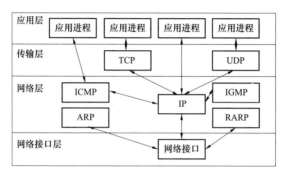

图 7–9　TCP/IP 协议分层模型

TCP/IP 与 ISO / OSI 分层模型的对应关系见表 7–8，TCP/IP 协议族对应 OSI 模型的对应关系见表 7–9。

表 7–8　　　　　　　TCP/IP 与 ISO/OSI 分层模型的对应关系

TCP/IP 四层模型	ISO / OSI 七层模型	TCP/IP 四层模型	ISO / OSI 七层模型
应用层	应用层 表示层 会话层	网络层 （又称互联层，IP）	网络层
传输层（又称主机到主机层，TCP）	传输层	网络接口层 （又称链路层）	数据链路层
			物理层

表 7–9　　　　　　　TCP/IP 协议族对应 OSI 模型的对应关系

OSI 中的层	功　能	TCP/IP 协议族
应用层	文件传输，电子邮件，文件服务，虚拟终端	TFTP、HTTP、SNMP、FTP、SMTP、DNS、Telnet 等
表示层	翻译、加密、压缩	没有协议
会话层	对话控制、建立同步点（续传）	没有协议

OSI 中的层	功　　能	TCP/IP 协议族
传输层	端口寻址、分段重组、流量、差错控制	TCP、UDP
网络层	逻辑寻址、路由选择	IP、ICMP、OSPF、EIGRP、IGMP
数据链路层	成帧、物理寻址、流量、差错、接入控制	SLIP、CSLIP、PPP、MTU
物理层	设置网络拓扑结构、比特传输、位同步	ISO 2110、IEEE 802

　　网络接口层包括物理层和数据链路层。物理层是定义物理介质的各种特性：机械特性、电子特性、功能特性、规程特性。数据链路层是负责接收 IP 数据包并通过网络发送，或者从网络上接收物理帧，抽出 IP 数据包，交给 IP 层。常见的接口层协议有：Ethernet 802.3、Token Ring 802.5、X.25、Frame relay、HDLC、PPP ATM 等。

　　网络层负责相邻计算机之间的通信。其功能包括三方面：① 处理来自传输层的分组发送请求，收到请求后，将分组装入 IP 数据包，填充包头，选择去往信宿机的路径，然后将数据包发往适当的网络接口。② 处理输入数据包：首先检查其合法性，然后进行寻径，假如该数据包已到达信宿机，则去掉包头，将剩下部分交给适当的传输协议；假如该数据包尚未到达信宿，则转发该数据包。③ 处理路径、流控、拥塞等问题。网络层包括：IP（Internet Protocol）协议、ICMP（Internet Control Message Protocol）控制报文协议、ARP（Address Resolution Protocol）地址解析协议、RARP（Reverse ARP）反向地址转换协议。IP 是网络层的核心，通过路由选择将下一条 IP 封装后交给接口层。IP 数据包是无连接服务。ICMP 是网络层的补充，可以回送报文。用来检测网络是否通畅。Ping 命令就是发送 ICMP 的 echo 包，通过回送的 echo relay 进行网络测试。ARP 是正向地址解析协议，通过已知的 IP，寻找对应主机的 MAC 地址。RARP 是反向地址解析协议，通过 MAC 地址确定 IP 地址。比如无盘工作站还有 DHCP 服务。

　　传输层提供应用程序间的通信。其功能包括：① 格式化信息流；② 提供可靠传输。为实现后者，传输层协议规定接收端必须发回确认，并且假如分组丢失，必须重新发送，从而提供可靠的数据传输。传输层协议主要是：传输控制协议 TCP（Transmission Control Protocol）和用户数据报协议 UDP（User Datagram protocol）。

　　应用层向用户提供一组常用的应用程序，比如电子邮件、文件传输访问、远程登录等。远程登录 Telnet，使用 TELNET 协议提供在网络其他主机上注册

的接口。Telnet 会话提供了基于字符的虚拟终端。文件传输访问 FTP 使用 FTP 协议来提供网络内机器间的文件拷贝功能。应用层协议主要包括如下几个：FTP、Telnet、DNS、SMTP、NFS、HTTP。FTP（File Transfer Protocol）是文件传输协议，一般上传下载用 FTP 服务，数据端口是 20H，控制端口是 21H。Telnet 服务是用户远程登录服务，使用 23H 端口，使用明码传送，保密性差、简单方便。DNS（Domain Name Service）是域名解析服务，提供域名到 IP 地址之间的转换，使用端口 53。SMTP（Simple Mail Transfer Protocol）是简单邮件传输协议，用来控制信件的发送、中转，使用端口 25。NFS（Network File System）是网络文件系统，用于网络中不同主机间的文件共享。HTTP（Hypertext Transfer Protocol）是超文本传输协议，用于实现互联网中的 WWW 服务，使用端口 80。

（三）IPv6 技术

1. IPv6 与 IPv4

IPv6 提供的地址长度为 128 bits，见表 7–10，IPv6 并非是单一协议，它包括多个不同的新协议配合功能应用，例如，ICMP v6、Ping v6、IPv6 DNS lookup、PIM6 组播路由、MLD v2 组播路由、DHCP v6、OSPF v3、RIPv6（RIPng）、SNMP MIB、IPv6 Filter 和防火墙 IPv6 处理等。

表 7–10 　　　　　　　　　　　IPv4 与 IPv6 地址数量

版本	位数	地址数量（个）
IPv4	32	4，294，967，296
IPv6	128	340，282，366，920，938，463，463，374，607，431，768，211，456（$\approx 3.4 \times 10^{38}$）

IPv4 包含地址的包头结构如图 7–10 所示。IPv4 地址一般以 4 部分间点分的方法来表示，即 4 个数字用点分隔，都用十进制整数表示。例如，

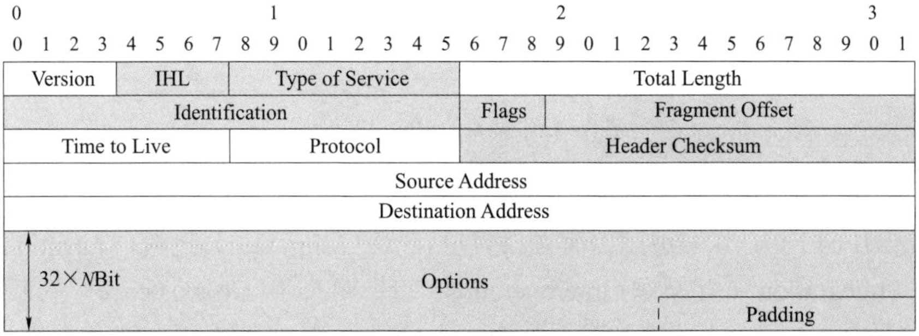

图 7–10　IPv4 包含地址的包头结构

201.199.244.101。

IPv6 包含地址的包头结构如图 7-11 所示。重要的 IPv6 协议族如图 7-12 所示。

0~3	5~7	8~11	12~15	16~19	20~23	24~27	28~31
Version	Traffic class		Flow label				
Payload Length				Next Header		Hop Limit	
128 bits Source Address (0-31)							
128 bits Source Address (32-63)							
128 bits Source Address (64-95)							
128 bits Source Address (96-127)							
128 bits Destination Address (0-31)							
128 bits Destination Address (32-63)							
128 bits Destination Address (64-95)							
128 bits Destination Address (96-127)							
Next header or data							

图 7-11 IPv6 包含地址的包头结构

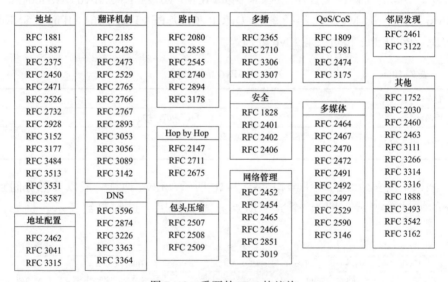

图 7-12 重要的 IPv6 协议族

2. IPv4 向 IPv6 技术演进

从 IPv4 向 IPv6 演进过程而言,将包括迁移(Migration)、过渡(Transition)、集成(Integration)、互操作(Interoperation)和长期共存(Co-existence)等过程。

从 IPv4 向 IPv6 过渡可以划分为 4 个阶段。第 1 阶段,以 IPv4 网络为主体,IPv6 网络仅在局部构成中小型网络,即"IPv6 孤岛,IPv4 海洋";第 2 阶

段，IPv4 网络与 IPv6 网络并行；第 3 阶段，以 IPv6 网络为主体，IPv4 网络仅在局部构成中小型网络，即"IPv4 孤岛，IPv6 海洋"；第 4 阶段，以 IPv6 网络为一统天下。IPv6 网络演进如图 7–13 所示。

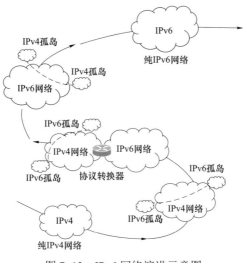

图 7–13　IPv6 网络演进示意图

目前，从 IPv4 向 IPv6 的演进技术主要包括 3 类，即双栈、隧道和翻译技术。

双栈技术是指从用户侧到网络侧到同时支持 IPv4 和 IPv6 协议栈。双栈节点同时支持与 IPv4 和 IPv6 节点的通信，它们可以使用 IPv4 协议与 IPv4 节点互通，也可以直接使用 IPv6 协议与 IPv6 节点互通。IPv4/IPv6 双栈节点具有解析 IPv4 与 IPv6 的地址的能力，即双栈节点上的域名解析器能够处理 AAAA 和 A 两种类型的记录。双栈技术的优点是技术成熟，实现相对简单，可以实现 IPv6 的快速引入。缺点是解决不了 IPv6 和 IPv4 的互访问题。

隧道技术提供了利用现有一种 IP 技术（可以是 v4 或者 v6）网络架构实现另外一种 IP 技术（也可以是 v4 或者 v6）通信的方法。其基本工作方法是：隧道入口对进隧道的数据包先进行封装发送。隧道出口收到封装的数据包后，先确认是否需要重组；然后去掉隧道封装外面的 IP，对收到的数据包做相应处理。为了使数据包能够顺利通过隧道，隧道入口可能需要维护隧道的软状态信息，比如记录隧道 MTU 等参数。隧道技术的优点是网络仅需维护单栈即可，可以解决 IPv4 公网地址不足的问题。比如通过 DS-LITE，可以在 IPv6 网络中承载 IPv4 业务，使老业务也能运行在新网络中。隧道技术缺点也很明显，需要部署

隧道两端点设备，相对复杂。对终端系统要求高。

翻译技术是指当纯 IPv4 主机和纯 IPv6 主机之间进行通信的时候，由于双方协议栈的不同，必然需要对协议进行翻译转换。翻译涉及两个方面，一方面是 IPv4 与 IPv6 网络协议层的翻译，另一个方面是 IPv4 应用与 IPv6 应用之间的翻译。由于 IPv4 和 IPv6 协议设计上的不兼容性，应当尽量避免采用翻译技术。过渡技术对比分析见表 7-11。

表 7-11 过 渡 技 术 对 比 分 析

	双 栈	隧 道	翻 译
应用场景	适用于 IPv4 和 IPv4、IPv6 和 IPv6 应用的访问	适用于 IPv4 和 IPv4、IPv6 和 IPv6 应用的访问且穿越不同类型网络	适用于 IPv4 和 IPv6 应用互访
优点	技术成熟，快速引入 IPv6	网络维护单栈即可	网络维护单栈即可
存在问题	无法解决 IPv4 和 IPv6 应用互访问题	需部署隧道两端点设备，相对复杂	① 实现较为复杂，包括应用 ALG、DNS 网关等；② 导致转发效率下降

综上所述，双栈方案技术简单、成熟，适合应用与电力通信接入网。如果不同协议区边缘设备不支持双栈技术，可采用隧道技术方案。

3. 技术应用

用电环节 IPv6 改造主要涉及网络中各个通信终端设备及网络系统对 IPv6 协议的支持性，涉及用电采集终端、通信设备、应用主机、存储设备、备份设备等，目前上述各终端对 IPv6 的支持已基本满足，在设备选型时选择支持 IPv6 或双栈协议终端设备即可，但网络现有系统 IPv4/IPv6 的分区部署，不同协议区之间边缘设备的互通是改造中的一个难点。用电信息采集系统 IPv6 改造举例如图 7-14 所示。

相对于 IPv4 技术而言，IPv6 技术解决地址紧张的问题同时，将引起用电环节地址搜索收敛较难和速度较慢的问题。同时，公开使用 IPv6 技术，电力企业必须向有关国际机构缴纳地址资源费用。所以，应用 IPv6 技术的时机和范围，需要综合权衡。另一方面，从资产全生命的角度而言，用电环节的设备和装置通信接口主要基于 RS-485、RS-232 等，应用 IPv4 技术、IPv6 技术主要是信息通信层面的工作。

三、信息安全

（一）安全需求

针对智能电网用电的特点，其安全需求主要包括物理安全、网络安全、数

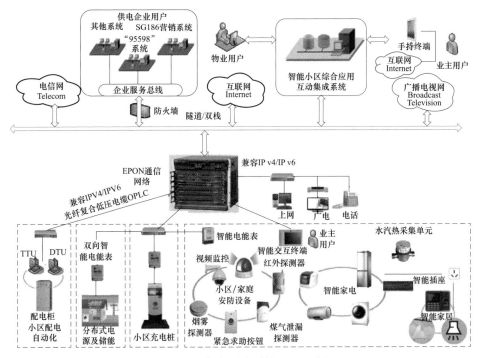

图 7-14 智能用电系统 IPv6 示例

据安全及备份恢复等方面。

1. 物理安全

智能电网用电的物理安全是指智能电网用电系统运营所必需的各种硬件设备的安全。这些硬件设备主要包括智能计、测量仪器在内的各类型传感器，通信系统中的各种网络设备、计算机以及存储数据的各种存储介质。物理安全主要指保证硬件设备本身的安全和智能电网系统中其他相关硬件的安全，是智能电网信息安全控制中的重要内容。物理安全的防护目标是防止有人通过破坏业务系统的外部物理特性以达到使系统停止服务的目的，或防止有人通过物理接触方式对系统进行入侵。要做到在信息安全事件发生前和发生后能够执行对设备物理接触行为的审核和追查。

2. 网络安全

在传统电力系统的基础上，融合智能化的通信网络架构的智能电网应具有较高的可靠性。该通信网络必须具备二次系统安全防护方案。防护的原则是：安全分区、网络专用、横向隔离、纵向认证。根据这个原则，智能电网的通信网络可划分为 4 个分区：安全区Ⅰ（实时控制区）、安全区Ⅱ（非控制生产区）、

安全区Ⅲ（生产管理区）、安全区Ⅳ（管理信息区）。其中，安全区Ⅰ、安全区Ⅱ和安全区Ⅲ之间必须采用经相关部门认定核准的电力专用安全隔离装置，必须达到物理隔离的强度。网络纵向互联时，互联双方必须是安全等级相同的网络。要避免安全区纵向交叉，同时在网络边界要采用逻辑隔离。信息系统网络运行过程中要充分利用防火墙、虚拟专用网，采用加密、安全隔离、入侵检测以及网络防杀病毒等技术来保障网络安全。

3. 数据安全及备份恢复

在智能电网用电中，数据安全的含义有两点：① 数据本身的安全。即采用密码技术对数据进行保护，如数据加密、数据完整性保护、双向强身份认证等。② 数据防护的安全，即采用信息存储手段对数据进行主动防护，如通过磁盘阵列、数据备份、异地容灾以及云存储等手段保证数据的安全。

智能电网用电整体的信息安全不能通过将多种通信机制的安全简单叠加来实现。除了传统电力系统的信息安全问题之外，智能电网还会面临由多网融合引发的新的安全问题。

（1）感知测量节点的本地安全问题。由于智能电网用电中的智能设备可以取代人来完成一些复杂、危险和机械的工作，所以智能电网的感知测量节点多数部署在无人监控的电力系统环境中。攻击者可以轻易地接触到这些设备，从而对他们造成破坏，甚至通过本地操作更换机器的软硬件。

（2）感知网络的传输与信息安全问题。感知测量节点通常情况下功能唯一、能量存储有限，使得复杂的安全保护技术无法应用。而智能电网的感知网络形式多样，从功率测量到稳压监控，再到电价实时控制，它们的数据传输没有特定的标准，所以没法提供统一的安全保护体系。

（3）核心通信网络的传输与信息安全问题。核心通信网络具有相对完整的安全保护能力。但是由于智能电网中节点数量庞大，且以集群方式存在，因此会导致在数据传播时，由于大量机器的数据发送使网络拥塞，产生例如拒绝服务攻击等一系列安全威胁。此外，现有通信网络的安全架构都是从人与人之间通信的角度设计的，并不适用于机器之间通信。简单套用现有安全机制不符合智能电网的设备之间的逻辑关系。

（4）智能电网用电业务的安全问题。由于智能电网用电中的设备可能是先部署后连网，同时又会面临无人看守的情况，所以如何对智能电网中的设备进行身份认证和业务配置就成了难题。庞大且内部多样化的智能电网用电需要一个强大而统一的信息安全管理平台来统一管理，否则独立化的子平台会被各式各样的智能电网应用所淹没。另外，如何在对智能电网中设备的日志等安全信

息进行管理的同时，不破坏通信网络与业务平台之间的信任关系也是必须研究的问题。

（二）安全关键技术

智能电网用电体系架构的 4 个层次中，除了不涉及到信息通信的基础硬件层以外，上面 3 层均有着对应的信息安全技术。感知测量层对应信息采集安全，信息通信层对应信息传输安全，调度运维层对应信息处理安全。

信息采集安全主要保障智能电网用电中的感知测量数据。这一层需要解决智能电网中使用无线传感器、短距离超宽带以及射频识别等技术的信息采集设备的安全性。信息传输安全主要保障传输中的数据信息安全。这一层需要解决智能电网用电使用的无线网络、有线网络和移动通信网络的安全性。信息处理安全主要保障数据信息的分析、存储和使用。这一层需要解决智能电网用电的数据存储安全以及容灾备份、数据与服务的访问控制和授权管理。

1. 信息采集安全

（1）无线传感器网络安全。无线传感器网络中最常用到的是 ZigBee 技术。ZigBee 技术的物理层和媒体访问控制层（MAC）基于 IEEE 802.15.4，网络层和应用层则由 ZigBee 联盟定义。ZigBee 协议在 MAC 层、网络层和应用层都有安全措施。MAC 层使用 ABE 算法和完整性验证码，确保单跳帧的机密性和完整性；而网络层使用帧计数器防止重放攻击，并处理多跳帧；应用层则负责建立安全连接和密钥管理。ZigBee 技术在数据加密过程中使用 3 种基本密钥，分别是主密钥、链接密钥和网络密钥。主密钥一般在设备制造时安装。链接密钥，在个人域网络（PAN）中被两个设备共享，可以通过主密钥建立，也可以在设备制造时安装。网络密钥可以通过信任中心设置，也可以在设备制造时安装，可应用在数据链路层、网络层和应用层。链接密钥和网络密钥需要进行周期性地更新。

（2）短距离超宽带通信安全。短距离超宽带（UWB）协议在 MAC 层有安全措施。UWB 设备之间的相互认证基于设备的预存的主密钥，采用 4 次握手机制来实现。设备在认证过程中会根据主密钥和认证时使用的随机数生成对等临时密钥（PTK），用于设备之间的单播加密。认证完成之后，设备还可以使用 PTK 分发组临时密钥（GTK），用于安全多播通信。数据完整性是通过消息中消息完整性码字段实现的。UWB 标准通过对每一个 PTK 或者 GTK 建立一个安全帧计数器实现抗重放攻击。

（3）射频识别安全。由于射频识别（RFID）的成本有严格的限制，因此对安全算法运行的效率要求比较高。目前有效的 RFID 的认证方式之一是由 Hopper

和 Blum 提出的 HB 协议以及与其相关的一系列改进的协议。HB 协议需要 RFID 和标签进行多轮挑战——应答交互，最终以正确概率判断 RFID 的合法性，所以这一协议还不能商用。由于针对 RFID 的轻量级加密算法现在还很少，因此有学者提出了基于线性反馈移位寄存器的加密算法，但其安全性还需要进一步证明。

2. 信息传输安全

（1）无线网络安全。无线网络安全主要依靠 802.11 和 Wi-Fi 保护接入（WPA）协议、802.11i 协议、无线传输层安全协议（WTLS）。

1）802.11 和 WPA 协议。802.11 中加密采用有线等效保密协议（WEP）。由于使用一个静态密钥加密数据，所以比较容易被破解，现在已经不再使用。WPA 协议是对 802.11 的改进。WPA 采用 802.lx 和临时密钥完整性协议（TKIP）来实现无线局域网的访问控制、密钥管理和数据加密。802.lx 是一种基于端口的访问控制标准，用户只有通过认证并获得授权之后才能通过端口访问网络。

2）802.11i 协议。802.11i 协议是对 802.11 协议的改进，用以取代 802.11 协议。802.11i 协议的认证使用可扩展认证协议（EAP）。基本思想是基于用户认证的接入控制机制。具体内容包括用户认证、密钥生成、相互认证、数据包认证及防字典攻击等。可以使用各种接入设备，并且可以有效支持未来的认证方式。802.11i 的数据保密协议包含 TKIP 和计数器模式/密文反馈链接消息认证码协议（CCMP）。TKIP 采用 RC4 作为核心算法，包含消息完整码和密钥获取与分发机制。CCMP 的核心加密算法采用 128 位的记数模式高级加密标准（AES）算法，不仅能够抵抗重放攻击，而且使用密码分组链接模式也可以保证信息的完整性。

3）无线传输层安全协议。WTLS 位于国际标准化组织（ISO）7 层模型的传输层之上。WTLS 基于安全套接层（SSL）并对传输层安全协议（TLS）进行了适当的修改，加入了对不可靠传输层的支持，减小了协议开销，使用了更先进的压缩算法和更有效的加密方法，可以用于智能电网的无线网络部分。WTLS 主要应用于无线应用协议（WAP），用于建立一个安全的通道，提供的安全特性有：鉴权、信息可信度及完整性。同 SSL 一样，WTLS 协议也分为握手协议和记录协议两层。

（2）有线网络安全。有线网络安全主要依靠防火墙技术、虚拟专用网（VPN）技术、安全套接层技术和公钥基础设施（PKI）。

1）防火墙技术。防火墙技术最初的原型采用了包过滤技术，通过检查数据流中每个数据包的源地址、目的地址、所用的端口号、协议状态或它们的组合来确定是否允许该数据包通过。在网络层上，防火墙根据 IP 地址和端口号过滤

进出的数据包；在应用层上检查数据包的内容，查看这些内容是否能符合企业网络的安全规则，并且允许受信任的客户机和不受信任的主机建立直接连接，依靠某种算法来识别进出的应用层数据。

2）虚拟专用网。虚拟专用网是指在一个公共 IP 网络平台上通过隧道以及加密技术保证专用数据的网络安全性。VPN 是一种以可靠加密方法来保证传输安全的技术。在智能电网中使用 VPN 技术，可以在不可信网络上提供一条安全、专用的通道或隧道。各种隧道协议，包括网络协议安全（IPSec）、点对点隧道协议（PPTP）和二层隧道协议（L2TP）都可以与认证协议一起使用。

3）安全套接层。安全套接层技术提供的安全机制可以保证应用层数据在智能电网传输中不被监听、伪造和窜改，并且始终对服务器进行认证。SSL 还可以选择对客户进行认证，提供网络上可信赖的服务。SSL 可以用于智能电网的有线网络部分。SSL 是基于 X.509 证书的 PKI 体系的一种应用，主要由记录协议和握手协议构成。SSL 记录协议建立在可靠的传输协议（如 TCP）之上，为高层协议提供数据封装、压缩、加密等基本功能支持；SSL 握手协议建立在 SSL 记录协议之上，用于在实际的数据传输开始前，通信双方进行身份认证、加密算法协商、加密密钥交换等。

4）公钥基础设施。公钥基础设施能够为所有网络应用提供加密和数字签名等密码服务及所必需的密钥和证书管理体系。PKI 可以为不同的用户按不同安全需求提供多种安全服务，主要包括认证、数据完整性、数据保密性、不可否认性、公正和时间戳等服务。

（3）移动通信网络安全。移动通信网络安全主要包括 GSM 网络安全、3G 网络安全、LTE 安全。

1）GSM 网络安全。在 GSM 网络中，基站采取询问响应认证协议对移动用户进行认证，制止非授权用户使用网络资源。在无线传输的空中接口部分对用户信息加密，防止窃听泄密。

2）3G 网络安全。在 3G 网络中，终端和网络使用认证与密钥协商（AKA）协议进行相互认证，不仅网络可以识别终端的合法性，终端也会认证网络是否合法，并在认证过程中产生终端和网络的通信密钥。3G 网络还引入了加密算法协商机制，加强了信息在网络内的传送安全，采用了以交换设备为核心的安全机制，加密链路延伸到交换设备，并提供基于端到端的全网范围内的加密。

3）LTE 安全。在长期演进/3GPP 系统架构演进（LTE/SAE）中将安全措施在接入层（AS）和非接入层（NAS）信令之间分离开，无线链路和核心网需要有各自的密钥。这样，LTE 系统有两层保护，第一层为用户层安全，第二层是

EPC 中的网络附加存储（NAS）信令安全。用户和网络的相互认证和安全密钥生成都在 AKA 流程中进行。该流程采用了基于对称加密体制的挑战-响应机制，产生 128bits 的密钥。

3. 信息处理安全

（1）存储安全。存储可以分为本地存储和网络存储。本地存储需要提供文件透明加密存储功能和加密共享功能，并实现文件访问的实时解密。本地存储严格界定每个用户的读取权限。用户访问数据时，必须经过身份认证。网络存储主要分 NAS、存储区域网络（SAN）与 IP 存储 3 类。在文件系统层上实现网络存取安全是最佳策略，既保证了数据在网络传输中和异地存储时的安全，又对上层的应用程序和用户来说是透明的；SAN 可以使用用户身份认证和访问控制列表实现访问控制，还可以加密存储，当数据进入存储系统时加密，输出存储系统时解密；IP 存储安全需要提供数据的机密性、完整性及提供身份认证，可以用 IPSec、防火墙技术等技术实现，在进行密钥分发的时候，还会用到 PKI 技术。

（2）容灾备份。容灾备份可以分为 3 个级别：数据级别、应用级别和业务级别。前两个级别都仅仅是对通信信息的备份，后一个则包括整个业务的备份。智能电网业务的实时性需求很强，应当选用业务级别的容灾备份。备份不仅包括信息通信系统，还包括智能电网的其他相关部分。整个智能电网可以构建一个集中式的容灾备份中心，为各地区运营部门提供一个集中的异地备份环境。各部门将自己的容灾备份系统托管在备份中心，不仅要支持近距离的同步数据容灾，还必须能支持远程的异步数据容灾。对于异步数据容灾，数据复制不仅要求在异地有一份数据拷贝，同时还必须保证异地数据的完整性与可用性。对于网络的关键节点，要能够实时切换。同时，网络还要具有一定的自愈能力。

（3）访问控制和授权管理。访问控制技术分为 3 类：自主访问控制、强制访问控制、基于角色的访问控制。自主访问控制即一个用户可以有选择地与其他用户共享文件。主体全权管理有关客体的访问授权，有权修改该客体的有关信息，而且主体之间可以权限转移。强制访问控制即用户与文件都有一个固定的安全属性系统，该安全属性决定一个用户是否可以访问某个文件。基于角色的访问控制即用户的访问权限由用户在组织中担当的角色来确定。当前在智能电网中主要使用的是第三类技术。

授权管理的核心是授权管理基础设施（PMI）。PMI 与 PKI 在结构上非常相似，信任的基础都是有关权威机构。在 PKI 中，由有关部门建立并管理根证书授权中心（CA），下设各级 CA、注册机构（RA）和其他机构。在 PMI

中，由有关部门建立授权源（SOA），下设分布式的属性机构（AA）和其他机构。PMI 能够与 PKI 和目录服务紧密集成，并系统地建立起对认可用户的特定授权。PMI 对权限管理进行了系统的定义和描述，完整地提供了授权服务所需过程。

四、大数据技术及其在用电营销中的应用

（一）大数据及其特征

大数据是指无法在一定时间内用传统数据库软件工具对其内容进行提取、管理和处理的数据集合。

电力大数据是一个广义的概念，并没有一个严格的标准限定多大规模的数据集合才是电力大数据。作为重要的基础设施信息，电力大数据的变化态势在某种程度上反映了国民经济的发展情况。如果将电力数据单独割裂来看，则电力数据的大价值无从体现。注重数据相关性和关联性，分析行业之间的因果关系，这将是电力大数据应用技术共同发展的必然趋势。

电力大数据的特征可以概括为 4 "V" 3 "E"，如图 7-15 所示。其中 4 "V" 特征分别是体量大（Volume）、类型多（Variety）、价值高（Value）和速度快（Velocity），3 "E" 特征分别是电力特征（Electricity）、能量特征（Energy）、

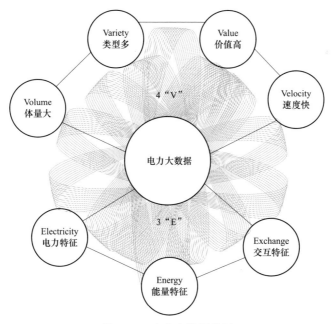

图 7-15　电力大数据特征

交互特征（Exchange）。如果仅从体量特征和技术范畴来讲，电力大数据则是大数据在电力行业的聚焦和子集。但电力大数据更重要的是其广义的范畴，其超越大数据普适概念中的泛在性，有着其他行业数据所无法比拟的丰富内涵。

1. 体量大（Volume）

体量大是电力大数据的重要特征。随着电力企业信息化快速建设和智能电网、智能电力系统的全面建设，电力数据的增长速度将远远超出电力企业的预期。随着电力生产自动化控制程度的提高、新能源系统的接入、电力生产数据和环境数据等各项指标的监测精度、频度和准确度越来越高，对海量数据采集处理提出了更高的要求。就用电侧而言，一次采集频度的提升就会带来数据体量的指数级变化。

2. 类型多（Variety）

电力大数据涉及多种类型的数据，包括结构化数据、半结构化数据和非结构化数据。随着电力行业中图片和音视频应用的不断增多，非结构化数据在电力数据中的占比进一步加大。此外，电力大数据应用过程中还存在着对行业内外能源数据、天气数据等多类型数据的大量关联分析需求，这些都直接导致了电力数据类型的增加，极大地增加了电力大数据的复杂度。

3. 价值高（Value）

电力大数据与国民经济和社会发展有着广泛而紧密的联系，其价值不只局限在电力工业内部，更能体现在整个国民经济运行、社会进步以及各行各业创新发展等方方面面，电力系统中数据直接反映了电力发展速度与国民经济增长速度的比值，电力的发展与装机容量、发电量的增长速度有关，与用电量的增长速度有关，电力数据反映了电力消费的年平均增长率和国民经济的年平均增长率之间的关系。电力数据直接由生产一线实时采集获得，因而各项数据指标具有统计独立性强、计量准确性高、历史积累性好的优点。

4. 速度快（Velocity）

电力系统中业务对处理时限的要求较高，因此电力数据采集、处理、分析的速度应非常快。这也是电力大数据与传统的事后处理型的商业智能、数据挖掘间的最大区别之一。

5. 电力特征（Electricity）

电力大数据体现了明显的电力特征，是电力系统运行、管理、营销等数据的大集成。尤其是随着智能电网的发展、新一代电力系统的形成和清洁能源的接入，电力数据的重要性越来越得到了专业人士的重视。

6. 能量特征（Energy）

电力大数据可以在保障电力用户利益的前提下，在电力系统各个环节的低耗能、可持续发展方面发挥独特而巨大的作用。电力大数据应用的过程，即是电力数据能量释放的过程，从某种意义上来讲，通过电力大数据分析达到节能的目的，就是对能源基础设施的最大投资。电力数据是社会正能量的基础之一。

7. 交互特征（Exchange）

电力数据天然联系着千家万户，中国电力工业由"以电力生产为中心"向"以客户为中心、以需求为中心"转变，体现了电力数据的统一性与交互性。通过智能电网、通过对电力用户需求的充分挖掘，使用户参与用电的信息互动，电力系统将为广大电力用户提供更加优质、安全、可靠的电力服务。

（二）大数据技术

电力大数据的关键技术既包括数据分析平台技术等核心技术，也包括数据管理、数据处理、数据可视化等重要技术。

（1）数据分析技术：包括数据挖掘、机器学习等人工智能技术，如间歇性电源发电预测、电网安全稳定分析、电网生产在线分析、电力设施运行状态分析等。由于电力系统安全、稳定运行的重要性以及电力发输变配用的瞬时性，相比其他行业，电力大数据对分析结果的精度要求更高。

（2）数据管理技术：包括关系型和非关系型数据库技术、数据融合和集成技术、数据抽取技术、数据清洗和过滤技术，如电力数据提取、转换和加载，电力数据统一公共模型等。

（3）数据处理技术：包括分布式计算技术、内存计算技术、流处理技术，如：电力云、营销数据处理、调度数据分析、电力数据中心软硬件资源虚拟化等。电力数据的海量增长使得电力企业需要通过新型数据处理技术来更有效地利用软硬件资源，在降低 IT 投入、维护成本和设备能耗的同时，为电力大数据的发展提供更为稳定、强大的数据处理能力。

（4）数据可视化技术：包括可视化技术、历史流展示技术、空间信息流展示技术等，如电力统计数据的展示、电网状态实时监视、互动屏幕与互动地图、变电站三维展示与虚拟现实等。电力数据种类繁多，电力相关指标复杂，电力用户双向互动需求迫切，需要大力发展数据展现技术，提高电力数据的直观性、可视性和友好性，从而提升电力数据的可利用价值。

随着大数据生态系统的逐步形成，很多人在尝试绘制和更新大数据生态系统图谱，希望通过对大数据领域的公司、技术、产品进行细分，及时了解到大数据生态系统全貌。

（三）用电营销大数据应用

用电营销大数据应用系统分为数据资源、数据处理、公共服务、业务应用四个层次，如图 7-16 所示。数据资源层为数据处理提供数据源输入，数据处理层为公共服务层提供数据及计算服务功能，公共服务层为业务应用层提供业务应用的交互操作。

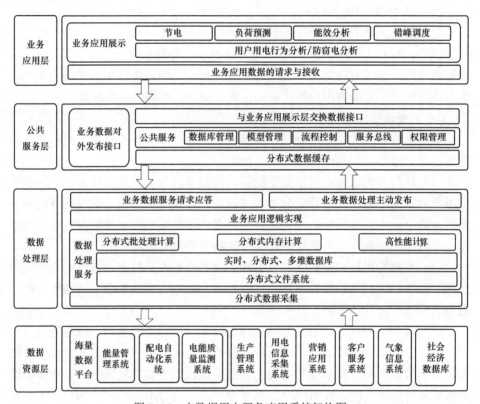

图 7-16　大数据用电服务应用系统架构图

数据资源层主要实现从历史、实时数据中心或相关业务系统获取电网内外部数据，如配电自动化系统、用电信息采集系统等内部数据，气象信息等外部数据。

数据处理层采用混合型的大数据存储和处理架构实现对多源异构配用电大数据的多样性存储和处理功能。混合存储可适应分布式文件系统、列式数据库、内存数据库等多种数据存储和管理形式，以满足不同应用的需求；处理架构分别面向离线分析、实时计算、计算密集型数据分析等场景采用分布式批处理、内存计算、高性能计算等技术实现。

公共服务层实现应用系统的基础功能，如数据模型管理、业务流程控制、服务总线、业务权限管理等功能。在公共服务层和数据处理层之间采用支持高并发、低延时事务操作的分布式内存数据缓存技术，降低业务应用操作与数据处理层之间的耦合性，提高应用服务响应效率。

业务应用层构建用电行为分析（含防窃电分析）、节电分析、负荷预测、能效分析、错峰调度等大数据典型应用，实现用电营销大数据应用系统的典型业务功能。

第三节　典　型　应　用

一、基于 LTE230 的无线通信系统

（一）应用需求

基于 LTE230 的无线通信系统（简称 LTE230 系统）面向智能电网通信网的应用，主要业务需求如下：配用电侧的用电信息采集、配网自动化与负荷管理、应急抢修、检修及移动资产可视化管理、智能用电服务以及电力物联网等的其他业务。

1. 配网自动化

配网自动化通过对配电开关、环网柜的自动化监控，实现配电网络重构，提高配电网的可靠性，其是智能配电网的主要业务之一。

2. 负荷管理

通过对专变用户用电情况进行监控，实现有序用电管理及用电信息自动采集的功能。

3. 用电信息采集

通过对公用变压器、低压工商户、低压居民户用电信息的采集，实现线损考核、预付费业务管理。

4. 智能电网用户服务

将通信网络延伸到用户家庭，可实现用户用电信息、电力交易信息发布及用户用电智能管理等智能电网用户服务功能。

5. 应急抢修、检修及移动资产可视化管理

通过宽带移动通信网络，实现应急抢修、检修的可视化监控，结合 GPS 技术，可实现移动资产的定位管理。

6. 电力安全监控

电力线传输系统中的变电站、传输线、中继器、塔架等多位于野外，通过

安全监视和自动报警装置，及时发现设备被盗或故障情况，保障电力系统的正常运营与供应。

（二）组网方案

LTE230 系统的作用就是在远端监控模块与后台主站之间提供安全、可靠的数据传输通道，并提供对网络设备和远端通信模块的配置和管理功能。LTE230 系统采用全 IP 网络构建，组网灵活。LTE230 系统网络架构如图 7–17 所示。

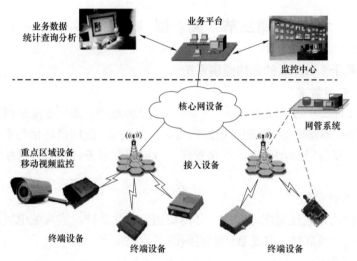

图 7–17　LTE230 系统网络架构图

网络架构主要包括以下几部分：

（1）终端设备。数据采集、监控调度、视频传输等远端模块的统称，是智能电网远端信息采集和监控调度的执行单元，如采集器、集中器、控制开关等。

（2）主站。智能电网主站系统。

（3）接入终端。LTE230 系统的无线终端模块，直接与监控单元通信。终端与监控单元能够无缝连接，即插即用。

（4）基站。LTE230 系统的无线基站，能够接入多路用户。包括固定基站以及移动基站（车载）。每个基站单个扇区能够接入 2000 个电力数据用户。

（5）核心网。LTE230 系统的核心网，负责终端认证、终端 IP 地址管理、移动性管理等，直接连接智能电网主站。通过核心网，电力终端能够完成数据采集、视频监控、调度指挥、应急抢险等功能。

（6）网管。LTE230 系统的网络管理单元。主要包括两部分内容：网络状态

监控和设备运维。该中心支持对现存的电力信息管理进行融合，并能利用各种多媒体手段，GIS 技术，完成统一集成的多媒体调度指挥系统。

吞吐量、可支持的用户数、系统覆盖等性能指标如下。

（1）吞吐量。LTE230 系统采用自适应调制编码（Adaptive Modulation and Coding，AMC）技术，可以根据信道情况采用 QPSK、16QAM 和 64QAM 不同的调制编码方式，从而适应不同环境下的数据传输需要。

低阶调制低码率可以容忍更高强度的干扰，但传输效率比较低；高阶调制高码率可以在信道条件比较好时获得更高的传输效率。

在 1MHz 带宽下，系统上行业务峰值吞吐量可达 1.76Mbit/s，下行业务峰值吞吐量可达 710kbit/s。

采用频谱感知技术后最大可工作在 8.5MHz 带宽，系统上行业务峰值吞吐量可达 14.96MHz，下行业务峰值吞吐量可达 6.04MHz。

表 7-12 给出了 LTE230 系统在 40 个授权频点下工作时，不同调制编码方式下所能够达到的理论传输速率。

表 7-12　　　　　　　　不同调制编码方式下小区的传输速率

调制方式	传输速率理论值
QPSK	423.4 kbit/s
16QAM	939.8kbit/s
64QAM	1760kbit/s

系统平均业务吞吐量与不同调制方式的用户数量有关。假设 64QAM、16QAM 和 QPSK 的用户数量的比例为 1:1:1，则系统上行平均业务吞吐量可以达到 1Mbit/s，系统下行平均业务吞吐量可以达到 390kbit/s。

由于 LTE230 系统采用了 OFDM、AMC 等先进的传输技术，相对于数传电台能够大幅度提高频谱效率。目前数传电台的频谱效率为 0.768bit/s/Hz，而 LTE230 系统带宽为 1MHz（包含 40 个频点），因此其最大频谱效率为 2.44bit/s/Hz。LTE230 系统和数传电台系统的频谱效率数值比较，见表 7-13。从表中的数据可以看出，LTE230 系统相比数传电台系统，其频谱效率提升了 3.8 倍。

表 7-13　　　　　　　　LTE230 系统和数传电台的频谱效率比较

数传电台	LTE230 系统	频谱效率提升倍数
0.768bit/（s·Hz）	2.44bit/（s·Hz）	3.8

（2）可支持的用户数。用户用电信息的采集是电网通信的主要任务之一，此业务的特点是用户数量巨大，数据量比较大，且采集频率比较高。

因此一个基站能够承载的用户数（通信节点数）是用户用电信息采集的重要指标。一个基站能够容纳的用户数越多，则网络中需要部署的基站的数量就越少，建网的成本就越低。

单个逻辑小区（或者单个载波扇区）能够支持的最大在线用户数为 2000，即同一小区下支持不超过 2000 个用户终端注册和附属。对于三载波扇区的一个基站（eNodeB）最多支持 6000 个用户在线。

（3）系统覆盖。系统覆盖半径是蜂窝系统的关键设计指标。如果系统覆盖半径增加，布网时就可以用较少基站覆盖指定区域，从而减小了对人力物力的投入。

影响系统覆盖的设计指标主要从两方面考虑：一是无线链路方面，包括发射功率、天线增益、载波频率的使用、调制方式、信道编码和编码率的使用以及接收机灵敏度等；二是帧结构方面，包括资源调度优化、自适应编码等方面的高层系统设计。

在无线链路方面，从以下几个方面进行系统设计优化：

基站和终端的发射功率是影响系统覆盖的重要因素。LTE230 系统基站的最大发射功率为 5W，同时可以在 0.5～5W 之间可调，调整间隔为 0.5W；LTE230 通信终端的最大发射功率为 200mW，同时系统提供终端功率控制机制，从而保证系统能够灵活适用于不同的使用环境和覆盖要求。

基站和终端的天线增益越大，系统覆盖半径越大。因此 LTE230 系统在保证工程可行的前提下，尽可能选用增益较大的天线。

系统使用先进的 Turbo 码和咬尾比特卷积技术极大地提高了系统在衰落信道下的解调能力，从而在同等传输速率的情况下，提高了接收机灵敏度。

另外，在 LTE230 系统的接收机设计中，严格控制各种类型的损耗（射频电路，基带算法等），从而降低接收机的噪声系数。LTE230 系统的接收机参考灵敏度达到–110dBm，这一指标远高于 GSM 的标准。

LTE230 系统的设计目标是在典型情况下，市区、郊区和农村的覆盖半径分别可以达到 3km、15km 和 30km。

不同的调制方式和编码率会影响系统覆盖，其中 64QAM 的覆盖半径最小，16QAM 的覆盖半径较大，QPSK 的覆盖半径最大。在兼顾系统吞吐量和覆盖半径的前提下，利用自适应调制编码技术，LTE230 系统不同调制方式下覆盖距离见表 7-14。距离基站最近的终端可以采用较高阶调制方式和较高的编码率，而

距离基站远的终端则采用较低阶调制方式和较低的编码率。

表 7-14　　　　　　　　LTE230 系统不同调制方式下覆盖距离

调制方式	QPSK	16QAM	64QAM
一般城区（km）	3.76	2.52	0.99
郊区（km）	23.86	15.97	6.26
农村（km）	33.34	22.32	8.74

终端业务带宽也会影响系统覆盖。终端业务带宽越小，则覆盖半径越大；反之，则覆盖半径越小。系统采用优化的调度机制，保证终端业务数据在响应时间要求的范围内匀速传输，从而保证覆盖范围尽可能更大。

二、基于 TD-LTE 的移动线通信系统

（一）应用需求

该解决方案基于第四代（4G）移动通信技术（TD-LTE）为用户提供固定及移动应用场景下的高带宽无线数据接入业务，以及应急通信、视频监控等多种增值业务。解决智能配用电网分布范围广、通信点多、通信设备工作环境较差的通信问题。

（二）组网方案

某市基于 TD-LTE 移动通信技术的电力无线专网组网如图 7-18 所示。

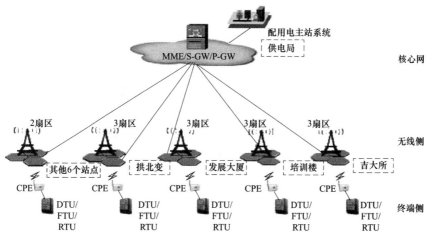

图 7-18　某市基于 TD-LTE 移动通信技术的电力无线专网组网示意图

该电力 TD-LTE 专网无线组网系统具备以下几个显著特点：

（1）支持高带宽场景下的广覆盖和大用户量接入。10MHz 带宽组网，在城区复杂场景下，单载波扇区的平均吞吐量依然可达 20Mbit/s，覆盖半径可达 4km，可同时满足配电自动化、计量自动化的高带宽传输需求；同时，电力的配电自动化、计量自动化都具有单个通信点信息量小，总体信息量非常庞大的特征，为了满足智能电网大用户数接入的需求，TD-LTE 针对用户接入数进行优化，单载波扇区最大在线用户数可达 1200，单基站最大在线用户数达到了 10 800；此外还引入数据采集终端，让多个通信点通过数据采集终端集中传输，将通信点接入数量提升了数 10 倍，满足了某市电力配电、用电场景下海量终端同时接入的需求（密集城区约 350 个通信点/km²）。

（2）支持小于 100ms 的接入时延。由于配用电业务要实现电网精确控制，特别是遥控指令，端到端时延不能超过 1s，否则将降低电网调配效率。综合考虑应用层，网管及其他协议的开销，无线接入最多允许的时延是 100ms。为 TD-LTE 采用接入时延减小方案，确保了小于 100ms 的接入时延，在实际测量中下行接入时延最大为 11ms（平均达 8.8ms），上行接入时延最大为 59ms（平均达 36.9ms）。

（3）采用多级业务质量（QoS）保障。在配用电网应用中，存在不同优先级别的业务应用。LTE 系统基于精细化的分级业务管理，与空口资源管理相结合，可提供端到端的业务 QoS 保障。将 LTE 的 QoS 机制与电力业务需求相结合，制定了符合电力需求的优先级策略，在满足各种业务接入的同时，确保配网自动化遥控业务等重要数据信息的优先传输。

（4）基于 TD-LTE 移动通信技术的电力无线专网工作于 1.8GHz 频段。

三、基于无线虚拟专网的通信系统

（一）应用需求

电力无线虚拟专网可以实现电网公司无线业务的统筹管理，保障电力无线虚拟专网承载的业务安全性、可管控性，实现电力无线虚拟专网资源管理、实时监视和运行管理等集约化高效管理。同时，电力无线虚拟专网可以实现网络的可管、可控、可视，达到端到端的管理效果，改变现有无线通信业务不可视、不可管的盲使用状态，并为电力物联网的发展提供支撑。

（二）组网方案

针对目前电网公司无线应用业务分散接入、网络结构差异化等问题，将统一规范网络接入方式，建设电力无线虚拟专网承载运检、营销、物资等系统的无线应用业务。

电力无线虚拟专网总体组网方案采用各省电力公司分别与运营商进行专线

对接的模式，如图 7-19 所示。该部署方式充分利用了电网公司现有的通信网络资源，结合成熟的运营商网络，实现电网公司信息网的延伸。无线接入侧依托运营商无线网络，建设快、投资少、运维成本小。

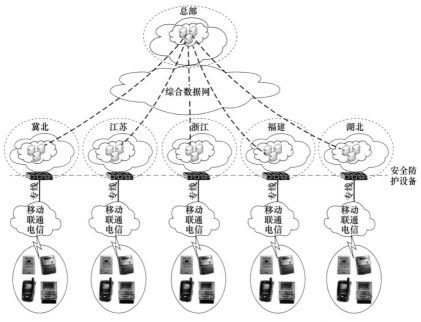

图 7-19　电力无线虚拟专网

省电力公司接入电力无线虚拟专网如图 7-20 所示。

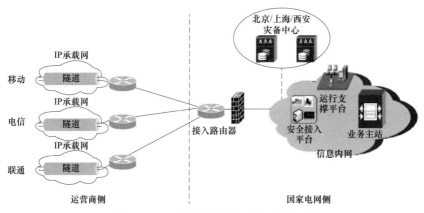

图 7-20　电力无线虚拟专网接入示意图

对于需要接入电网公司信息网的业务，业务数据从终端接入运营商的无线网络，遵循运营商的不同隧道技术进行封装，经过虚拟专属通道传输至目的地址进行解封装，还原业务数据格式后通过专线接入电网公司信息网。若该业务需要汇聚至电网公司总部，业务数据将通过综合数据网从各省信息网传输至电网公司总部信息网。

电力无线虚拟专网采用专用的网络安全和通信协议，在公共网络上建立了安全的虚拟专用通道，只有电网公司用户才能通过虚拟通道连接到电网公司的信息网络，而公共网络上的其他用户则无法穿越虚拟通道访问电网公司网络。

电力无线虚拟专网运行支撑平台业务架构如图 7-21 所示。

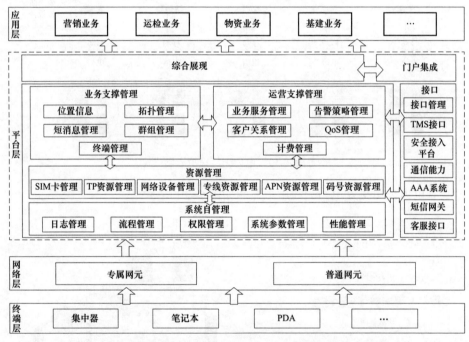

图 7-21　电力无线虚拟专网运行支撑平台业务架构

电力无线虚拟专网运行支撑平台综合管理网络层、终端通信能力的参数及信息，支撑应用层各业务系统的无线业务规范、有序开展。

电力无线虚拟专网运行支撑平台着重打造统筹管理能力、智能分析能力、自主优化能力于一体的具有集约化、标准化、智能化特征的通信管理平台，加

强 IT 基础架构资源规划和管理，提升系统架构开放性和伸展性，建立标准化信息模型、接口模型，实现核心业务数据开放、应用服务灵活集成。细化运行支撑平台各模块的应用功能，如图 7-22 所示。

图 7-22　电力无线虚拟专网运行支撑平台应用架构

电力无线虚拟专网运行支撑平台数据架构如图 7-23 所示。

电力无线虚拟专网数据架构设计说明见表 7-15。

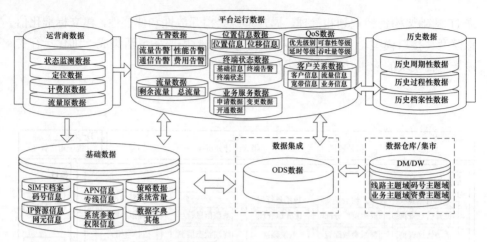

图 7-23 电力无线虚拟专网运行支撑平台数据架构

表 7-15   电力无线虚拟专网数据架构设计说明

数据源	数据区	数据类型	存储策略
配置数据	SIM 卡档案 码号信息 APN 信息 专线信息 策略数据 系统常量 IP 资源信息 网元信息 系统参数 权限信息 数据字典	基础数据 信息档案数据	生产数据库统一集中存储，对于数据量较大的表采用分区存储方式
运营商数据	状态监测数据 定位数据 计费原数据 流量原数据	基础数据 过程处理数据	生产数据库统一集中存储，对于数据量较大的表采用分区存储方式
平台运行数据	告警数据 位置管理数据 QoS 数据 流量数据 终端状态数据 客户关系数据 业务服务数据	实时数据 统计查询数据	生产数据库统一集中存储，对于数据量较大的表采用分区存储方式
历史数据	历史周期性数据 历史过程性数据 历史档案性数据	周期性数据 过程处理数据等	生产数据库统一集中存储，对于数据量较大的表采用分区存储方式。 按规定年限的历史数据定期迁移、导入

数据源	数据区	数据类型	存储策略
数据仓库	线路主题域 码号主题域 业务主题域 资费主题域	统计数据	仓库存储

电力无线虚拟专网运行支撑平台技术架构如图 7–24 所示。

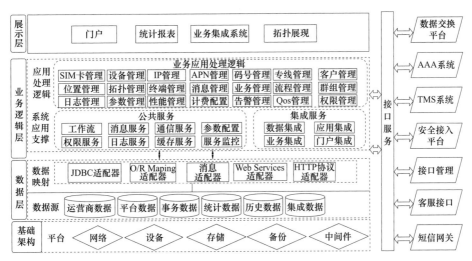

图 7–24　电力无线虚拟专网运行支撑平台技术架构

四、移动互联网及其在用电服务中的应用

（一）移动互联网

一般来说移动互联网与无线互联网并不完全等同：移动互联网强调使用蜂窝移动通信网接入互联网，因此常常特指手机终端采用移动通信网（如 2G、3G、4G）接入互联网并使用互联网业务；而无线互联网强调接入互联网的方式是无线接入，除了蜂窝网外还包括各种无线接入技术，如便携式计算机采用 802.11 技术接入互联网并使用互联网业务。

随着电信网络和计算机网络在技术、业务方面的相互融合：手机除了通过移动通信网外也可以通 Wi-Fi 接入互联网；便携式计算机除了通过无线局域网（Wi-Fi）外也可以使用数据卡通过移动通信网接入互联网。很多人已经不再纠结移动互联网与无线互联网的细微差别。一般人们可以认为移动互联网是采用

手机、个人数字助理（PDA）、便携式计算机、专用移动互联网终端等作为终端，移动通信网络（包括 2G、3G、4G 等）或无线局域网作为接入手段，直接或通过无线应用协议（WAP）访问互联网并使用互联网业务。移动互联网网络结构如图 7-25 所示。

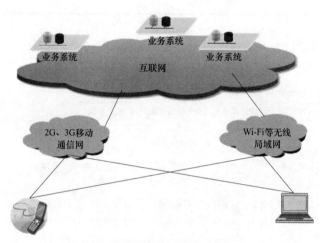

图 7-25 移动互联网网络结构

与此对应，移动互联网安全研究采用手机、PDA、便携式计算机、专用移动互联网终端等作为终端，移动通信网络（包括 2G、3G、4G 等）或无线局域网作为接入手段，直接或通过 WAP 访问互联网并使用互联网业务时的安全问题。

（二）移动互联网在用电服务中的应用

电力营销移动作业平台物理架构设计电力营销移动作业物理架构如图 7-26 所示。整个架构分为以下 4 部分：① 现场作业 PDA 终端：通过红外扫描接口与现场计量设备交互实现自动抄表，通过蓝牙接口与打印机连接可打印欠费通知单，通过 USB 接口与后台管理终端进行数据同步等；② 传输通道：包括实现终端通信接入的 GPRS/CDMA 等无线网络以及与信息内网相连的光纤专线；③ 外网安全接入：主要包括网络层加密、身份认证、数据过滤等；④ 应用服务：主要包括营销移动作业服务系统以及与其集成的业务系统，如移动缴费、用电检查、智能抢修、移动 GIS 等。平台功能架构如图 7-27 所示，终端软件技术架构如图 7-28 所示。

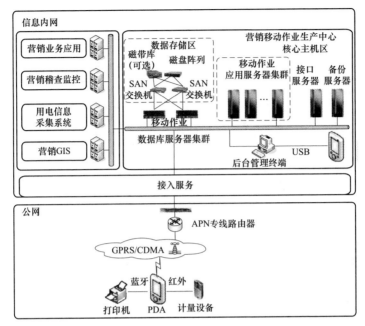

图 7-26　电力营销移动作业平台物理架构

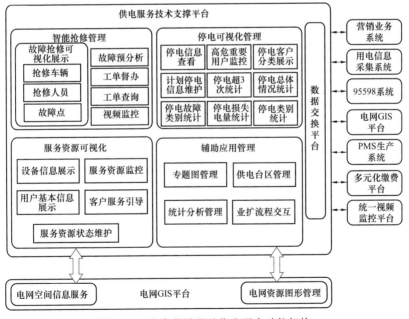

图 7-27　电力营销移动作业平台功能架构

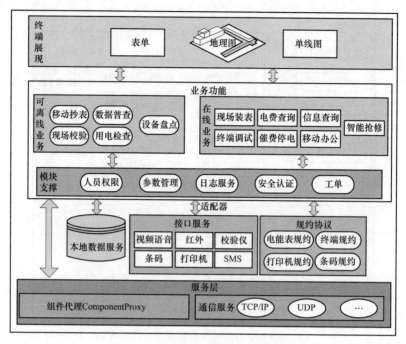

图 7-28　移动终端应用软件技术架构

参 考 文 献

[1] 周昭茂. 电力需求侧管理技术支持系统 [M]. 北京：中国电力出版社，2007.

[2] 贾俊国. 农村电网自动化与通信技术 [M]. 北京：中国电力出版社，2009.

[3] 张磊，王晓峰，李新家. 电能信息采集系统运行与维护技术 [M]. 北京：中国电力出版社，2010.

[4] 百度百科. http: //baike.baidu.com[EB/OL]. [2013-09-21].

[5] 刘振亚. 智能电网技术 [M]. 北京：中国电力出版社，2010.

[6] 刘振亚. 智能电网知识读本 [M]. 北京：中国电力出版社，2010.

[7] 刘振亚. 中国电力与能源 [M]. 北京：中国电力出版社，2012.

[8] 苗新. 光纤通信技术 [M]. 北京：国防工业出版社出版，2002.

[9] ISO 16484-4. Building automation and control systems (BACS) —Part 4: Applications [S].

[10] ISO 16484-5—2012. Building automation and control systems (BACS) —Part 5: Data communication protocol [S].

[11] ISO 16484-6: 2009. Building automation and control systems (BACS) —Part 6: Data communication conformance testing [S].

［12］ ISO 16484–7. Building automation and control systems (BACS) —Impact on energy performance of buildings [S].

［13］ GB/T 28847.1—2012. 建筑自动化和控制系统　第 1 部分：概述［S］. 2012.

［14］ GB/T 28847.2—2012. 建筑自动化和控制系统　第 2 部分：硬件［S］. 2012.

［15］ GB/T 28847.3—2012. 建筑自动化和控制系统　第 3 部分：功能［S］. 2012.

［16］ Q/GDW/Z 725—2012. 智能小区建设导则［S］. 2012–07–10.

［17］ Q/GDW/Z 726—2012. 智能园区建设导则［S］. 2012–07–10.

［18］ Q/GDW/Z 646—2011. 智能插座技术规范［S］. 2012–05–30.

［19］ Q/GDW/Z 648—2011. 居民智能家庭网关技术规范［S］. 2012–05–30.

［20］ Q/GDW/Z 647—2011. 居民智能交互终端技术规范［S］. 2012–05–30.

［21］ Q/GDW/Z 621—2011. 智能小区工程验收规范［S］. 2012–05–30.

［22］ Q/GDW/Z 620—2011. 智能小区功能规范［S］. 2012–05–30.

［23］ Q/GDW 583—2011. 电力以太网无源光网络（EPON）系统互联互通技术规范和测试方法 2011–04–21.

［24］ Q/GDW 524—2010. 吉比特无源光网络（GPON）系统及设备入网检测规范 2011–04–21.

［25］ Q/GDW 523—2010. 吉比特无源光网络（GPON）技术条件 2011–04–21.

［26］ Q/GDW 522—2010. 光纤复合低压电缆附件技术条件 2011–04–21.

［27］ Q/GDW 521—2010. 光纤复合低压电缆 2011–04–21.

［28］ Q/GDW 582—2011. 电力光纤到户终端安全接入规范 2011–04–21.

［29］ 欧清海，谢杰洪，曾令康，李祥珍，甄岩. TD—LTE 技术在配用电通信中的应用［J］. 现代电子技术，2012，35（23）：27–31.

［30］ 彭柏，刘昀. 多种通信技术在华北配用电网中的研究应用［J］. 电力系统通信，2012，33（231）：112–117.

［31］ 林轩竹，孙毅. 基于多介质融合的配用电通信网络框架与应用方案研究［J］. 电信网技术，2012，2012（4）：13–17.

［32］ 孙方楠，胡秀园，吴润泽. 面向智能配用电的多介质通信方式及应用方案研究［J］. 现代电力，2012，29（1）：47–51.

［33］ 刘国军，侯兴哲，王楠，徐鑫，李建岐. 智能配用电通信综合网管系统研究［J］. 电网技术，2012，36（1）：12–17.

［34］ 雷煜卿，李建岐，侯宝素. 面向智能电网的配用电通信网络研究［J］. 电网技术，2011，35（1）：14–19.

［35］ 赵子岩，胡浩. 一种基于业务断面的智能配用电通信网业务流量计算方法［J］术，2011，35（11）：12–17.

［36］赵俊，许立国，李海英，孙小菡. 适于智能配用电通信的 OPS—WDM—PON 技术［J］. 电力系统通信，2011，32（228）：68–72.

［37］雷煜卿，李建岐，侯宝素. 智能配用电通信网网架结构［J］. 电力系统通信，2011，32（224）：73–78.

［38］周欣，朱兰，吴江. EPON 在智能配用电通信网中的组网研究［J］. 邮电设计技术，2011，2011（1）：53–57.

［39］陈运生，付曒. 无线宽带接入技术在配用电通信网中的应用［J］. 电力系统通信，2010，31（212）：13–17.

［40］于晓东，于防. 无源光网络技术在配用电通信网中的应用［J］. 电力系统通信，2010，31（211）：28–31.

［41］Xin Miao（苗新），Xi Chen（陈希）. Research on IPv6 Address Forecast Model of Smart Grid[C]. 2013 IEEE International Conference on Green Computing and Communications and IEEE Internet of Things and IEEE Cyber, Physical and Social Computing, p1064–1065. (EI indexed, Accession number20140717310395).

［42］Xin Miao（苗新），Xi Chen（陈希）. Research on IPv6 Transition Evolvement and Security Architecture of Smart Distribution Grid Data Communication System [J]. Journal of Energy and Power Engineering (ISSN 1934–8975, USA), 2012, 6(1)：146–149.

［43］Xin Miao（苗新），Xi Chen（陈希）. Communication technical standards infrastructure of the smart grid [C]. 21st International Conference on Electricity Distribution, CIRED 2011. Frankfurt, 6–9 June 2011.

［44］Xin Miao（苗新），Xi Chen（陈希）. Reach on Standard Technical Infrastructure of Communication System of Smart Grid [C] "2011 IERE-SGEPRI Nanjing Workshop" 2011.

［45］Xin Miao（苗新），Xi Chen（陈希）. Reach on Method of Constructed Standard Technical Infrastructure of Communication System of Smart Grid [C]. 2011 年 9 月 28 日至 29 日，中国国家电网公司（SGCC）和电气电子工程师学会（IEEE）在北京联合举办的 2011 智能电网国际论坛.

［46］Jie Li（李杰），Gang Li（李刚），Xin Miao（苗新）. Analysis of power grid control service information and communication network reliability model [C]. 2010 2nd International Conference on Modeling, Simulation, and Visualization Methods, WMSVM 2010, p 233–238, (EI indexed, Accession number 201042133303222).

［47］苗新，张恺，田世明，等. 支撑智能电网的信息通信体系［J］. 电网技术，2009，33（17）：8–13.

［48］苗新，张逸飞，刘津. 智能电网的中国之路［J］. 国家电网，2009，7：54–56.

［49］ 苗新. 智能配用电网 IPv6 过渡技术与策略［J］.电力建设，2010，31（2）：1–7.

［50］ 苗新，张恺，田世明，等. 建设智能电网的发展对策［J］. 电力建设，2009，30（6）：6–10.

［51］ 魏亮. 移动互联网安全框架［J］.中兴通讯技术，2009，15（4）：28–31.

［52］ 陈杰，张跃宇. 云计算在智能电网中的应用及其安全问题研究［J］.中兴通讯技术，2012，18（6）：17–21.

［53］ 中国电机工程学会信息化专委会.中国电力大数据发展白皮书（2013）［R］. 北京：中国电机工程学会，2013.

［54］ Big data landscape v2.0 [EB/OL]. http://www.ongridventures.com/2012/10/23/the-big-data-landscape/.

索　引

A

安大略省智能电价试点项目 ……… 131
安全加密技术 ……………………… 27
安全模块 …………………………… 27
安全套接层 ………………………… 261
澳大利亚 EA 电价改革 …………… 129

B

半有源 RFID 技术 ………………… 237
半自动需求响应 …………………… 115
被动法 ……………………………… 179
变动费率尖峰电价 ………………… 100
变动时段尖峰电价 ………………… 100
变频调速节能技术 ………………… 66
变频微波炉 ………………………… 222
并行计算 …………………………… 32
并网光伏发电系统 ………………… 143
并网运行 …………………………… 142

C

采集前置服务器集群 ……………… 29
采集设备层（高级量测系统逻辑架
　构）………………………………… 15
采集设备层（用电信息采集系统
　逻辑架构）………………………… 12
采集设备运行管理 ………………… 80
采集终端层（省级集中用电信息
　采集系统架构）…………………… 47

采集终端设备技术 ………………… 26
操作响应指标设计 ………………… 85
测量功能（智能插座）…………… 209
抄表终端 …………………………… 26
超导磁储能系统 …………………… 145
超级电容 …………………………… 145
齿轮箱 ……………………………… 141
出错处理机制 ……………………… 32
传输层（TCP/IP 协议）…………… 252
传输网络通信层（电能服务管理
　平台逻辑结构）…………………… 73
传统 H 桥拓扑 …………………… 154
传统中性点钳位（NPC）拓扑…… 160
存储安全 …………………………… 262

D

大数据分析技术…………………… 34
大数据用电服务应用系统
　架构图 …………………………… 266
带需求控制的荧光灯镇流器……… 214
单向智能电能表…………………… 26
低电压穿越 ……………………… 175
低频、高频与超高频 RFID 系统
　特性 ……………………………… 238
低压用户远程自动抄表系统技术
　构架………………………………… 38
底特律爱迪生公司………………… 42
地线复合光缆 …………………… 234
地源热泵…………………………… 68

第二代（2G）移动通信技术 ……241
第三代（3G）移动通信技术 ……243
第四代（4G）移动通信技术 ……244
典型 GPRS 应用系统组建方案 ……242
典型微电网结构 ……………………185
电力大数据 …………………………263
电力大数据特征 ……………………263
电力电子双向变换技术 ……………204
电力无线虚拟专网 …………………273
电力无线虚拟专网接入示意图 ……273
电力无线虚拟专网数据架构设计
　　说明 …………………………276
电力无线虚拟专网运行支撑平台
　　技术架构 ……………………277
电力无线虚拟专网运行支撑平台
　　数据架构 ……………………276
电力无线虚拟专网运行支撑平台
　　业务架构 ……………………274
电力无线虚拟专网运行支撑平台
　　应用架构 ……………………275
电力线载波通信方式 ………………178
电力线载波通信技术 ………………231
电力线载波通信技术未来发展
　　趋势 …………………………233
电力需求响应 ………………………98
电力营销移动作业平台功能
　　架构 …………………………279
电力营销移动作业平台物理
　　架构 …………………………279
电力载波通信环网拓扑结构 ………233
电力载波通信线型网络拓扑
　　结构 …………………………232
电能服务管理平台 …………………70

电能服务管理平台技术体系
　　架构图 ………………………75
电能服务管理平台逻辑结构图 ……74
电能服务管理平台软件架构图 ……76
电能服务平台 ………………………6
电能平衡 ……………………………59
电网端检测法 ………………………177
电网友好技术 ………………………220
电网友好型电器控制技术 …………210
电蓄冷蓄热技术 ……………………67
电压/频率（U/f）控制 …………191
电压/频率检测法 …………………179
电压相位突变检测法 ………………180
电压谐波检测法 ……………………180
电站各关键组成连接情况 …………195
动态信息发布 ………………………78
独立光伏系统 ………………………142
独立运行 ……………………………142
短距离超宽带通信安全 ……………259
对称密码算法 ………………………27
对等控制模式 ………………………193
多支路 Boost 升压逆变 …………166

E

额定效率 ……………………………55

F

法国 EDF-TEMPO 电价 …………128
法国电力公司 ………………………5,129
法国智能电能表 ……………………24
法拉第准电容器 ……………………145
翻译技术 ……………………………256
反平衡表达式 ………………………55

防火墙技术 ·················· 260

访问控制技术 ················ 262

飞轮储能 ··················· 145

非对称密码算法 ·············· 28

非旋转备用辅助服务市场项目 ··· 102

分布式电源（定义） ·········· 139

分布式电源（特征） ·········· 140

分布式电源（中国） ·········· 140

分布式电源并网标准 ·········· 148

分布式电源发展 ·············· 146

分布式电源技术 ·············· 8

分布式电源系统 ·············· 150

分布式电源系统结构 ·········· 151

分布式电源项目并网服务管理

　规范 ···················· 6

分布式多层结构 ·············· 75

分布式系统主站架构 ·········· 23

分时电价 ··················· 99

分项计量 ··················· 87

风力发电 ··················· 141

风力发电机 ················· 141

风轮机 ···················· 141

风能并网发电系统 ············ 153

峰值需求控制 ··············· 226

服务网络小组管理 ············ 77

辅助服务市场项目 ············ 101

负荷服务实体 ··············· 132

负荷管理 ··················· 83

负荷管理系统 ··············· 11

负荷价格弹性 ··············· 104

负荷控制继电器 ·············· 220

负荷预测和分析 ·············· 81

G

高级量测技术 ··············· 8

高级量测系统 ··············· 8,10

高级量测系统架构 ············ 15

高级量测系统结构 ············ 41

高级量测系统逻辑架构 ········· 16

高级量测系统物理架构 ········· 17

高级量测系统项目 ············ 41

高级量测系统支持下的互动用电

　概念图 ·················· 200

高级量测系统主要功能 ········· 43

隔离型变压器 ··············· 153

工商用户智能交互终端技术 ····· 215

公共建筑能耗分项计量与实时采集

　平台部署 ················ 88

公共信息模型 ··············· 246

公开密钥算法 ··············· 28

公钥基础设施 ··············· 261

供电可靠性与运营成本变化趋势 ·· 40

H

孤岛检测 ··················· 177

孤岛运行 ··················· 186

固定时段尖峰电价 ············ 99

故障分析 ··················· 85

光纤通信技术 ··············· 233

光纤通信系统分类表 ·········· 235

广域网 WAN ················ 16

国家密码管理局 ·············· 27

国外需求响应发展 ············ 102

国外智能电能表 ·············· 24

海量数据处理技术 ············ 29

行业用户响应能力 ·············· 112
合同能源管理 ·················· 63
合同能源管理机制服务流程 ······ 63
恒功率（PQ）控制 ············· 189
宏观能耗 ······················ 80
弧弹性 ······················· 106
互动网站 ····················· 199
互动用电服务 ················· 199
互动用电服务发展目标 ··········· 4
户内电能显示器 ·········· 206,220
滑模频率漂移 ················· 182
化石能源危机 ··················· 4
化学储能 ····················· 144
环路滤波器 ··················· 167
混合密码算法 ·················· 27
混合能源电站示意图 ··········· 194
混合能源系统发电情况 ·········· 196

J

基于 IPv6 的高级量测技术 ······· 36
基于 LTE230 的无线通信系统 ·····267
基于 TD-LTE 的移动线通信
　　系统 ······················271
基于光纤的通信网层次结构
　　示意图 ···················234
基于时间序列的数据管理 ········· 32
基于无线虚拟专网的通信系统 ·····272
集中式系统主站架构 ············· 22
加拿大智能电能表 ··············· 25
家庭负荷调节控制 ············· 219
家庭环境控制系统 ············· 125
家庭局域网 ···················· 18

家庭能源管理系统 ············· 219
家庭能源中心 ················· 220
家庭需求响应型电器 ··········· 221
家庭用电信息反馈 ············· 220
家庭用电优化管理 ············· 221
家庭智能终端 ················· 223
尖峰补贴电价 ················· 100
尖峰电价 ······················ 99
尖峰实时电价 ················· 100
监控功能（智能插座） ········· 210
监控与数据采集方式 ··········· 178
建筑能耗 ······················ 87
鉴相器 ······················· 167
接口需求 ······················ 86
节能 ························· 54
节能测评机构管理 ·············· 77
节能服务公司管理 ·············· 77
节能服务管理 ·················· 76
节能监测 ······················ 58
节能量保证型 ·················· 64
节能量核证 ···················· 65
节能量示意图 ·················· 65
节能率 ······················· 56
节能项目管理 ·················· 78
节能效益分享型 ················ 63
节能指标管理 ·················· 78
节约用电管理办法 ·············· 59
解耦的双同步坐标系 ··········· 174
紧急负荷响应项目 ············· 133
紧急需求响应项目 ············· 101
近程无线通信技术 ············· 236
经济负荷响应项目 ············· 133

K

开放式系统互联基本参考模型 …249
开放式自动需求响应通信规范 …115
开信号传送法 ……178
可编程恒温控制器 ……206
可靠性指标设计 ……85
可削减负荷 ……101
可支持的用户数 ……270
可中断负荷 ……101
客户互动服务 ……6
客户用能档案管理 ……80
控制系统 ……141

L

冷热电三联供技术 ……69
联网运行 ……185
逻辑包 ……246

M

美国尖峰电价 ……123
美国可中断负荷项目 ……123
美国能源部 ……41
美国实时电价（RTP）项目 ……123
美国需求侧竞价项目 ……123
美国直接负荷控制项目 ……123
美国智能电能表 ……25
密码技术 ……27
某燃气大楼冷热电三联供系统 ……96

N

南肯塔基州农村电力合作公司 ……43
内置动态需求控制器的冰箱 ……213
内置高级智能程序 ……25
能耗公示 ……89
能耗管理系统 ……92
能耗数据可视化 ……89
能耗特性 ……239
能耗泄漏 ……66
能量利用率 ……55
能量球 ……208
能效 ……54
能效对标活动实施内容 ……62
能效对标与评估 ……81
能效管理技术 ……8
能效监测与分析 ……79
能效数据信息管理 ……80
能效业务管理 ……70
能效知识库 ……79
能源费用托管型 ……64
能源管理和计量体系审核 ……66
能源利用率 ……56
逆变器端检测法 ……179
逆变型电源控制策略 ……188

O

欧盟微电网结构 ……185
欧洲典型需求侧竞价项目 ……124
欧洲分时电价项目 ……124
欧洲可中断负荷项目 ……124
欧洲智能电网发展重点和路线图 ……1
欧洲智能电网论坛 ……1

P

配电公司 ……132
偏航系统 ……141

平台管理 ·················· 83

平台性能指标设计 ·············· 85

平台业务功能图 ··············· 77

平台应用层（电能服务管理平台
逻辑结构）·················· 74

Q

企业基本档案管理 ············· 84

企业能源利用率 ··············· 56

企业能源审计一般流程 ··········· 60

铅酸电池 ··················· 144

前置采集层（电能服务管理平台
逻辑结构）·················· 74

前置通信层（省级集中用电信息
采集系统架构）··············· 47

前置通信缓存技术架构 ··········· 30

清洗规则 ··················· 32

全自动需求响应 ·············· 115

R

燃料电池 ··················· 143

热泵 ····················· 68

热电联产（丹麦）·············· 69

人工需求响应 ················ 115

容量市场项目 ················ 101

容灾备份 ··················· 262

融资租赁型 ·················· 64

融资租赁型节能服务运作模式 ····· 64

S

萨克拉门托市公用事业区 ········· 42

设备管理 ··················· 84

射频识别 ·················· 236

射频识别安全 ················ 259

身份认证技术 ················ 28

省级集中用电信息采集系统 ······· 46

省级集中用电信息采集系统架构··· 48

时间序列函数模型 ············· 32

实时电价 ··················· 99

矢量控制（基于定子磁场定向）·· 142

矢量控制（基于气隙磁场定向）·· 141

授权管理 ··················· 262

数据安全及备份恢复 ··········· 258

数据采集（主站系统逻辑架构）··· 20

数据采集管理 ················ 80

数据层（主站系统技术架构）····· 20

数据抄收 ··················· 84

数据处理技术 ··············· 265

数据存储层（省级集中用电信息
采集系统架构）··············· 47

数据存储节点 ················ 30

数据分析技术 ··············· 265

数据管理（主站系统逻辑架构）··· 21

数据管理技术 ··············· 265

数据管理系统功能 ············· 45

数据可视化技术 ·············· 265

数据库分区 ·················· 31

数据库连接池 ················ 31

数据库压缩技术 ·············· 31

数据批量处理 ················ 31

数据容错设计 ················ 86

数字签名技术 ················ 28

双层电容器 ················· 145

双矢量电流控制 ·············· 175

双同步坐标系锁相环设计 ········ 171

双向互动用电服务技术 ··········· 8

双向通信功能 ·············· 25

双栈技术 ·················· 255

四个一致的负荷高峰 ········ 100

隧道技术 ·················· 255

锁相环 ···················· 166

T

太阳能光伏发电 ············ 142

太阳能光伏发电并网系统 ···· 152

替代弹性 ·················· 105

调节服务 ·················· 102

通风管理 ·················· 225

通信系统融合关键技术 ······ 33

通信协议 ·················· 248

通信信道（用电信息采集系统物理
架构） ···················· 15

通信信道层（高级量测系统逻辑
架构） ···················· 15

通信信道层（省级集中用电信息
采集系统架构） ············ 47

通信信道层（用电信息采集系统
逻辑架构） ················ 12

同步参考坐标系 PLL 方框图 ··· 170

同步坐标系锁相环 ·········· 170

同其他发电方式互补运行 ···· 142

吞吐量 ···················· 269

W

网络安全 ·················· 257

网络层（TCP/IP 协议） ······ 252

网络接口层（TCP/IP 协议） ·· 252

微电网（美国） ············ 184

微电网（欧盟） ············ 184

微电网发展情况 ············ 187

微电网控制方法 ············ 188

微电网控制模式 ············ 192

微电网特点 ················ 186

微型燃气轮机 ·············· 143

文件数据库 ················ 35

无金属自承式光缆 ·········· 234

无线传感器网络安全 ········ 259

无线传输层安全协议 ········ 260

无线链路 ·················· 270

无线通信技术 ·············· 236

无线网络安全 ·············· 260

无源 RFID 产品 ············ 237

物理安全 ·················· 257

物理储能 ·················· 144

X

系统对时 ·················· 84

系统峰时段响应输电费用 ····· 100

系统覆盖 ·················· 270

系统平滑演进技术 ·········· 32

下垂控制 ·················· 190

现场管理 ·················· 84

现场终端（用电信息采集系统物理
架构） ···················· 15

现行光纤通信系统基本构成 ··· 233

相线复合光缆 ·············· 234

项目基准能耗 ·············· 65

项目基准能耗状况审核 ······ 65

项目实施后能耗状况审核 ···· 66

谐波治理措施 ·············· 68

谐波治理技术 ·············· 67

信息采集安全 ·············· 259

信息处理安全 …………………… 262
信息传输安全 …………………… 260
信息反馈技术 …………………… 109
信息互动 ………………………… 199
信息模型 ………………………… 245
信息确认技术 …………………… 28
信息通信技术 …………………… 9
信息展现技术 …………………… 109
虚拟专用网 ……………………… 261
虚拟专用网 VPN 技术 ………… 29
需求侧工作考核 ………………… 81
需求侧回购 ……………………… 101
需求侧竞价 ……………………… 101
需求弹性 ………………………… 104
需求价格弹性 …………………… 104
需求价格弹性影响因素 ………… 106
需求响应 ………………… 8,81,98
需求响应（基于激励）………… 100
需求响应（基于价格）………… 99
需求响应电价激励机制风险收益
　水平比较 ……………………… 111
需求响应技术 …………………… 8
需求响应使能技术 ……………… 109
需求响应使能技术项目实例 …… 110
需求响应项目 …………………… 111
需求响应终端使能技术 ………… 205
需求响应自动服务器 …………… 116
蓄电池储能 ……………………… 144
蓄冷空调 ………………………… 67
蓄热电气锅炉 …………………… 67
蓄热式电热水器 ………………… 211
旋转备用辅助服务市场项目 …… 102
削减服务提供商 ………………… 132

Y

压控振荡器 ……………………… 167
业务互动 ………………………… 199
业务逻辑层（主站系统技术架构）18
业务应用（主站系统逻辑架构）… 21
业务应用层（省级集中用电信息
　采集系统架构）……………… 49
页面交互层（主站系统技术
　架构）………………………… 18
夜间能源管理 …………………… 225
移动互联网网络结构 …………… 278
移动通信网络安全 ……………… 261
移动终端应用软件技术架构 …… 280
英国智能电能表 ………………… 24
应用层（TCP/IP 协议）………… 252
应用访问层（省级集中用电信息
　采集系统架构）……………… 49
应用客户端（省级集中用电信息
　采集系统架构）……………… 49
用电能效监测评估平台 ………… 6
用电信息采集系统 …………… 6,10
用电信息采集系统技术标准 …… 6
用电信息采集系统架构 ………… 12
用电信息采集系统逻辑架构 …… 13
用电信息采集系统物理架构 …… 14
用电信息采集终端 ……………… 26
用户能耗 ………………………… 80
用户能源管理 …………………… 219
用能单位监测层（电能服务管理
　平台逻辑结构）……………… 73
用能管理 ………………………… 57
用能设备管理 …………………… 58

用能在线监测系统 …………… 71

有线通信技术 ………………… 231

有线网络安全 ………………… 260

有序用电 ……………………… 82

有源 RFID 产品 ……………… 237

预警管理 ……………………… 82

远程编程模式（基于 IAP
功能）………………………… 217

远程编程模式（基于嵌入式操作
系统）………………………… 217

远程编程模式（无 IAP 功能）…217

远程升级能力 ………………… 34

远程无线通信技术 …………… 240

远程硬件编程模式 …………… 217

远程自动抄表系统结构 ……… 39

运行统计 ……………………… 84

运行效率 ……………………… 55

Z

在线事务处理（OLTP）系统 …… 32

正负序双同步坐标系 ………… 172

正平衡表达式 ………………… 55

知识库管理 …………………… 79

知识库检索 …………………… 79

知识库浏览 …………………… 79

直接负荷控制 ………………… 101

直接负荷控制尖峰电价 ……… 100

直流侧旁路全桥拓扑 ………… 156

智能插座 ……………………… 209

智能电能表 …………………… 5

智能电能表（国家电网公司）… 25

智能电能表功能 ……………… 44

智能电能表基本构成 ………… 24

智能电能表技术 ……………… 24

智能电能表技术标准 ………… 6

智能电网（技术）…………… 2

智能电网（欧洲）…………… 2

智能电网（中国）…………… 2

智能电网建设发展评价指标体系… 4

智能电网用电技术 …………… 7

智能电网用电技术体系 ……… 8

智能家电 ……………………… 222

智能家居 ……………………… 223

智能交互终端功能 …………… 216

智能交互终端远程编程技术 … 217

智能空调 ……………………… 212

智能空调系统框图 …………… 213

智能控制 ……………………… 142

智能控制（智能插座）……… 210

智能控制技术 ………………… 109

智能楼宇能源管理系统 ……… 224

智能楼宇能源管理系统结构图… 226

智能设备功能层次图 ………… 216

智能用电 ……………………… 69

智能用电服务 ………………… 5

智能用电服务目标 …………… 4

智能用电系统 IPv6 示例 ……… 257

智能园区能源管理系统 ……… 226

智能园区能源管理系统结构图… 227

智能云家庭能量管理系统 …… 221

中国智能电网发展背景 ……… 2

中间件 ………………………… 33

中央空调循环切换开关 ……… 205

终端参数配置 ………………… 84

终端融合关键技术 …………… 34

重要的 IPv6 协议族 …………… 254

主从控制模式 ……………………192

主动法 ……………………………181

主动频率偏移法 …………………182

主要移动通信技术传输速率
　对比 ……………………………245

主站（用电信息采集系统物理
　架构） …………………………13

主站层（高级量测系统逻辑
　架构） …………………………15

主站层（用电信息采集系统逻辑
　架构） …………………………12

主站软件技术架构 ………………19

主站软件逻辑架构 ………………20

主站系统融合技术 ………………33

主站系统物理架构部署策略 ……21

主站运行环境 ……………………85

专业节能服务公司的增值服务
　类型 ……………………………93

专业节能服务公司建设综合能耗
　平台盈利模式 …………………91

专业节能服务公司综合能耗平台
　部署图 …………………………92

专用变压器采集终端 ……………26

专用通信模块 ……………………26

准电容 ……………………………145

自动测量管理 ……………………41

自动抄表 …………………………41

自动调温器 ………………………219

自动相位偏移法 …………………182

自动需求响应 ……………………114

综合能耗平台 ……………………90

阻抗测量法 ………………………181

组网和路由特性 …………………239

最优节能控制 ……………………225

最优启停管理 ……………………225

230MHz 专网超短波无线通信 ……240

3G 网络安全 ………………………261

4 "V" 3 "E" ………………………263

4CP ………………………………100

802.11i 协议 ………………………260

ADRS 项目 ………………………125

ADSS ……………………………234

AES ………………………………27

AFD ………………………………182

AMI ………………………………10

AMM ……………………………41

AMR ……………………………41

APS ………………………………182

ASMP ……………………………101

Auto-DR …………………………114

Boost 升压逆变 …………………163

Boost 双模式升压逆变 …………165

CCHP ……………………………69

CDMA2000 ………………………243

CIM ………………………………246

CIM 规范 …………………………246

CIM 模式 …………………………246

CL …………………………………101

CMP ………………………………101

Conergy NPC 拓扑 ………………162

CPP ………………………………99

CPP-F ……………………………99

CPPLC ……………………………100

CPP-V ……………………………100

CPR ………………………………100

CSP ··················· 132

CSP 模式 ············· 114

DataNode 节点 ·········· 35

DDSRF ················ 174

DECO ················· 42

DES ··················· 27

Diffie-Hellman ·········· 28

DLC ·················· 101

DP 模式 ··············· 114

DR（需求响应）········· 139

DR（分布式电源）········ 98

DRAS ················· 116

DRAS 接口 ············ 118

DSB ·················· 101

DVCC ················· 175

EA ··················· 129

EDC ·················· 132

EDF ················ 5,129

EDRP ················· 101

EMS ·················· 219

Enel 公司 ············· 38

EPC ·················· 63

GE 公司 ··············· 25

GSM 网络安全 ·········· 261

H5 桥逆变 ············· 158

Hadoop 平台 ·········· 35

HAN ·················· 18

HD ··················· 180

HDFS ················· 35

HEMS ················· 219

iCHEMS ··············· 221

IDEA ················· 27

IEEE P1547.1 ·········· 149

IEEE P1547.2 ·········· 149

IEEE P1547.3 ·········· 149

IEEE P1547.4 ·········· 149

IEEE P1547.5 ·········· 149

IEEE P1547.6 ·········· 149

IFEC ················· 220

IHD 对用户响应行为影响 ·········· 207

IL ··················· 101

IM ··················· 181

IntelliGrid 研究计划 ·········· 1

IPSec VPN ············ 29

IPSec ················ 29

IPv6 技术 ············· 253

IPv6 网络演进示意图 ····· 255

ISO / OSI 参考模型 ····· 248

LAN ·················· 16

LSE ·················· 132

LSE 模式 ·············· 114

LTE230 系统 ··········· 267

LTE230 系统网络架构图 ·· 268

LTE 安全 ·············· 261

LVRT ················· 175

Mad River 微电网 ······ 187

MapReduce 计算模型 ···· 36

MD5 ·················· 28

MH-Ni 电池 ··········· 144

MongoDB ············· 35

NameNode 节点 ········ 35

OpenADR 2.0 ·········· 118

OpenADR 2.0 发展流程 ··· 119

OpenADR 2.0 框架规范 ·· 118

OpenADR ············· 115

OpenADR 发展历程 ····· 116

OpenADR 联盟·······················116

OpenADR 通信架构···············117

OpenADR 应用····················120

OPGW ······························234

OPPC ······························234

opt-in ·······························113

opt-out ·····························113

PCT································206

PJD·································180

PJM·································132

PLC································231

PLCC·······························178

PLL································166

PLL 方框图··························167

PLL 基本结构······················167

PLL 小信号模型···················168

RFID ·······························236

RSA ······························· 28

RTP ································ 99

Sandia 频率偏移法···············183

SCADA ·····························178

SEP2.0 ····························223

SFS ································183

SKRECC···························· 43

SMES ······························145

SMS ·······························182

SMUD······························ 42

SPD································178

SPP 项目····························127

SPRTT ·····························100

SRF-PLL ····························170

SRF-PLL 系统简化控制框图······171

SSL ································ 29

SSL VPN ····························29

TCP/IP 协议························250

TCP/IP 协议分层模型··············251

TD-SCDMA ·························244

Telegestore 项目··················38

TOU································ 99

V2G ······························· 5

V2G 技术··························· 201

V2G 实现方法（基于更换电池组）

·································202

V2G 实现方法（基于微网）······202

V2G 实现方法（集中式）········202

V2G 实现方法（自治式）········202

V2G 统一调度技术···············203

V2G 智能充放电管理·············203

VFD································179

VPN································ 29

VPP································100

WCDMA ····························243

Wi-Fi ······························239

WiMAX ·····························244

ZigBee ·····························237

ZigBee IP ····························224

ZigBee 协议体系···················224